矿山信息技术

王安义　李新民　王建新　编著

应急管理出版社

·北　京·

内 容 提 要

本书主要内容包括矿山信息网络通信需求与现状、矿山信息网络技术的发展、矿山信息网络技术的地位和作用，重点介绍了矿山3G无线通信技术、矿山4G无线通信系统、矿山IP广播通信技术、矿山人员定位技术、矿山WiFi无线通信以及工业以太环网技术等。

本书可作为矿业院校本科相关专业的教材，也可供从事煤矿信息化建设工作的管理人员、技术人员参考学习。

前　　言

通信是当今世界上技术进步最迅速、最活跃的领域之一，学习本课程可以了解和掌握矿山信息通信与网络基本概念及矿山信息网络技术的需求、结构、分类、现状与发展趋势，建立起对矿山信息通信与网络的基本概念，为后续煤矿通信方向的研究学习建立基础。

矿山信息技术课程主要面向矿山信息网络技术的本科学生，是属于矿山信息网络技术的选修课。该课程是本科生学习专业课程以后了解矿山信息网络技术必备的选修课程，也是主要选修课程之一。

该课程侧重矿山信息通信与网络基本概念和理论，要求学生通过本课程的学习能够全面掌握所学内容，并能够了解矿山信息网络技术与系统的概念、信息网络和信息交换相关的基本知识，为后续的矿山信息通信与网络专业学习打下较好的基础。

本书共分为9章。第1章概述，介绍矿山信息化建设的历程以及矿山通信的发展历程；第2章介绍矿用有线调度；第3章介绍矿井无线通信；第4章介绍矿井人员定位技术及应用；第5章介绍矿井IP广播技术；第6章介绍工业以太网络；第7章介绍矿山物联网；第8章介绍矿山监测监控技术；第9章介绍智慧矿山设计案例。

本书由王安义、李新民、王建新编著。其中王安义负责第1章、第2章和第9章的编写工作，李新民负责第3章、第5章和第6章的编写工作，王建新负责第4章、第7章和第8章的编写工作。

由于作者水平有限，时间仓促，书中难免有不足之处，敬请广大读者给予批评指正。

作　者

2020年2月

目　　录

1 概　　述

1.1 矿山信息化建设历程

随着自动化、信息化技术的不断发展及其在煤炭行业的逐步应用，我国矿山信息化建设历程主要分为以下4个阶段，如图1－1所示。

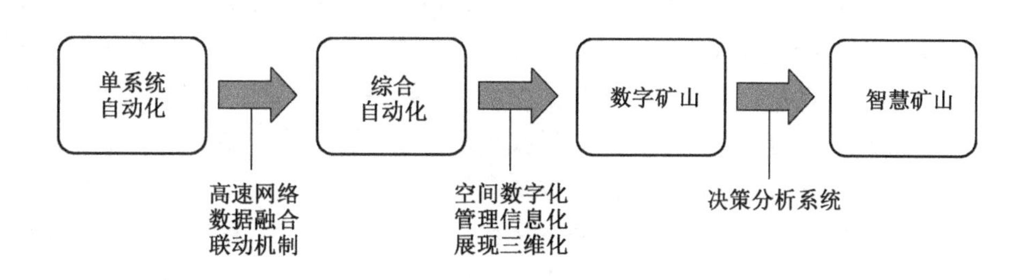

图1－1　矿山信息化建设历程

目前，矿井单一自动化系统已经基本实现，绝大多数单系统（如：主排水、主运输等）已实现了自动化管理。但到目前为止，虽然高速网络及软件技术得到了飞速发展，但绝大多数矿井仍然处于浅层次的综合自动化水平，主要实现了地面的远程监测监控。只有在单系统自动化的基础上，通过高速网络接入各单系统，充分数据融合，建立合理的联动机制才能完成从单系统自动化到综合自动化的转变，该部分的转变从投入的资金和实现的容易度方面相对来讲可实现性和可控性都比较容易。但是从综合自动化向数字矿山发展，涉及的面比较广，必须由多方共同来推进，一般涉及“空间数字化”“管理信息化”“展现三维化”三大方面，三者缺一不可，通过三者的有机融合，再通过合适的平台进行展示，同时通过科学合理的管理制度和流程加以应用，才是真正意义上有血有肉的数字矿山。这个阶段的转变除了需要大量的资金投入，还需要更多的理念转变，相对来说难度较大，数字矿山同时也是后续矿山信息化发展的基础，在合适的环节加以有效的决策分析系统，必然能够为领导层提供生产经营管理的决策依据，实现向智慧矿山的发展。实现这一阶段的转变需要不断地对决策分析系统进行丰富，完成信息化向知识化的转变。

数字矿山是基于信息数字化、生产过程虚拟化、管理控制一体化、决策处理集成化为一体，将采矿科学、信息科学、计算机技术、3S（遥感技术、地理信息系统、全球定位系统）技术发展高度结合的产物。数字矿山分为3个层次：第一个层次是矿山数字化信息管理系统，这是初级阶段；第二个层次是虚拟矿山，是把真实矿山的整体以及和它相关的现象进行整合，以数字的形式表现出来，从而能够了解整个矿山动态的运作和发展情况；第三个层次是远程遥控和自动化采矿的阶段。数字矿山主要是从信息表现形式的角度，强调人类从事矿产资源开采的各种动态、静态的信息都能够数字化，目前国内比较先进的矿井正走在实现第二层次虚拟矿山的路上。

智慧矿山的提出主要是从信息相互关联性的角度，强调矿山系统自主功能的实现程度。在定义智慧矿山概念之前，首先需要明确什么是智慧？对于人类，智慧是大脑深刻地理解人、事、物、社会、现状、过去、将来，是思考、分析、探求真理的能力，是智力器官的终极功能；而对于一个生产系统而言，智慧可定义为：通过不断地收集、学习和分析数据、知识和经验，具有自动运行、自我分析和决策、自学习能力，使系统的人、机、环境处在高度协调的统一体中运行；可以不断吸取最新的知识，实现自我更新和自我升级，使系统不断优化、更加强大。基于对生产系统智慧的理解，给出智慧矿山的定义：智慧矿山是基于现代智慧理念，将物联网、云计算、大数据、人工智能、自动控制、移动互联网、机器人化装备等与现代矿山开发技术融合，形成矿山感知、互联、分析、自学习、预测、决策、控制的完整智能系统，实现矿井开拓、采掘、运通、洗选、安全保障、生态保护、生产管理等全过程智能化运行。智慧矿山的技术内涵是将现代信息、控制技术与采矿技术融合，在纷繁复杂的资源开采信息背后找出最高效、最安全、最环保的生产路径，对矿井系统进行最佳的协同运行控制，并根据地质环境及生产要求变化自动创造全新的控制流程。智慧矿山的技术特征是建立在矿井数字化基础上，采用现代智慧理念完成矿山企业所有信息的精准适时采集、网络化传输、规范化集成、可视化展现、自动化操作和智能化服务的智慧体（图1－2）。

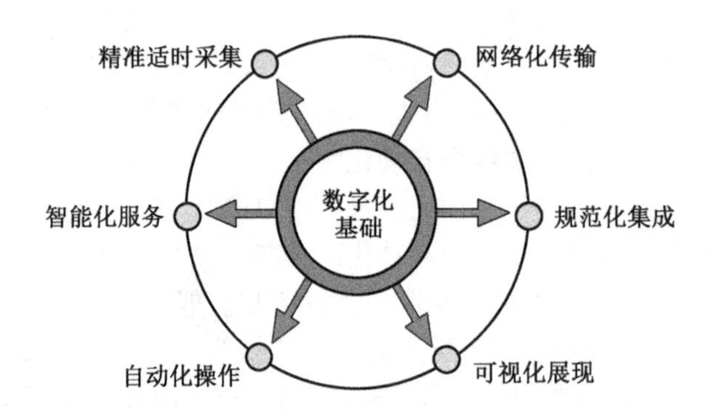

图1－2 智慧矿山技术特征

1.1.1 信息化矿山建设各阶段主要特征

1. 单系统自动化阶段主要特征

（1）具备可靠和全面的传感和执行机构。

（2）具备可编程的控制系统。

（3）具有远程监测监控功能。

（4）单系统根据条件可以进行系统自动化运行。

2. 综合自动化阶段主要特征

（1）具备高速网络通道。

（2）实现各自动化系统的数据融合。

（3）具备一定的数据挖掘能力。

（4）具备可建模的联动控制策略。

3. 数字矿山阶段主要特征

（1）管理信息化、空间数字化、展现三维化三化数据融合。

（2）在多维空间矿山实体的基础上动态嵌入与矿山安全、生产、经营相关的所有信息如环境参数、机电设备运行状态、人员、产量、业务管理信息等，并找出这些信息内在的联系，赋予数字矿山更丰富的含义。

（3）具备基于 GIS 的二维、三维或多维展示平台。

4. 智能矿山阶段主要特征

（1）在数字矿山的基础上，运用人工智能技术、数据挖掘技术，将煤矿行业内各专业的专家思想及专业解决方案编制成若干可重复运行、决策指挥的决策分析系统，能为安全生产经营提供决策依据。

（2）运用云计算、物联网等技术实现矿山的"物联化、互联化、智能化"。

1.1.2　矿山企业管理信息化

受生产经营的资源性、连续性、单一性、安全性等特性制约，矿山企业的管理信息化需要有自己的特点和重点，要从企业急需、容易推行的子系统做起，不要贪大求全。矿山企业要优先重点建设以下几个方面的信息化：

（1）矿产资源管理信息化。在某种意义上讲，矿山企业重视矿产资源就像制造类企业重视研发一样重要，因为资源保障是矿山企业赖以生存的基础。矿山企业的资源管理信息系统，既要能够翔实记载所在矿带、矿田、矿体、矿脉的勘探和开采的全部信息，也要能够从中分析揭示出资源成矿的规律性；既要集成主要矿种的各类信息，也要集成重要的可综合利用矿种的相关信息；既要集成地质资源的信息，也要集成地质灾害的信息；既要做好本矿山的资源信息集成和分析，也要做好国内外同类矿山的信息收集和比较；既要集成自然资源的信息，也要集成各种勘探开采方法及其应用效果方面的信息。

（2）采、供、销管理信息化。矿山的采购品种和采购数量基本固定，绝大多数采购品是买方市场上的大路货，重要物质要求有足量的安全库存。由于远离市场，多数矿山都采取在主要城市设立采购站来进行采购工作。但有限的采购站还是不能有效分享各地市场分别拥有的物美价廉的好处。因此，不少矿山都有一支人数不少的采购队伍。库存占用、采购人员和采购站费用，加上长途运费和损耗，再考虑到采购队伍中一定程度的内部人控制现象，通常会使矿山领料的价格要比市场价格高出很多。在没有采购管理信息化手段时，各地的矿山企业想了很多办法来降低采购成本，但收效都不大或不能巩固。其实，在信息化社会的买方市场条件下，矿山企业的这种大批量的长期稳定的采购是最受卖家追逐的。矿山企业要充分意识到这种买方的权利，通过实施采购管理信息化，充分地占有市场信息，有效地降低采购成本。在这方面，反拍卖采购法的推广应用将是各个矿山可以使用的一个最简单有效的采购管理信息化的切入口。

销售管理信息化非常重要，尽管矿山企业的产品多为定点直销，但其产品的价格却要受国内外期货市场和现货市场价格波动的影响。这使得矿产品的价格起伏变化的幅度要远大于其他工业品。因此，矿山企业一定要通过销售管理信息系统及时掌握市场上的价格行情，迎峰避谷、套期保值，争取价格最优化。在矿产品销售管理信息系统中，要用价格变动曲线来发现价格变动的周期性，发掘出社会经济生活中特别是上下游行业中与本矿产品价格变动相关的先行指数、一致指数和滞后指数，以通过预警分析有效制定本企业的价格政策。要通过销售管理信息系统广泛收集国内外同类矿产品的定价方式和调价方法，从中比选出最适合本企业的定价调价方法。让矿产品价格的定价基准产生于科学的方法和过程中，是矿山企业销售管理信息化的长期任务。

(3) 矿山安全管理信息化。矿山安全是矿山企业的生命线，事实证明，真正不可避免的事故是很少的，95%以上的事故可以通过加强管理来消除。防范事故，关键在于建立科学合理的规章制度，并把它规范地落到实处，不能因人而异、因时而异。而规范化正好是信息化管理的最大优势。借助于计算机系统的客观性、强大的知识集成能力和数据处理能力，矿山企业的安全管理可以做到更全面、更深入、更客观、更科学、更持之以恒。

(4) 矿山财务管理信息化。矿山作业流程稳定、计划性强，有利于推行全面预算管理。矿山企业远离城市，通常又要分区作业，形成多个成本中心，需要推行集中结算以降低资金费用。矿山的选矿作业是其成本的咽喉，需要强大的在线控制能力，要求实现动态分析、动态核算。现代的企业管理以财务管理为核心，矿山企业也不例外。因此，矿山企业应该大力推广以全面预算、集中结算和动态核算为轴心的企业财务管理信息化，并把它作为整个矿山企业管理信息化的重中之重。

(5) 矿山办公自动化。OA产品现在已非常成熟，由于操作简单，大都与文档处理相关，能在短期内收到很好的效果。

(6) 矿山地、采、测专业的信息化。地质、采矿、测量是矿山的主体专业，它们是直接为矿山生产服务的，是矿山的核心技术，这部分工作技术含量大，实施难度也大，对人才的要求也高，他们既要懂专业知识，又要精通计算机技术，一般需要对相关工程专业人才进行培训，当然一旦获得成功，取得的经济效益也是巨大的。

(7) 矿山人力资源管理的信息化。

1.2 数字矿山研究现状

随着计算机技术、网络技术和自动化技术的发展，矿业信息化应向综合化、智能化和多功能化方向发展。

“数字矿山”是一个科学、系统的概念，也是一种动态持续的过程。“数字矿山”是符合建设信息化社会要求的矿山信息化的完整解决方案，包括生产调度、安全生产监控、采矿地质、经营管理等各主要职能。

针对当前矿业信息化的突出瓶颈，促进数字矿山建设的可协调和可持续发展。要着重加大矿山企业数字矿山建设的试点和推广，实现精细化管理；要加强统筹规划，逐步实现企业内各职能、各环节、各系统之间的信息流互联互通，有效解决“信息孤岛”问题。

国家应制定政策引导和鼓励国内专业软件厂商积极参与数字矿山建设，加大行业专用软件的研发力度；在矿山行业内部加快培养和引进IT专业人才。

1.2.1 国外数字矿山的研究现状

美国、加拿大、澳大利亚等矿业发达国家在数字矿山方面的研究起步较早，美国首先提出"数字地球"的概念，随后被许多专家学者引用。之后，世界上许多国家结合各自的实际，分别进一步提出了数字矿山的发展规划和建设目标。

目前，矿业发达国家建设数字矿山的重点是实现远程遥控和自动化采矿。20 世纪 90 年代初，加拿大国际镍公司（Inco）开始研究遥控采矿技术，目标是实现整个采矿过程的遥控操作。美国已成功开发出一个大范围的采矿调度系统，采用计算机、无线数据通信、调度优化以及全球卫星定位系统（GPS）技术进行露天矿生产的计算机实时控制与管理，并成功应用于工业中，已使露天矿近乎实现了无人采矿。加拿大已制定出一项拟在 2050 年实现的远景规划，即在加拿大北部边远地区建设一个无人化矿山，通过卫星操控矿山的所有设备，实现机械破碎和自动采矿。20 世纪 90 年代以来，世界上一些矿业发达国家已经开发出了许多数字矿山建设方面的软件，并且已经在很多矿山得到了成功应用。其中具有代表性的软件有：英国 Datamine 公司开发的 Datamine 采矿软件、澳大利亚 Maptek 公司开发的 Vulcan 软件、澳大利亚 Surpac 公司开发的 Surpac 软件、美国 Intergraph 公司开发的 Intergraph 交互式图形处理系统、加拿大 Lynx 公司开发的 MINCAD 系统、美国罗克韦尔（Rockwell）公司开发的 Whittle FourD 露天矿优化设计软件等。

1.2.2 国内数字矿山的研究现状

2001 年以来，国内有关学术组织相继召开了一系列以数字矿山为主题的学术会议。2001 年，中国矿业联合会组织召开了首届国际矿业博览会，其中包括一个以"数字矿山"为主题的分组会。2002 年，以"数字矿山战略及未来发展"为主题的中国科协第 86 次青年科学家论坛召开。2006 年，煤炭工业技术委员会和煤矿信息与自动化专业委员会在新疆乌鲁木齐召开了"数字化矿山技术研讨会"，提出了建设安全、高效、绿色、和谐的新型现代化矿井的目标。

20 世纪末以来，国家主要科研资助机构和相关行业部门相继立项支持了一批数字矿山课题，包括 2000 年开始的一项国家自然基金课题、2006 年开始的一项 863 课题和一项"十一五"支撑课题等。2000 年以来，国内多所高等院校、科研院所、企事业单位相继设立了与数字矿山有关的研究所、研究中心、实验室或工程中心。主要有：2000 年设立于中国矿业大学（北京）资源与安全工程学院的"3S 与沉陷工程研究所"、2005 年设立于中南大学资源与安全工程学院的"数字矿山实验室"、2007 年设立于东北大学资源与土木工程学院的"3S 与数字矿山研究所"和 2007 年设立于中国矿业大学（徐州）计算机科学与技术学院的"矿山数字化教育部工程研究中心"等。国家发改委于 2013 年 10 月下发《国家发展改革委办公厅关于组织实施 2013 年移动互联网及第四代移动通信（TD - LTE）产业化专项的通知》，提出了推进 TD - LTE 技术在重点领域的创新示范应用，带动 TD - LTE 产业快速发展的核心目标。此后煤矿井下使用光纤环网以及宽带移动通信技术铺就了数字化矿山的信息传输的高速通路。数字矿山在此基础上蓬勃发展起来。

山东新汶矿业集团泰山能源股份有限公司翟镇煤矿是我国第一座数字矿山，与北京大学遥感与地理信息系统研究所合作，在国内首开数字化矿井技术应用之先河。在数字矿山建设方面，煤炭行业比非煤矿山投入的力度大，广泛应用各种先进适用的信息技术，有效提升了全行业的生产效率和管理水平，数字化建设已经取得了一些喜人的成果，如：神华集团神东公司的综合自动化采煤系统、开滦集团的企业信息化与电子矿图系统、枣庄柴里矿的生产与安全集中监测监控系统、伊敏露天矿的卡车调度系统等。潞安集团漳村煤矿综合自动化与信息管理数字化在国内，甚至在国际上都处于领先地位。非煤矿山近几年一些大型企业集团已经具备了相当高的信息化水平并取得了一定的成果，如首钢矿业公司的GIS－MES－ERP－OA集成系统和山东招金集团的三维地测采生产辅助决策系统等。

此外，中国矿业大学等单位相继开展了采矿机器人、矿山地理信息系统、三维地学模拟、矿山虚拟现实、矿山定位等方面的技术开发与应用。国内的高等院校和研究设计单位也都在不同程度上开展了矿业软件的开发研究工作，但仍处于起步阶段。

1.3 矿山通信的发展历程

美国著名的信息系统专家查德·诺兰（Richard Nolan）在20世纪80年代初根据对企业具有10～20年的计算机应用历程的总结，提出了企业计算机应用发展的6个阶段（起步、扩展、控制、集成、数据管理、成熟）模型，是信息系统的发展规律早期研究的重要成果。诺兰指出企业计算机应用发展的历史是一个波浪式发展的过程，前3个阶段具有计算机时代的特征，后3个阶段具有信息时代的特性；其转折点是信息的集成管理（图1－3）。但诺兰模型把系统集成和数据管理分为前后两个阶段，似乎可以先做集成后做数据管理，后来的实践表明这是行不通的。

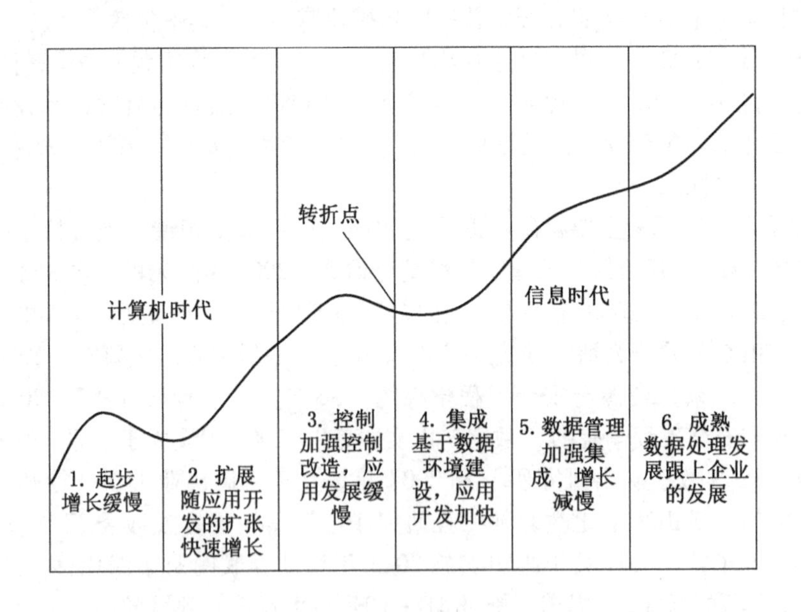

图1－3 企业信息系统建设阶段模型（诺兰模型）

20世纪90年代以来，米歇（Mische）根据信息技术集约化管理的发展趋势，对诺兰模型进行了修正，指出信息系统集成与数据管理密不可分，集成阶段的重要特征就是做好数据组织，或者说信息系统的实质是数据集成，并提出了综合信息技术应用的连续发展模型。综合信息技术应用的连续发展可分为4个阶段：起步阶段（60年代，70年代）；增长阶段（80年代）；成熟阶段（80年段，90年代）；更新阶段（90年代中期，21世纪初期）。各阶段的特征不只在数据处理工作方面，还要涉及知识、哲理、信息技术的综合运用水平及其在企业的经营管理中的作用，以及信息技术服务机构提供成本效益和实时性好的解决方案的能力。决定这4个阶段的特征有5个方面：技术状况；代表性应用和集成程度；数据库和存取能力；信息技术组织机构和文化；全员文化素质、态度和信息技术视野。

参照诺兰模型和米歇模型可以帮助矿山企业和信息系统开发商把握矿山信息系统的发展水平，了解矿山的IT综合应用在现代信息系统的发展阶段中所处的位置，是研究一个企业的信息体系结构和制定变革途径的认识基础，由此才能找准这个企业建设现代信息系统的发展目标。

目前，我国许多矿山企业的信息化进程基本处于诺兰模型的第三阶段向第四阶段的过渡期，或是米歇模型的第二阶段向第三阶段的过渡期，要想进一步推动企业信息化的发展，就应该抓住过渡期的集成化特性进行信息系统的集成建设。

对处于增长阶段中后期的矿山企业，已经建立了一些分散的信息系统，需要在数据集成上下大功夫，建设好高档次的数据环境，综合利用好新一代的信息技术，从而进入成熟阶段，重建新一代的信息系统。

新建矿山企业可以吸取他人的经验教训，不要再去经历起步和增长阶段，而是要抓住成熟阶段的特征，加强信息需求分析，做好总体规划设计，综合地用好新一代的信息技术，开发集成化的信息系统；同时，还要重视业务人员的信息文化考核与培训，使之能用好新的信息系统。

1.4 智慧矿山的基本结构及主要技术

1.4.1 智慧煤矿的构成

智慧矿山的理念和技术应用于煤矿，形成智慧煤矿。智慧煤矿涉及90多个子系统，可以分为3部分：智慧生产系统、智慧职业健康与安全系统、智慧技术与后勤保障系统。

1. 智慧生产系统

智慧生产系统包括主要生产系统和辅助生产系统。主要生产系统包括采煤工作面的智慧化和掘进工作面的智慧化，主要包括以无人值守为主要特征的采煤工作面和掘进工作面系统。辅助生产系统就是以无人值守为主要特征的智慧运输系统（含带式输送机运输、辅助运输）智慧提升系统、智慧供电系统、智慧排水系统、智慧压风系统、智慧通风系统、智慧调度指挥系统、智慧通信系统等。

2. 智慧职业健康与安全系统

智慧职业健康与安全系统包含了环境、防火、防水等多个方面，子系统众多，如：①智慧职业健康安全环境系统；②智慧防灭火系统、智慧爆破监控系统、智慧洁净生产监控系统、智慧冲击地压监控系统、智慧人员监控系统；③智慧通风系统、智慧水害监控系统、智慧视频监控系统；④智慧应急救援系统；⑤智慧污水处理系统等。

3. 智慧后勤保障系统

保障系统分为技术保障系统、管理和后勤保障系统。技术保障系统是指地、测、采、掘、机、运、通、调度、计划、设计等的信息化、智慧化系统等。管理和后勤保障系统，是指针对矿山的智慧化 ERP 系统、办公自动化系统、物流系统、生活管理、考勤系统等。

1.4.2 以 GIS 为平台的数字矿山建设关键技术

基于数字矿山建设的目标和主要内容，对现代先进技术进行集成创新，应完成以下关键技术的攻关，为不同的矿山企业做出符合国情、符合企业实际的基于 GIS 的数字矿山建设技术方案。

1. 矿山空间数据库管理与数据挖掘技术

针对矿山数据信息的复杂性、海量性、不确定性和动态多源、多精度、多时相和多尺度性的特点，为统一管理和共享数据，必须研究一种新型的空间数据库管理技术，其中包括矿山数据的分类组织、分类编码、元数据标准、高效检索、快速更新与分布式管理。为了从矿山海量的空间数据库中快速提取专题信息、发掘隐含规律、认识未知现象和进行时空发展预测等，必须研究一种高效、智能、符合矿山思维的数据挖掘技术。矿山数据挖掘技术是指从海量的矿山数据中提取专题信息、发掘隐含规律、认识未知现象和进行时空发展预测的过程。这些规律和知识对矿山的安全、生产、经营与管理能发挥预测和指导作用，可以方便未经专门培训的用户和各业务部门工作人员共享和使用海量矿山信息。

2. 3D 地学建模与虚拟现实（VR）技术

地学建模即对测量、钻孔、物探、传感等数据集于一体进行真 3D 地学模拟和动态数据维护，对地层环境、矿山实体、采矿活动、采矿影响等进行真实的、实时的 3D 可视化再现、模拟与分析。数字矿山涉及地下及地上三维空间的动态变化问题。虚拟现实技术能够对整个地层环境及局部地质构造进行多维、多视角、多分辨率显示，对矿山能进行三维景观设计，对矿区生态环境的动态变迁能进行实时监测和时空模拟，对井下采场矿山压力显现及岩层移动能够根据一定的模型进行实时监测和动态仿真等，使整个矿山系统将成为一个布局合理、结构优化、安全、高产、高效的良性循环运作系统。

3. 矿山 3S（GIS、GPS、RS）、办公自动化（OA）综合集成技术

为实现全矿山、全过程、全周期的数字化管理、作业、指挥与调度，必须基于矿山 GIS 对矿山信息统一管理与可视化表达，无缝集成自动化办公，并集成 RS 和 GPS 技术，真正做到从数据采集、处理、融合、设备跟踪、动态定位、过程管理、调度指挥的全过程一体化。

4. 矿山综合网络通信技术

矿山井下智能化开采的目的是为了实现矿山生产的最优化，而在条件发生变化时维持最优产值是个连续优化的过程，在此过程中必须考虑到各个相关因素。矿山井下实时、动态、海量数据的传输，要求必须构建井下信息高速公路。矿山井上/井下综合通信能够同时传输语音、图像、数据等各种信息，可使语音、视频、数据三合一。

1.4.3 智慧煤矿关键技术及发展路径

智慧煤矿是在数字化煤矿基础上提出来的，智慧煤矿与数字化煤矿的区别就在于它应用了物联网、大数据及人工智能、云计算 3 项关键技术解决系统架构和互通、数据处理决

策及高级计算问题。智慧煤矿在数字化煤矿的 DCS、MES 和 ERP 3 层架构基础上，升级为基于云计算和物联网为核心的智慧决策支持平台。3 项技术的研究及应用程度直接影响智慧煤矿的发展水平。

1. 基于互联网 + 的物联网平台

基于互联网 + 的物联网是智慧煤矿的信息高速公路，将承担大数据的稳定、可靠传输任务，起到了精确及时上传下达的作用，决定了智慧煤矿系统整体的稳定性和可靠性。因此，智慧煤矿的物联网平台必须具有精确定位、协同管控、综合管控与地理信息一体化的特点。目前的精确定位技术有 RFID 定位技术、WiFi 定位技术、蓝牙定位技术、ZigBee 定位技术和超宽带定位技术等。每种定位技术各有优缺点，ZigBee 定位技术和超宽带定位技术以各自在定位精度和时间分辨率方面的优势将会是未来井下无线定位的发展方向。在协同管控方面，将实现物联网和传感网的融合，实现井下的智能感知。传统的传感网均是被动接收数据，各感知点之间没有相互协调关系。智慧矿山下将传感网与物联网相融合，将传统各自独立的监测控制系统进行关联和集成，主动发送井下危险区域的监测和控制信息，实现煤矿危险源和空间对象状态（如水、火、瓦斯、顶板、地表沉降、人员位置等）的实时数据诊断和预测预警。智慧煤矿将综合管控数据和地理信息 GIS 平台进行融合，形成基于真实地理信息的综合自动化管控平台。将所有的生产、监测和控制信息在矿井采掘地理位置图上以虚拟现实的方式实时显示、交互，实现集中控制、数据管理分析，为生产决策提供数据依据。

2. 大数据处理及人工智能技术

智慧煤矿的核心技术之一便是大数据的挖掘与知识发现。大量传感器的应用必将产生海量的数据，数据的规模效应给存储、管理及分析带来了极大的挑战。需要充分利用大数据处理技术挖掘数据背后的规律和知识，为安全、生产、管理及决策提供及时有效的依据。例如，在矿山安全管理领域，安全监控系统及其监测联网已经相当普遍，构建了完善的灾害监控和预测预警体系，达到了对矿井瓦斯、水害、火灾、冲击地压等事故的防控。人工智能是近年来发展最为迅速和最为热门的科技领域之一，它是在大数据处理的基础上研究、开发用于模拟、延伸和扩展人的智能的理论、方法和技术。从原来的自动规划、语音识别到最近的谷歌人工智能 ALPHAGO、人脸识别等都属于这一范畴。深度学习是人工智能（智慧化）的核心；能够实现系统自主更新和升级是其显著特征。智慧矿山要成为一个数字化智慧体就必须要有深度学习能力。未来，在云平台和大数据平台上，融合多源在线监测数据、专家决策知识库进行数据挖掘与知识发现，采用人工智能技术进行计算、模拟仿真及自学习决策，基于 GIS 的空间分析技术实现设备、环境、人员及资源的协调优化，实现开采模式的自动生成和动态更新。

3. 云计算技术

智慧煤矿物联网使得物和物之间建立起连接，伴随着互联网覆盖范围的增大，整个信息网络中的信源和信宿也越来越多。信源和信宿数目的增长，必然使网络中的信息越来越多，即在网络中产生大数据；大数据处理技术广泛而深入的应用将数据所隐含的内在关系揭示得也越清晰、越及时。而这些大数据内在价值的提取、利用则需要用超大规模、高可扩展的云计算技术来支撑。特别是对煤矿井下环境、生产、灾害、人员活动高度耦合的大系统而言，数据越多，系统模型维数也就更高，监测控制也就越准确。而高维的智慧煤矿模型需要计算能力高且具有弹性的云计算技术。图1－4所示为2025年智慧矿山的整个运行逻辑。

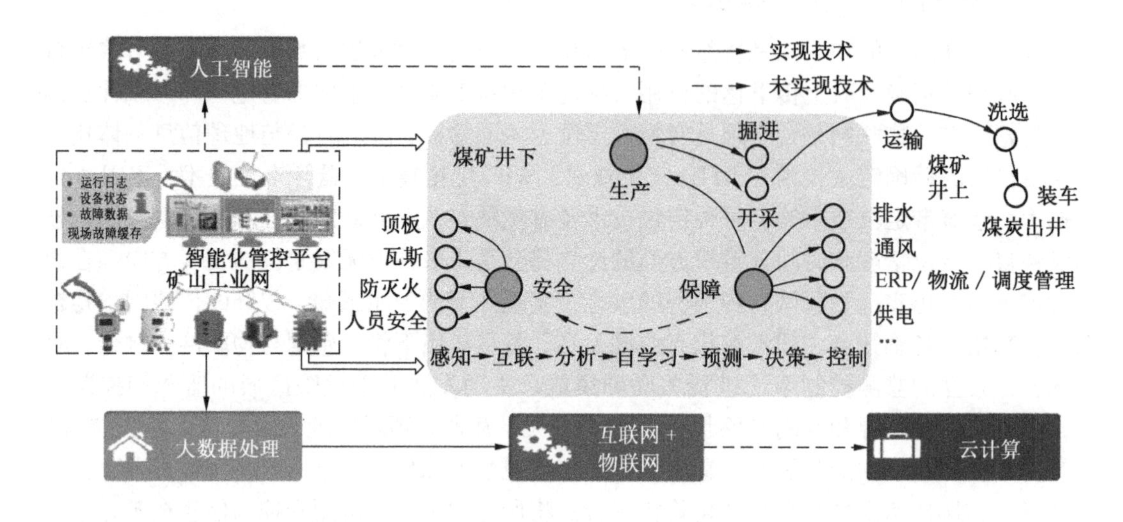

图1－4　2025年智慧矿山运行逻辑

1.5　矿井应急救援的“六大系统”概述

煤矿井下安全避险“六大系统”是指监测监控系统、人员定位系统、紧急避险系统、压风自救系统、供水施救系统和通信联络系统。

国务院颁布《关于进一步加强企业安全生产工作的通知》(国发〔2010〕23号）和原国家安全生产监督管理总局 国家煤矿安全监察局颁布的《关于建设完善煤矿井下安全避险“六大系统”的通知》要求全国煤矿安装监测监控系统、井下人员定位系统、紧急避险系统、压风自救系统、供水施救系统和通信联络系统等安全避险“六大系统”，进一步提高煤矿安全保障能力。

1.5.1　监测监控系统基本要求

煤矿安全监测系统主要是用来监控和预警瓦斯、火、冲击地压等重大事故。煤矿安全监控系统可用于监测甲烷浓度、风速、风压、馈电状态、风门状态、风筒状态、局部通风机的开停等，当瓦斯超限或局部通风机停止运行或掘进巷道停风时，则自动切断相关区域电源并闭锁。同时报警，系统还具有煤与瓦斯突出预警、火灾监控与预警、矿山压力监测与预警等功能。

煤矿安全监测监控系统在应急救援和事故调查中也发挥着重要作用。当煤矿井下发生瓦斯、煤尘爆炸等事故后，系统的监测记录是确定事故时间、爆源、火源等的重要依据之一。根据监测数据突变等信息可分析爆源，根据监测的设备状态可分析火源，根据监测的局部通风机、风门、主通风机、风速、风压、瓦斯浓度等可分析瓦斯聚积原因，根据监测的瓦斯浓度变化可分析波及范围等。

煤矿井下是一个特殊的工作环境，有易燃易爆可燃性气体和腐蚀性气体，还有潮湿、淋水、矿尘大、电网电压波动大、电磁干扰严重、空间狭小、监控距离远等因素。因此矿井监控系统不同于一般工业监控系统，其与一般工业监控系统相比具有如下特点：①电气防爆；②传输距离远；③网络结构宜采用树形结构；④监控对象变化缓慢；⑤电网电压波动大，电磁干扰严重；⑥工作环境恶劣；⑦传感器（或执行机构）宜采用远程供电；⑧不宜采用中继器。

矿井安全监控系统一般由传感器、执行机构、分站、电源箱或电控箱、主站或传输接口、主机（含显示器）、系统软件、服务器、打印机、大屏幕、UPS电源、远程终端、网络接口和电缆等组成。传感器、执行机构、分站、电源箱或电控箱等设置在井下，其他设备设置在地面。图1－5所示为矿井安全监控系统示意图。

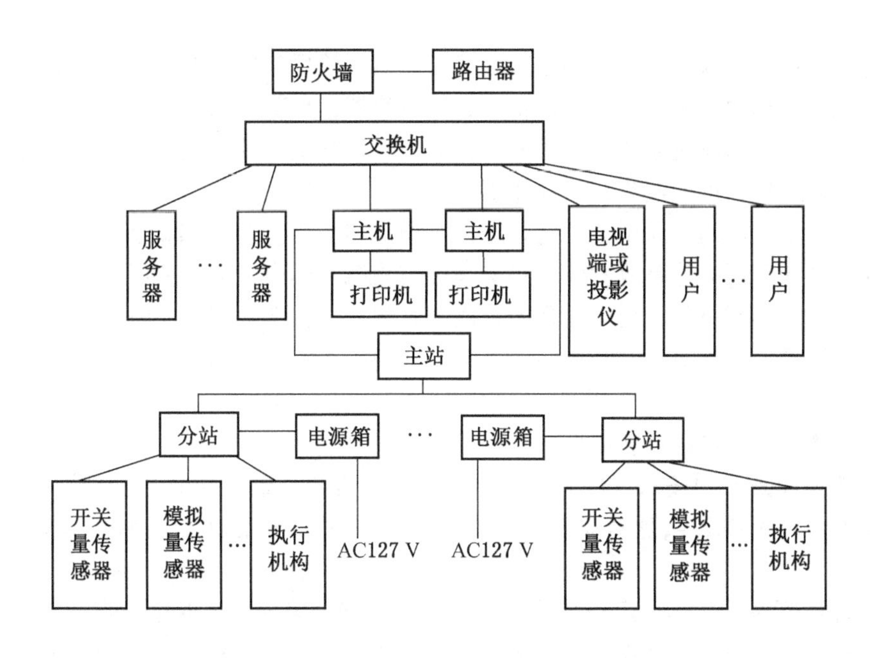

图1－5　矿井安全监控系统示意图

（1）传感器将被测物理量转换为电信号，并具有显示和声光报警功能（有些传感器没有显示或声光报警功能）；

（2）执行机构（含声光报警及显示设备）将控制信号转换为被控物理量；

（3）分站接收来自传感器的信号，并按预先约定的复用方式远距离传送给主站或传输接口，同时，接收来自主站或传输接口多路复用信号。分站还具有线性校正、超限判别、逻辑运算等简单的数据处理能力、对传感器输入的信号和主站（或传输接口）传输来的信号进行处理，控制执行机构工作；

（4）电源箱将交流电网电源转换为系统所需的本质安全型直流电源，并具有维持电网停电后正常供电不小于2 h的蓄电池；

（5）传输接口接收分站远距离发送的信号，并送至主机处理；接收主机信号，并送相应分站（传输接口还具有控制分站的发送与接收、多路复用信号的调制与解调、系统自检等功能）；

（6）主机一般选用工控微型计算机或普通微型计算机、双机或多机备份。主机主要用来接收监测信号、校正、报警判别、数据统计、磁盘存储、显示、声光报警、人机对话、输出控制、控制打印输出、联网等。

瓦斯监测参数是防治瓦斯爆炸和煤与瓦斯突出预警的重要参数，因此，采煤工作及回风巷、掘进工作面及回风流等地点必须设置甲烷传感器，当甲烷浓度达到或超时报警浓度时有声光报警，提醒领导、生产调度等及时将人员撤至安全处，及时处理事故隐患，防止瓦斯爆炸等事故发生。当甲烷浓度达到或超过断电浓度时，切断被控区域电源，避免或危险温度引起瓦斯爆炸，避免或减少采、掘、运等设备运行时产生的摩擦撞击火花及危险温度等引起瓦斯爆炸。

局部通风机及其风筒风量监测是防治局部通风机停风和风筒漏风造成瓦斯积聚的有效措施。因此，局部通风机必须设置设备开、停传感器，局部通风机的风筒末端必须设置风筒传感器，当局部通风机停风或风筒漏电，能及时切断供风区域电源，并声光报警，防止停风造成瓦斯积聚，进而造成瓦斯爆炸事故。

煤矿必须设置风速、风压、风门状态，主通风机等传感器，及时发现通风系统隐患，防止瓦斯积聚和瓦斯爆炸事故发生。系统通过监测煤岩体声发射，瓦斯涌出量等，结合瓦斯地质信息等，实现煤与瓦斯突出预警。通过监测一氧化碳浓度、二氧化碳浓度、氧气浓度、温度、压差、烟雾等，控制风门、风窗实现均压灭火和控制制氮、注氮等，实现火灾监控。

监测监控系统的设计必须遵循以下几点要求：

（1）煤矿企业必须按照《煤矿安全监控系统及检测仪器使用管理规范》的要求，建设完善监测监控系统，实现对煤矿井下甲烷和一氧化碳的浓度、温度、风速等的动态监控。

（2）煤矿安装的监测监控系统必须符合《煤矿安全监控系统通用技术要求》的规定，并取得煤矿矿用产品安全标志。监测监控系统各配套设备应与安全标志证书中所列产品一致。

（3）甲烷、馈电、设备开停、风压、风速、一氧化碳、烟雾、温度、风门、风筒等传感器的安装数量、地点和位置必须符合《煤矿安全监控系统及检测仪器使用管理规范》的要求。监测监控系统地面中心站要装备 2 套主机，1 套使用、1 套备用，确保系统 24 h 不间断运行。

（4）煤矿企业应按规定对传感器定期调校，保证监测数据准确可靠。

（5）监测监控系统在瓦斯超限后应能迅速自动切断被控设备的电源，并保持闭锁状态。

监测监控系统地面中心站执行 24 h 值班制度，值班人员应在矿井调度室或地面中心站，以确保及时做好应急处置工作。监测监控系统应能对紧急避险设施内外的甲烷和一氧化碳浓度等环境参数进行实时监测。

1.5.2 人员定位系统基本要求

煤矿井下人员位置监测系统又称煤矿井下人员定位系统和煤矿井下作业人员管理系统。煤矿企业必须按照《煤矿井下作业人员管理系统使用与管理规范》的要求，建设完善井下人员定位系统。建设定位系统时应优先选择技术先进、性能稳定、定位精度高的产品，并做好系统维护和升级改造工作，进一步保障系统安全可靠运行。

由于煤矿井下无线传输衰减大，GPS 信号不能覆盖煤矿井下巷道，目前煤矿井下人员位置监测系统主要采用 RFID 技术，部分系统采用漏泄电缆，还可采用 WiFi、ZigBee 等技术，部分系统除具有人员位置监测功能外，还具有单向或双向紧急呼叫等功能。各个人员出入井口、采掘工作面等重点区域出入口、盲巷等限制区域应设置分站，基于 RFID 的煤矿井下人员位置监测系统宜设置 2 台以上分站或天线，巷道分支处应设置分站，巷道分支的各个巷道应设置分站或天线，以便判别携卡人员的运动方向。

煤矿井下人员位置监测系统一般由识别卡、位置监测分站、电源箱（可与分站一体化）、传输接口、主机（含显示器）、系统软件、服务器、打印机、大屏幕、UPS 电源、远程终端、网络接口和电缆等组成。图 1 -6 所示为人员定位系统的示意图。

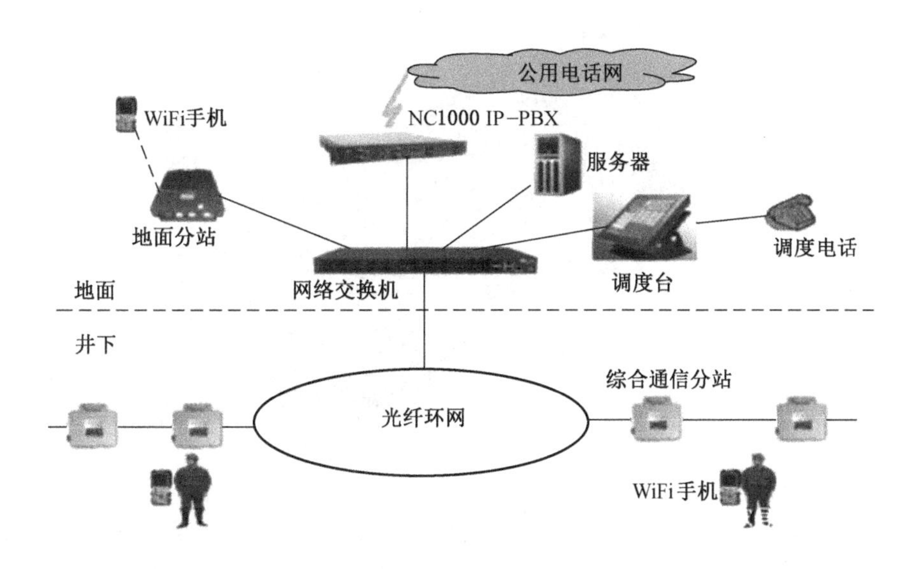

图 1 -6　人员定位系统示意图

人员定位系统的设计必须遵循以下几点要求：

（1）安装井下人员定位系统时，应按规定设置井下分站和基站，确保准确掌握井下人员动态分布情况和采掘工作面人员数量。矿井人员定位系统必须满足《煤矿井下作业人员管理系统通用技术条件》（AQ 6210—2007）的要求，并取得煤矿矿用产品安全标志。定位分站、基站等相关设备应符合相应的标准。

（2）所有入井人员必须携带识别卡或具备定位功能的无线通信设备。

（3）矿井各个人员出入井口、重点区域出入口、限制区域等地点均应设置分站，并能满足监测携卡人员出入井、出入重点区域、出入限制区域的要求；巷道分支处应设置分站，并能满足监测携卡人员出入方向的要求。

(4) 煤矿紧急避险设施入口和出口应分别设置人员定位系统分站，对出、入紧急避险设备和人员进行监控。

(5) 矿井调度室应设置人员定位系统地面中心站，配备显示设备，执行24 h值班制度。

1.5.3 紧急避险系统基本要求

煤矿企业必须按照《煤矿井下紧急避险系统建设管理暂行规定》的要求，建设完善紧急避险系统。紧急避险系统应与监测监控、人员定位、压风自救、供水施救、通信联络等系统相互连接，在紧急避险系统安全防护功能的基础上，依靠其他避险系统的支持，可提升紧急避险系统的安全防护能力。

煤与瓦斯突出矿井应建避难硐室（又称避险硐室）。突出煤层的掘进巷道长度及采煤工作面走向长度超过500 m时，必须在距离工作面500 m范围内建设避难硐室或设置救生舱。避难硐室结构示意图如图1-7所示。

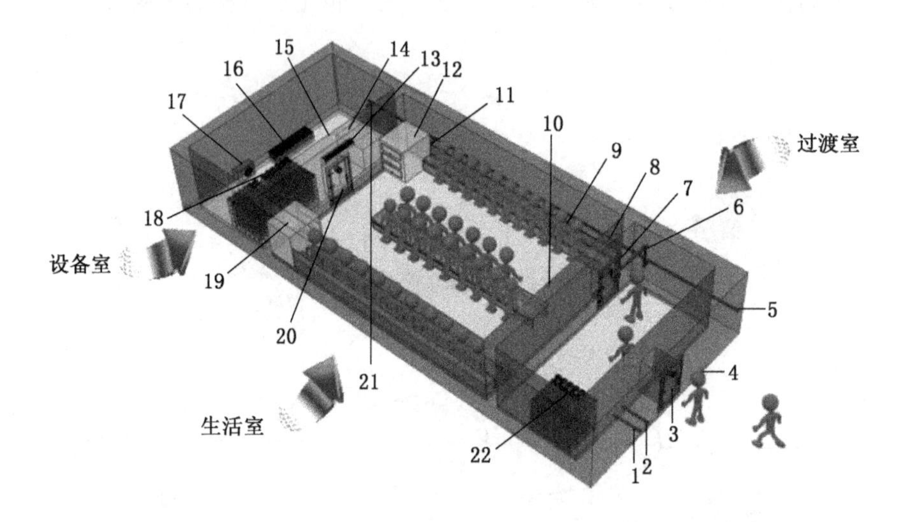

1—密封门1；2—密封门2；3—防爆密闭门；4—避难人员；5—硐室本体；6—三爆过滤器口；7—防爆密闭门；8—空气净化装置；9—人员座椅；10—布气管路；11—环境监测传感器；12—储物柜；13—消音器；14—自备供氧装置；15—混凝土墙体；16—压风供养装置；17—排水阀；18—氧气钢瓶；19—制冷装置；20—紧急逃生门；21—摄像头；22—空气钢瓶

图1-7 避难硐室结构示意图

采区和水平最高点应设置避难硐室，避难硐室要为避险人员提供氧气或新鲜空气、水、食品等生存条件，通信设施，医疗急救用品，排泄物处理设施和防灭火设施等。避难硐室宜设置甲烷、氧气、一氧化碳、二氧化碳、温度、湿度等传感器和照明设施。避难硐室还可设置空气净化、温度和湿度调节等设施。避难硐室可通过压缩氧和化学氧等为避险人员提供氧气。设置在离地表较浅适宜地面钻孔的避难硐室，应有直通地面的压风、供水（供养）、通信等系统，以提高抗灾能力。避难硐室的大小应能满足采掘工作面等相关区域全部人员安全避险的要求。

避难硐室同救生舱相比具有性价比较高等优点。救生舱与地面的通信联络完全依靠煤矿井下现有通信技术，瓦斯爆炸等事故常常会造成通信电缆和光缆的损坏，因此，瓦斯爆炸等事故有可能会造成救生舱与地面通信的联络中断。瓦斯爆炸事故常常会使移动变电站等大型机电设备倾倒，造成需要避险的人员无法进入。设置在巷道中的移动式救生舱会增加通风阻力。煤矿井下采掘工作面作业人数一般为数十人，而一个救生舱一般只能容纳几人到十几人，可容纳数十人的救生舱需要级联，救生舱还具有体积大、成本高、性价比较低的缺点。

紧急避险系统的设计必须遵循以下几点要求：

（1）紧急避险设施应具备安全防护、氧气供给保障、有害气体去除、环境监测、通信、照明、动力供应、人员生存保障等基本功能，在无任何外界支持的条件下额定防护时间不低于 96 h。

（2）紧急避险设施的容量应满足服务区域所有人员紧急避险的需要，包括生产人员、管理人员及可能出现的其他临时人员，并按规定留有一定的备用系数。

（3）紧急避险设施的设置要与矿井避灾路线相结合，紧急避险设施应有清晰、醒目的标识。

（4）紧急避险系统应随井下采掘系统的变化及时调整和补充完善，包括紧急避险设施、配套系统、避灾路线和应急预案等。

（5）紧急避险设施的配套设备应符合相关标准的规定，纳入安全标志管理的应取得煤矿矿用产品安全标志。可移动式救生舱应符合相关规定，并取得煤矿矿用产品安全标志。

1.5.4　压风自救系统基本要求

煤矿企业必须按照《煤矿安全规程》的要求建立压风系统，并在此基础上按照所有采掘作业地点在灾变期间能够提供压风供气的要求，进一步完善压风自救系统。压风自救系统的空气压缩机应设置在地面。井下压风管路要采取保护措施，防止灾变破坏。对深部多水平开采的矿井，空气压缩机安装在地面难以保证对井下作业点有效供风时，可在其供风水平以上 2 个水平的进风井井底车场安全可靠的位置安装，并取得煤矿矿用产品安全标志，但不得选用滑片式空气压缩机。

压风自救系统的管路规格应按矿井需风量、供风距离、阻力损失等参数计算确定，但主管路直径不得小于 100 mm，采掘工作面管路直径不得小于 50 mm。所有矿井采区避灾路线上均应敷设压风管路，并设置供气阀门，间隔不得大于 200 m。有条件的矿井可设置压风自救装置。水文地质条件复杂和极复杂的矿井应在各水平、采区和上山巷道最高处敷设压风管路，并设置供气阀门。图 1－8 所示为压风供水自救装置。

煤与瓦斯突出的矿井应在距采掘工作面 25～40 m 的巷道内、爆破地点、撤离人员与警戒人员所在的位置以及回风巷有人作业处等地点，至少设置一组压风自救装置；在长距离的掘进巷道中，应根据实际情况增加压风自救装置的设置组数。每组压风自救装置应供 5～8 人使用。高瓦斯与低瓦斯或其他的矿井掘进工作面要安设压风管路，并设置供气阀门。主送气管路应装集水放水器。在供气管路与自救装置连接处，要加装开关和汽水分离器。压风自救系统阀门应安装齐全，阀门扳手要在同一方向，以保证系统正常使用。

图1-8 压风供水自救装置

压风自救系统的设计必须遵循以下几点要求：

（1）压风自救装置应符合《矿井压风自救装置技术条件》（MT 390—1995）的要求，并取得煤矿矿用产品安全标志。

（2）压风自救装置应具有减压、节流、消噪声、过滤和开关等功能，零部件的连接应牢固、可靠，不得存在无风、漏风或自救袋破损长度超过5 mm的现象。

（3）压风自救装置的操作应简单、快捷、可靠。避灾人员在使用压风自救装置时，应感到舒适、无刺痛和压迫感。压风自救系统适用的压风管道供气压力为0.3～0.7 MPa；压力在0.3 MPa时，压风自救装置的供气量应在100～150 L/min范围内。压风自救装置工作时的噪声应小于85 dB。

（4）压风自救装置安装在采掘工作面巷道内的压缩空气管道上，设置在宽敞、支护良好、水沟盖板齐全、没有杂物堆的人行道侧，人行道宽度应保持在0.5 m以上，管路敷设高度应便于现场人员自救应用。

（5）压风管路应接入避难硐室和救生舱，并设置供气阀门，接入的矿井压风管路应设减压、消噪声、过滤装置和控制阀，压风出口压力在0.1～0.3 MPa之间，供风量不低于0.3 m^3/（min·人），连续噪声不大于70 dB。

（6）井下压风管路应敷设牢固平直，采取保护措施，防止灾变破坏。进入避难硐室和救生舱前20 m的管路应采取保护措施，如在底板埋管或采用高压软管等。

1.5.5 供水施救系统基本要求

煤矿企业必须结合自身安全避险的需求，建设完善供水施救系统。煤矿必须按照《煤矿安全规程》的要求，建设完善的防尘供水系统；除按照《煤矿安全规程》的要求设置三通及阀门外，还要在所有采掘工作面和其他人员较集中的地点设置供水阀门，保证在灾变期间能够为各采掘作业地点提供应急供水。要加强供水管路维护，保证阀门开关灵活，严禁跑、冒、滴、漏。图1-9所示为供水施救装置结构示意图。由图可知，供水施救装置由管网、三通、阀门和过滤装置组成。其独特的垂直交叉过滤原理，节流污染可以在使用普通自来水时排出，滤芯不堵。过滤装置可以采用 PVC 合金毛细管式超滤膜，过滤精度达 0.01 μm，能彻底滤除细菌、病毒、胶体、铁锈等杂质。

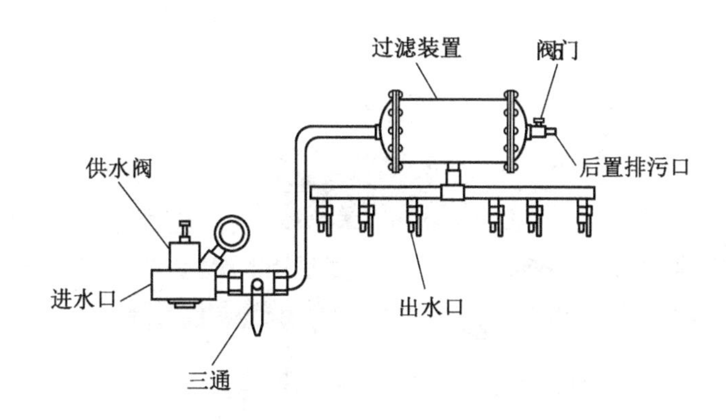

图 1-9　供水施救装置结构示意图

供水施救系统的设计必须遵循以下几点要求：

（1）供水水源应引自消防水池或专用水池。有井下水源的，井下水源应与地面供水管网形成系统。地面水池应采取防冻和防护措施。所有矿井采区避灾路线上应敷设供水管路，压风自救装置处和供压气阀门附近应安装供水阀门。矿井供水管路应接入紧急避险设施，并设置供水阀，水量和水压应满足额定数量人员避险时的需要，接入避难硐室和救生舱前 20 m 的供水管路要采取保护措施。

（2）供水施救系统应能在紧急情况下为避险人员供水、输送营养液。

1.5.6　通信联络系统基本要求

矿井通信系统又称矿井通信联络系统，是煤矿安全生产调度、安全避险和应急救援的重要工具。

矿井通信系统包括矿用调度通信系统、矿井广播通信系统、矿井移动通信系统、矿井救灾通信系统。为了提高安全生产降低事故的发生，煤矿应装备矿用调度通信系统，积极推广应用矿井广播通信系统和矿井移动通信系统。救护队应装备矿井救灾通信系统。

通信联络系统的设计必须遵循以下几点要求：

（1）煤矿必须按照安全避险的要求，进一步建设完善通信联络系统。煤矿应安装有线调度电话系统，井下电话机应使用本质安全型，且宜安装应急广播系统和无线通信系统，安装的无线通信系统应与调度电话互联互通。在矿井主副井绞车房、井底车场、运输调度室、采区变电所、水泵房等主要机电设备硐室以及采掘工作面和采区、水平最高点处，应安设电话。紧急避险设施内、井下主要水泵房、井下中央变电所和突出煤层采掘工作面、爆破时撤离人员集中地点等地方，必须设有直通矿井调度室的电话。

（2）煤矿井下距掘进工作面 30～50 m 范围内，应安设电话；距采煤工作面两端 10～20 m 范围内，应分别安设电话；采掘工作面的巷道长度大于 1000 m 时，在巷道中部应安设电话。机房及入井通信电缆的入井口处应具有防雷接地装置及设施。

（3）井下基站、基站电源、电话、广播音箱应设置在便于观察、调试、检验和围岩稳定、支护良好、无淋水、无杂物的地点。煤矿井下通信联络系统的配套设备应符合相关标准规定，纳入安全标志管理的应取得煤矿矿用产品安全标志。井下通信联络系统示意图如图 1－10 所示。

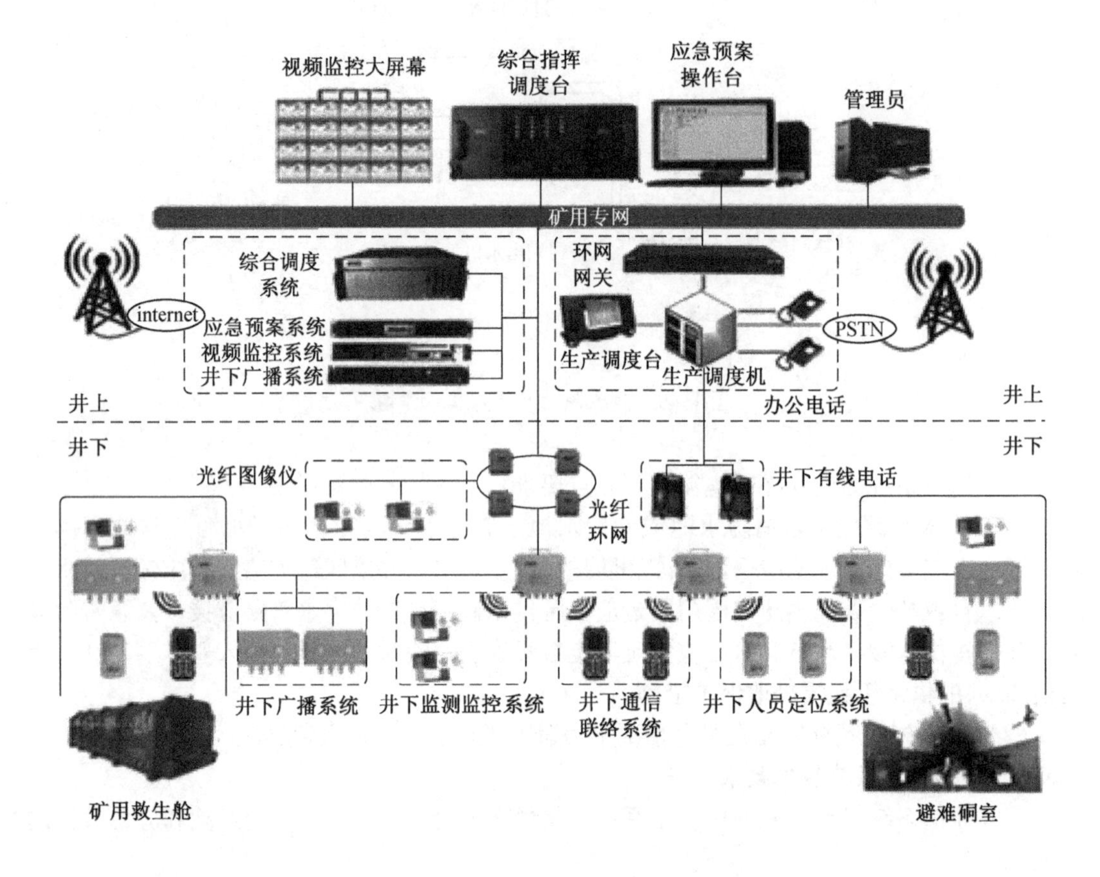

图 1－10　井下通信联络系统示意图

1.5.7　系统管理维护

（1）煤矿应建立健全“六大系统”管理机构，配备管理人员、专业技术人员、值班人员和维护人员等。

（2）煤矿应建立健全“六大系统”管理制度，明确责任。“六大系统”管理机构实行 24 h 值班制度，当系统发出报警、断电、馈电异常、系统故障等信息时，及时上报并处理。

（3）煤矿应加强“六大系统”的日常管理，整理完善各系统图纸等基础资料。

（4）煤矿应随井下生产系统的变化，及时调整和补充完善“六大系统”。

（5）煤矿应建立应急演练制度，科学确定避灾路线，编制应急预案，每年应开展一次“六大系统”联合应急演练。

（6）“六大系统”电气设备入井前，应检查其“产品合格证”“煤矿矿用产品安全标志”和防爆、各项保护功能等安全性能。煤矿应加强系统设备日常维护，定期对各系统完好情况进行检查，定期进行调试、校正，及时升级、拓展系统功能和监控范围，确保设备性能完好、系统灵敏可靠。

（7）煤矿每季度至少应测试一次备用电源的放电容量或备用工作时间。备用电源不能保证设备连续工作时间达到标准时间的 80% 时，应及时更换。

“六大系统”维护人员应定时检查、测试在用设施设备及附件的完好状态，发现问题及时处理，并将检查、测试、处理结果报告矿井调度中心站。“六大系统”中任何子系统发生故障时均应立即维修，在恢复正常运行前必须制定安全技术措施，以确保其服务范围内的作业人员安全。

1.6　矿用电气设计的基本要求

1. 概述

各类矿用防爆电气设备有专用标准规定，但各类矿用防爆电气设备又要执行共同的要求，即《爆炸性气体环境用电气设备　第 1 部分：通用要求》(GB 3836.1—2000)。只有在两者均满足规定的条件下，才能符合其防爆性能。

2. 基本要求

1）温度

（1）矿用电气设备表面考虑到易堆积煤尘，如表面温度大于 200 ℃时，会发生焖燃现象，因此，允许最高表面温度为 150 ℃。如果采取措施后能防止煤尘堆积，则允许最高表面温度为 450 ℃。

（2）矿用电气设备的运行环境温度为 -20 ~ 40 ℃。如果环境温度范围不符合，须在铭牌上标明，并以最高环境温度为基准计算电气设备的最高表面温度。

（3）《煤矿安全规程》对井下空气温度做了有关规定，如生产矿井采掘工作面的空气温度不得超过 26 ℃，机电硐室的空气温度不得超过 30 ℃，这组数字可供产品设计时参考。

2）防潮要求

《爆炸性气体环境用电气设备　第 1 部分：通用要求》(GB 3836.1—2000）中对防潮要求提出具体试验方法和考核标准，规定湿热试验按《电工电子产品环境试验　第 2 部分：试验方法　试验 Db：交变湿热（12 h + 12 h）循环》(GB/T 2423.4—2008）进行。试验严酷等级应符合产品相应的现行交变湿热电工产品标准的规定，且至少为 40 ℃、6 d。

3）外壳

（1）对快开门结构的要求。

① 内装电容器时，规定由断电到开门的时间间隔须大于电容器放电至下面剩余能量所需要的时间，充电电压大于或等于 200 V 时，Ⅰ类电气设备为 0.2 MJ。

② 内装电热器时，由断电至开门的时间间隔须大于电热器温度下降至低于电气设备允许最高表面温度所需的时间。

③ 上述①、②规定的时间间隔，需设有警告牌标明。

（2）对塑料外壳的要求。

① Ⅰ类电气设备塑料应具有阻燃性，塑料外壳的表面面积大于 100 cm^2 时，应设计成

在正常使用维护和进行清洁条件下能防止生产引燃危险静电电荷的结构。

② 外壳能承受 20 J 的冲击能量及经受热稳定的试验。

③ 为保证正常工作时表面不积聚危险的静电，其表面电阻值应不超过 $1\times10^{9}\ \Omega$。

④ 企业需提供对应曲线 20000 h 点的温度指数 TI 点弯曲强度降低不超过 50% 的报告。

（3）对轻合金外壳的要求。

① 考虑到铝合金与锈铁撞击产生火花所释放的能量会引起足够浓度的甲烷与空气混合物的点燃，标准中规定携带式或支架式电钻及附带的接插装置可用抗拉强度不低于 120 MPa 的轻合金制成，其外壳还须能承受 20 J 的冲击能量试验，试验后不得产生影响防爆性能的变形或损坏。

② 防爆标准对携带式仪表、灯的外壳采用轻合金材质时，有明确的规定：Ⅰ类携带式或支架式电钻及其附带的插接装置、携带式仪器仪表、灯具的外壳，可采用抗拉强度不低于 120 MPa，且能承受《煤矿用金属材料摩擦火花安全性试验方法和判定规则》（GB 13813—2008）中规定的摩擦火花试验方法考核合格的轻合金制成。

4）紧固件

紧固件是确保电气设备防爆性能的重要零件，设计选用时一般应做如下考虑：

（1）紧固用螺栓和螺母应附防松装置。

（2）对要求采用特殊紧固结构时，可采用护圈或沉孔结构，螺栓头或螺母设在护圈或沉孔内，要使用专用工具才能拧松取出。

（3）紧固件应采用不锈材料制造，或经电镀等防锈措施。

5）联锁装置

根据标准规定，联锁装置应设计成使用非专用工具不能解除其联锁功能的结构。对于螺钉紧固结构的设备，安设联锁装置确实有困难，可考虑设警告牌来替代。

6）绝缘套管

（1）绝缘套管应采用吸湿性较小的材料制成。

（2）当绝缘套管与连接件接线过程中承受力矩作用时，须能承受所规定的连接件扭转试验，结果为连接件与绝缘套管不得转动和损坏。

7）连接件与接线腔

（1）电气连接件。

① 保证连接可靠；

② 具有足够的机械强度和发热截面，足够的电气间隙、爬电距离；

③ 在振动、温度变化影响下，不产生松动或者接触不良等现象。

（2）接线腔。凡正常运行时产生火花、电弧或危险高温的电气设备，其功率大于 250 W 或电流 5 A 者，均须采用接线腔。

（3）设计时应考虑。

① 接线、拆线操作方便；

② 盒内要留有电缆芯线弯曲半径的空间；

③ 接线后裸露带电体之间及每相对壳体之间的电气间隙、爬电距离都要符合相应电压等级规定的数值。

8）引入装置

（1）密封圈分为压盘式与压紧螺母式两种，这两种引入装置都须具有防松与防止电缆拔脱的措施。

（2）引入橡套电缆时，其电缆入口处须制成喇叭状，要求内缘应平滑。

（3）密封圈须能承受标准中所规定的老化试验。

（4）密封圈的非压缩轴向长度需符合标准中的规定。

（5）引入装置一般应加设金属垫圈，以增大接触面积。

（6）当引入装置超过一个时，须备有公称厚度不小于 2 mm 的钢质堵板，以防止在不引入电缆时，形成对外通孔，同时也作为防爆的措施之一。

（7）在额定工作状态下，如电缆引入口处的温度高于 70 ℃或电缆芯线分支处的温度高于 80 ℃时，须在接线盒内部设置指示牌，并标明温度，以便选配相应的电缆。

（8）引入装置还须能承受规定的夹紧密封试验。

9）接地

一般电气设备均须设外接地装置，接线腔内部（当采用直接引入方式时，则在主空腔内部）须设有专用的内接地螺栓。对于移动式电气设备，可不设外接地装置，但必须采用有接地芯线或等效接地芯线的电缆。对于无必要接地或不允许接地的电气设备，可不设内、外接地螺栓。具体规定如下：

（1）应设内、外接地的设备，须标志接地符号。

（2）电气设备外接地连接件应能至少与截面积为 4 mm^2 接地线有效连接。

（3）接地螺栓应有有效防腐措施，如用不锈材料制造，或进行电镀等防锈处理。

2 矿用有线调度

2.1 调度系统的概念

2.1.1 煤矿有线调度系统的意义

由于煤炭生产主要在井下作业，存在工作环境恶劣（工作区域狭小、照明差、潮湿、有腐蚀性）、不安全因素多（主要有水、火、瓦斯、顶板等危险事故的威胁），因此要求煤矿井下人员的安全、煤炭的生产运输、环境和设备的监测监控、井下辅助部门的配合、地面生产生活等信息传输必须及时准确，并进行调度管理和协调。先进的煤矿井下通信系统能有效防止安全事故的发生，能防止事故的扩大，能及时有效地指挥组织救援工作，提高救援效率。

近年来，井下无线通信技术发展较快，井下 CDMA 手机、小灵通及各种各样的无线通信系统相继问世。但就目前而言，由于煤矿生产存在诸多特殊因素，有线调度通信系统仍然是调度通信的主体和基础。

2.1.2 矿用有线调度系统

矿用有线调度系统包括选呼、急呼、全呼、强插、强拆、监听、录音等功能，调度系统主要应用于矿井地面上，并配置触摸屏调度台、调度机，矿井工作人员可以最快速度、最有效的手段进行紧急通知和命令发布，并可以直观地显示被通知对象的状态。因此，矿用有线调度系统是煤矿井下最可靠的通信系统，在生产调度、紧急避险和应急救援工作中发挥着十分重要的作用。

矿用有线调度系统主要由调度机、多媒体调度台、矿用本质安全电话机 3 个部分组成。图 2－1 所示为矿用有线调度系统的模型图。

图 2－2 所示为调度机的实物图。调度机是调度系统的核心硬件支撑平台，承载了系统通信控制、媒体交换、协议控制和转换、音视频编解码、通信信令控制、系统通信调用接口等功能。调度机支持模拟电话、IP 电话、IP 广播对讲终端、无线手机等多种设备的接入。丰富的二次开发接口和集成控件，可提供给第三方应用开发商使用，如呼叫、组呼、会议、监听、强插、强拆、获取录音文件等功能。

图 2－3 所示为多媒体调度台，调度台中内置多媒体通信调度控制软件，通过 IP 网络注册连接调度机，对通信系统进行整体调度控制，是通信调度系统的核心管理控制设备。支持对通信系统中的各类型通信终端进行通信调度，对传统防爆电话机、IP 电话机、WiFi 移动话机、视频话机、IP 广播站、SIP 广播站等各类通信终端设备调度，可以通过大屏幕触摸屏，以图形化方式实时显示终端设备类型（IP 电话、手机、对讲机等）和通信状态（空闲、振铃、通话等）。支持通信应急预案管理，按照使用环境，预先编辑通信应急预案（如爆炸、失火等）。当事件发生时，通过调度台点击对应出现的预案按键，可以

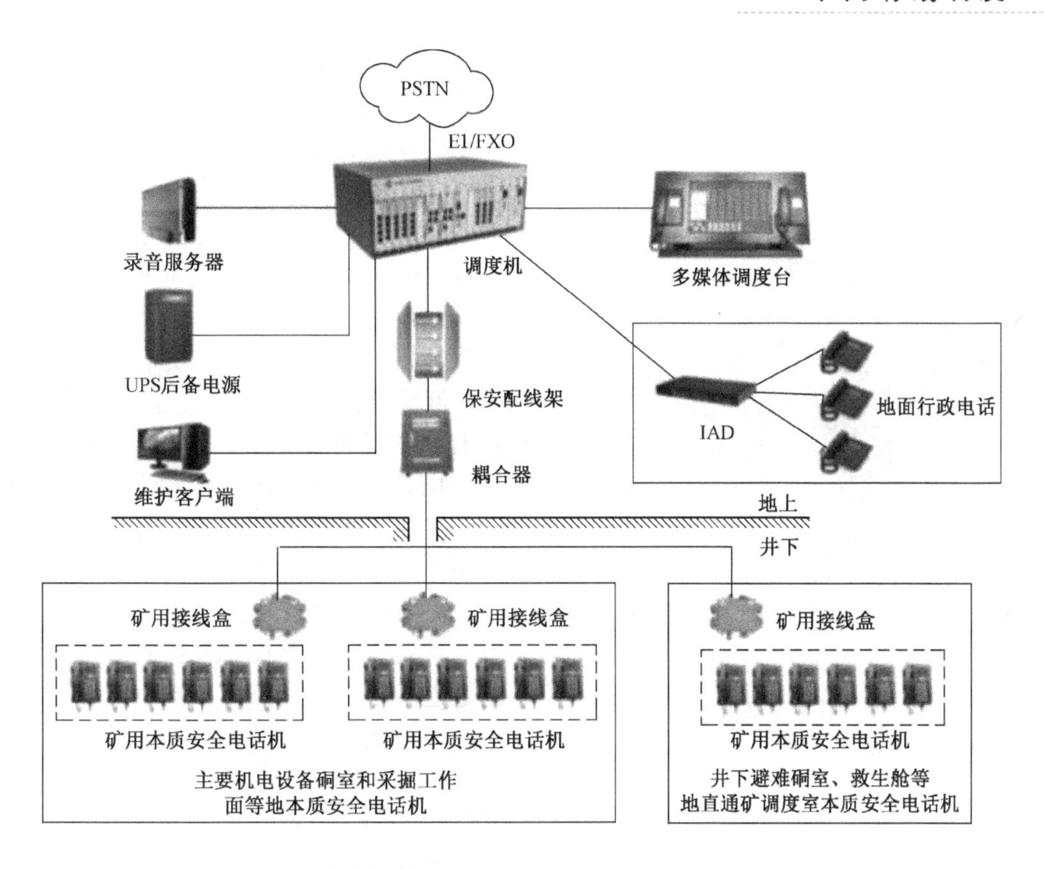

图2-1 矿用有线调度系统模型图

图2-2 调度机实物图

图2-3 多媒体调度台

快速发起设置好的通信调度工作（如自动扩声广播警告、自动发起对应负责人的会议、自动发送事件短信等）。

图2-4 矿用本质安全型按键电话机

图2-4所示为矿用本质安全型按键电话机，其具有紧急呼叫功能，紧急按键B。实现矿用有线调度通信系统中的本质安全型防爆电话，通过多芯矿用通信电缆中的2芯，经安全栅与地面调度交换机相连，不需要井下供电。瓦斯超限断电或事故停电均不会影响系统正常工作。当井下发生事故时，只要电话不坏、电缆不断，系统即可正常工作。

由于矿用有线调度通信系统中的本质安全型防爆电话是有线固定电话，存在着使用不方便、不能满足煤矿井下移动工作的需求等问题。如采煤工作面和掘进工作面等区域的作业人员要想向调度室汇报情况，需行走较远的距离才能到装有本质安全型防爆电话的地点；调度室人员要想与井下作业人员通话，也需由本质安全型防爆电话附近的人员转告或呼叫。如果本质安全型防爆电话附近无人，将无法实现通话。特别是，当发生事故时，地面调度室人员不能及时通知井下作业人员，井下作业人员也不能将险情及时向调度室人员报告。

矿用有线调度通信系统的交换设备宜选用程控数字交换机、IP网络交换设备等，严禁采用矿用IP电话通信系统替代矿用有线调度通信系统。这是因为矿用IP电话通信系统中的矿用本质安全型防爆IP电话和矿用防爆交换机设置在井下，它们均需井下供电；当井下发生瓦斯超限停电或故障停电等时，会影响系统正常工作。矿用IP电话通信系统的可靠性远不如不需井下供电的矿用有线调度通信系统。

2.2 SIP协议

2.2.1 SIP协议出现的背景与发展过程

SIP出现于20世纪90年代中期，源于哥伦比亚大学计算机系副教授Henning Schulzrinne及其研究小组的研究。Schulzrinne教授除与人共同提出通过Internet传输实时数据的实时传输协议（RTP）外，还与人合作编写了实时流传输协议（RTSP）标准提案，用于控制音频、视频内容在Web上的流传输。Schulzrinne教授打算编写多方多媒体会话控制（MMUSIC）标准，1996年，他向IETF提交了一个草案，其中包含了SIP的重要内容；1999年，他在提交的新标准中删除了有关媒体内容方面的无关内容。随后，IETF发布了第一个SIP规范，即RFC2543。并于2001年发布了SIP规范RFC 3261，RFC3261的发布标志着SIP的基础已经确立。从那时起，已发布了几个RFC增补版本，充实了安全性和身份验证等领域的内容。例如，RFC3262对临时响应的可靠性做了规定，RFC3263确立了SIP代理服务器的定位规则，RFC3264提供了提议/应答模型，RFC3265确定了具体的事件通知。

2.2.2 SIP 协议的特点

SIP（Session Initiation Protocol）是一个应用层的信令控制协议，用于创建、修改和释放一个或多个参与者的会话。这些会话可以是 Internet 多媒体会议、IP 电话或多媒体分发。会话的参与者可以通过组播(multicast)、网状单播(unicast)或两者的混合体进行通信。

随着计算机科学技术的进步，基于分组交换技术的 IP 数据网络以其便捷性和廉价性，取代了基于电路交换的传统电话网在通信领域的核心地位。SIP 协议作为应用层信令控制协议，为多种即时通信业务提供了完整的会话创建和会话更改服务，由此，SIP 协议的安全性对于即时通信的安全起着至关重要的作用。

SIP 不是万能的。它既不是会话描述协议，也不提供增加会议控制功能。为了描述消息内容的负载情况和特点，SIP 使用 Internet 的会话描述协议（SDP）来描述终端设备的特点。SIP 自身也不提供服务质量（QoS），它与负责语音质量的资源保留设置协议（RS-VP）互操作。它还与若干个其他协议进行协作，包括负责定位的轻型目录访问协议(LDAP)、负责身份验证的远程身份验证拨入用户服务（RADIUS）以及负责实时传输的 RTP 等多个协议。

SIP 协议的通信要求：

（1）用户定位服务；

（2）会话建立；

（3）会话参与方管理；

（4）特点的有限确定。

SIP 提供了参与会话的双方具有以下几个基本的功能：

（1）用户定位：决定参与会话终端的位置信息等；

（2）用户能力：确定会话双方所能允许的会话参数和媒体类型等信息；

（3）用户有效性：反映终端能够参与会话的可能性等；

（4）会话建立：建立呼叫双方必要的会话媒体参数内容等；

（5）会话管理：具有修改和发送会话参数及结束会话等。

SIP 的一个重要特点是它不定义要建立的会话类型，而只定义应该如何管理会话。通过采用 SIP 技术，获得一个能够创建全新通信应用的、强大而又灵活的有线调度系统。在一个 SIP 环境中，所有设备都作为一个系统的一部分而运行，可通过少量的几个地址联系到用户，用户也可方便地将通信从一个设备转移到另一个设备。

SIP 是一个对等多媒体信令协议，可与其他互联网服务集成来提供丰富的通信途径。SIP 支持 IP 电话、桌面和笔记本电脑、个人数字助理（PDA）和移动电话等符合标准的终端间的通信。

SIP 的优势是 IP 通信系统和智能网络不可缺少的部分。在矿用有线调度系统中，SIP 可结合多种不同的应用、设备和通信过程，来提供强大的新功能和特性。

2.3 调度工作

2.3.1 调度工作的三大功能

调度工作是指在有线调度系统中系统需要实现的功能。调度工作的三大功能分别是：

调度的统计功能、调度的指挥功能和调度的监督功能。

1. 调度的统计功能

统计工作是通过收集资料、加工整理、汇总计算、统计分析来反映矿井生产、经营建设成果与发展规律。统计信息有两个鲜明的特点，一是数量性，通过数字揭示事物在特定方面的数量特征，帮助我们对事物进行定量乃至定性分析，从而做出正确的决策。二是综合性，矿井一切生产活动都是相互联系的。统计信息从整体上看，涉及整个煤炭行业，包括煤炭生产、运输、销售、库存、煤副产品加工、机器设备及配件和人力资源管理等各个环节和方面；也涉及宏观与微观的各个领域和环节。

2. 调度的指挥功能

矿用有线调度的指挥功能通过调度中心完成。调度中心的作用是组织职能与作用，也就是建立合理的调度管理组织体系。

调度中心的重要性如下：

（1）把生产经营活动的各个要素和各个环节有机地组织起来，按照确定的生产经营计划组织工作，使生产经营活动有效进行；

（2）控制职能与作用，就是按照既定目标和标准对生产经营活动进行的监督和检查，从中掌握信息、发现偏差、找出原因，并采取措施、加以调整纠正，保证预期目标和标准的活动；

（3）以电力系统为例，它是信息处理、监视和控制的中心机构，根据电力系统当前运行状况和预计的变化进行判断、决策和指挥。

（4）下一级需接受上一级的指导和制约。调度中心则是各层监控指挥系统的指挥中心。电力系统运行有全局性影响，调度中心则是各层监控指挥系统的指挥中心。

3. 调度的监督功能

调度的监督功能，主要是指调度员在调度中心对所管辖范围内的人员、设备资源的调度工作进行监察和监督，以防止出现安全事故和设备资源分配不合理现象。

2.3.2 调度工作的三大任务

调度工作的三大任务包括如下：

（1）掌控矿井安全生产状况；

（2）指挥生产各系统正常工作；

（3）组织和协调生产准备工作。

调度功能工作的任务需要调度员做到：负责日常生产的组织指挥；贯彻方针政策；负责召集调度会、生产协调会等；及时了解掌握生产趋势，分析生产动态；调度和现场监察生产准备及进展情况；调度和现场监察主要生产设备的使用情况；调度物资设备的到货情况；组织均衡生产；调度人员要经常下井，深入现场；及时准确地做好上情下达、下情上报工作。

2.3.3 煤矿安全生产调度员十项应急处置权

煤矿调度人员值班期间，接到安全监测监控系统报警或基层区队、安检员、瓦斯检查员和汛期地面巡视员等汇报时，凡涉及下列10项险情之一的不需请示领导，有权下达某个生产区域或整个矿井立即停止生产，撤离作业人员的调度指令，然后再按规定向值班领导和矿长以及上级部门汇报。煤矿安全生产调度员 10 项应急处置权：

（1）汛期本地区气象预报为降雨橙色预警天气或 24 h 以内连续观测降雨量达到 50 mm 以上；受上游水库、河流等泄洪威胁时；发现地面向井下溃水的；

（2）井下发生突水；井下涌水量出现突增、有异常情况，危及职工生命及矿井安全的；

（3）井下发生瓦斯、煤尘、火灾、冲击地压等事故的；

（4）供电系统发生故障，不能保证矿井安全供电的；

（5）主要通风机发生故障；通风系统遭到破坏，不能保证矿井正常通风的；

（6）安全监测监控系统出现报警，情况不明的；

（7）煤层自然发火有害气体指标超限或发现明火的；

（8）井下工作地点瓦斯浓度超过规定的；

（9）采掘工作面有冒顶征兆，采取措施不能有效控制；采掘工作面受冲击地压威胁，采取防冲措施后，仍未解除冲击地压危险的；

（10）有其他危及井下人员安全险情的。

2.3.4 调度室应有的基本信息

调度工作除必要的下井检查和下井调度外，主要的调度活动需要调度员在调度室进行。调度室应有的基本信息包括：矿井产量构成；采掘接续情况；伤亡及非伤亡事故情况；出勤情况；上级通知；交接班记录、调度工作日志；领导交接事项；井下有害气体专用记录；调度会议记录、生产记录；重大安全生产问题记录和隐患处理记录；领导干部跟班下井记录、检查及查三违记录等矿井日常生产和生活必备的信息。

2.3.5 调度工作的依据

调度员进行调度工作需要遵守一定的规则以及结合日常生产的具体情况进行安排和调整。调度工作的依据包括以下 4 个方面：

（1）依照计划组织生产；

（2）围绕循环图标做好综合平衡；

（3）按照规定进行监督检查；

（4）遵循上级领导的指示进行调度工作。

2.4 矿用调度系统构建

2.4.1 矿用调度的必要性

21 世纪以来，我国煤炭行业进入了难得的历史发展机遇期，能源的市场化对煤炭行业的发展注入了新的活力。在国内大多数煤矿“数字化矿井”建设中，几乎全部采用 IP 传输技术作为数字化的平台，已经逐步实现在 IP 网上传输的包括瓦斯监控、输送带监控、泵房监控、电网安全监控、工业视频监控、环境监测监控、现场 PLC 控制等系统，已经基本实现了图像和数据在 IP 网上的传输和管理。井下调度通信实现 IP 化，是目前井下调度通信发展的必然趋势。

矿用大多为通信电缆及多芯矿用通信光缆两种方式，分设两条从不同的井筒进入井下配线设备，其中任何一条通信线缆发生故障时，另外一条线缆的容量应能担负井下各通信终端的通信能力。终端设备应设置在便于使用且围岩稳固、支护良好、无淋水的位置，通信联络系统的配套设备应符合相关标准规定，纳入安全标志管理的应使用取得矿用产品安全标志的产品。

根据矿山安全避险的需要，矿用调度系统的构建可作为矿山建设和完善具有有线、无线、视频电话等多媒体的通信联络系统，其中无线通信联络系统可作为有线通信联络系统的补充。

2.4.2 调度系统的主要设备和技术指标

矿山调度系统的构建一般采用模块化设计，具体如下：

（1）多媒体调度机。多媒体调度机是调度系统的核心硬件支撑平台，承载了系统通信控制、媒体交换、协议控制和转换、音视频编解码、通信信令控制、系统通信调用接口、录音合成输出、语音视频业务处理等功能。支持模拟电话、IP 电话、IP 视频电话、无线集群、短波超短波电台、无线手机、IP 广播对讲终端等多种设备的接入。支持 IP 分布式联网，支持 ACD/IVR、来电队列、录音、语音邮件、多方电话会议、视频会议、短信、电子传真等各项多媒体通信应用。提供丰富的二次开发接口，第三方业务系统可以对调度机实现通信控制和定制功能开发，如呼叫、组呼、会议、监听、强插、强拆、获取录音文件等功能。

（2）多媒体调度台。内置多媒体通信调度控制软件，通过 IP 网络注册连接多媒体调度机，对通信系统进行整体调度控制，是通信调度系统的核心管理控制设备。支持对通信系统中的各类型通信终端进行通信调度，对传统防爆电话机、IP 电话机、WiFi 移动话机、视频话机、IP 广播站、SIP 广播站等各类通信终端设备调度；可以通过大屏幕触摸屏，以图形化方式实时显示终端设备类型（IP 话机、手机、对讲机等）和通信状态（空闲、振铃、通话等）。支持通信应急预案管理，按照使用环境预先编辑通信应急预案，如爆炸、失火等。当事件发生时，通过调度台点击对应出现的预案按键，可以快速发起设置好的通信调度工作，如自动扩声广播告警、自动发起对应负责人的会议、自动发送事件短信等。具备监控功能，未接来电、未注册、来电排队情况都有显示，通信故障告警、故障日志管理。其具备组织结构管理，可以灵活快捷地按照组织结构设置人员通信分组，做到快速地按照各类工作组发起通信调度。

（3）语音控制器，它用于配接普通程控电话机和矿用防爆本安电话机。采用模块化设计，通过安装在地面监控中心的工业交换机或安装在矿山井下的综合分站浸入光纤环网与多媒体调度机通信。一般采用嵌入式 Linux 操作系统并支持 SIP 协议，支持四路或八路程控交换机，同时也支持呼叫转接、代接、多方电话会议、来电显示、彩铃、传真等数十种办公电话功能。

（4）矿用一般型无线手机。通过矿用分站和通信基站的无线网络注册至多媒体调度机，实现与其他调度通信终端（有线网络话机、矿用本安电话机、普通程控电话机、视频话机）的通话。

（5）矿用本质安全型电话机。话机一般分为桌、挂两用，具有紧急呼叫、紧急号码、重拨、挂断功能。矿用本安电话机振铃响度一般约为 80 dB；脉冲速率为（10 ± 1）次/s，脉冲断续比为（1.6 ± 0.2）:1，码间间隔不小于 500 ms；并具有防爆功能。

（6）多媒体通信调度监控软件。

① 如图2－5所示，在此调度软件中，主调度界面总共包含10个分组用户，90个单户用户。

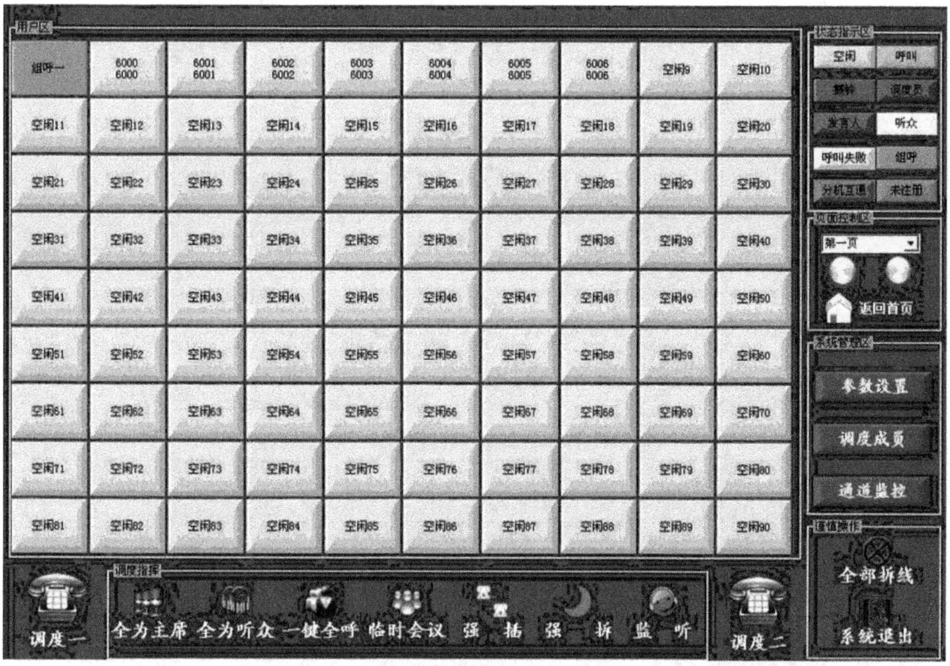

图2－5　调度主界面

② 进行系统设置（图2－6），选择SIP服务器，在服务器地址参数输入IP服务器的IP注册地址，设置服务器端口，登录账号。

③ 调度成员操作如图2－7所示，调度成员的功能主要是添加人员数据，也可进行修改人员或删除人员的操作。

当配置完前面所有数据后，调度系统的构建则基本完成。

2.4.3 调度系统的一般使用说明

（1）点呼：调度员直接点击主界面上的用户，系统会自动把该用户交出，形成双方通话，并在主界面上用颜色标出通话的人员，通话结束后用户挂机，界面上恢复初始状态；界面上没有做数据的用户，点击“空闲”键弹出一个拨号盘，用户可直接点击拨号盘上的数字或键盘输入来呼叫这个临时用户。

（2）组呼：调度员点击主界面上一组，系统会自动把事先设置好调度成员的组呼出，形成多方通话。

（3）全为主席：该功能键针对“组呼”“一键全呼”配合使用，通过该键改变所有在会场用户成员级别为发言人。

（4）全为听众：该功能键针对“组呼”“一键全呼”配合使用，通过该键改变所有在

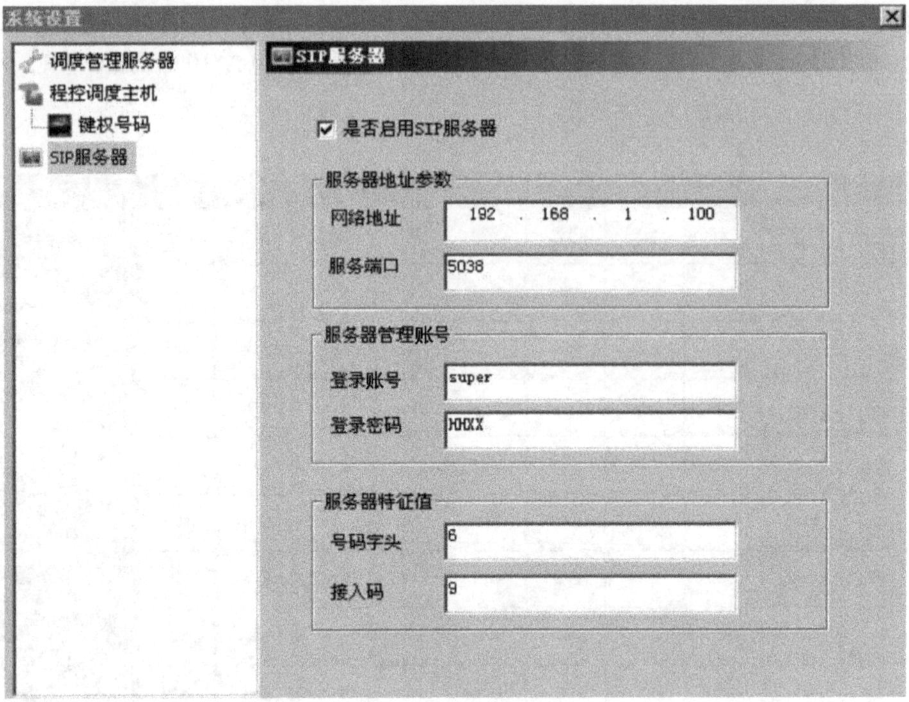

图2-6　系统设置图

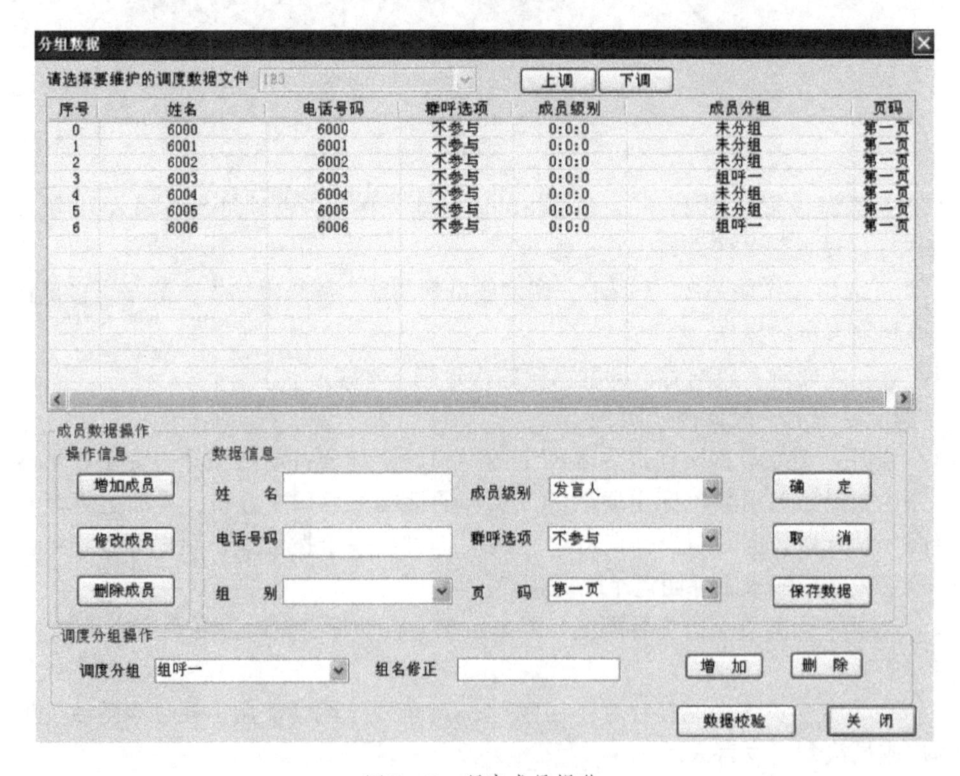

图2-7　调度成员操作

会场用户成员级别为听众。

（5）一键呼出：该键功能就是系统对主调度界面上的所有用户进行逐一群呼。

（6）临时会议：该键功能就是点击“临时会议”后，呼叫自己临时的调度会议用户。

（7）强插：该键针对正在通话的用户，点击“强插”，再点击强插的用户，此时系统自动呼出调度话机，形成三方通话。

（8）强拆：该键对正在通话的用户，点击强拆后，再点击要强拆的用户，系统自动给对方送忙音。

（9）监听：该键针对正在通话的用户，点击“监听”后，再点击要监听的用户，此时系统自动呼出调度话机，并监听对方通话内容，但对方听不到监听方说话。

（10）录音：调度系统自动给二部调度话机，全体候 24 h 在线，录音存储在调度主机的服务器中，存储时长一般不少于 8000 h。

（11）播放录音：录音文件自动存储在调度主机的服务器中，通过 IE 浏览器输入调度主机地址，进入录音管理模块，通过呼叫时间或主叫号码调用自己需要的录音文件，录音文件可以直接在线听，也可下载后再播放。

3 矿井无线通信

3.1 矿用移动通信技术的演进

煤矿井下通信系统，是矿井安全防护及生产调度必不可少的设施，也是矿井信息化和安全生产管理的重要组成部分。煤矿井下通信最早是使用有线电话系统，也就是把地面的电话系统经过防爆处理后安装到井下，这样井下的电话就是防爆电话机，连接线是防爆通信电缆。这种电话虽然起到通信的作用，但是很不方便。固定电话，固定使用，起不到随时调度的灵活性。随着地面无线通信系统的应用，井下防爆无线通信系统的应用也逐渐有了市场。将无线通信系统技术应用于煤矿企业，能够提高井下无线通信水平，加快井下通信发展步伐，为煤矿安全生产、提高生产效率、提高企业的管理水平搭建起有效的信息平台，成为煤矿无线通信发展的重要任务。

由于井下环境差、巷道分布多、干扰信号源多，对无线通信的发展有比较大的障碍，早期我国井下通信主要为有线方式。随着无线通信技术的日新月异，煤矿井下无线通信技术也得到了迅速发展。

3.1.1 泄漏通信

井下泄漏通信是利用泄漏电缆作为传输信道的无线通信。泄漏电缆是一种特殊结构的同轴电缆，通过外导体上的孔或槽、网眼，把电波漏泄出来，可与收、发信机实现无线通信，传输特性与同轴电缆相近。泄漏电缆覆盖的井下巷道距离可以达任意远距离，长时间工作稳定。这种通信方式可工作于数兆赫到数百兆赫的频段，受环境影响小。利用功率分配技术，解决了无线电波在巷道内的分岔传输，从而可建成地下巷道的树形无线通信网。

泄漏同轴电缆通信的基本设想，最初是由英国人于1948年提出来的。20世纪90年代以来，国外技术已经较成熟，如DAC公司的986系统（英国）、MOTOROLA井下通信系统（美国）、MRS井下通信系统（加拿大）、FUNKE + HUSTER系统（德国）、NiEx/DELOGNE系统（比利时）等，这些泄漏通信系统在发达国家已经被广泛应用。

我国泄漏通信主要应用于20世纪90年代，主要产品为加拿大MRS公司的泄漏通信系统。该系统具有信道较稳定、电磁干扰较小等优点，但缺点是传输距离短且有限制，施工铺设电缆难度大（泄漏电缆比较粗老笨重），后期维护复杂。泄漏电缆上每隔350 m需加1个中继器，使系统的可靠性变差，任一中继器和电缆故障将会造成该中继器以下的部分系统瘫痪。并且随着中继器的增加，噪声易累加，信号容易失真，通话语音质量不好。

3.1.2 矿用小灵通

矿用小灵通采用的是个人无线通信接入系统（Personal Access Phone System，PAS）技术，缘起于日本的 PHS（Personal Handy - phone System）系统。PAS 有中继链路，通过市话网进行。小灵通采用布网是微蜂窝式，基站发射功率很小、布网密，当其他基站信号较强时，手机可能会自动切换到另一个基站，切换时会产生短暂通话停顿，在移动通话时便出现 1 ~ 2 s 的短暂中断，不用挂机很快就自动恢复，这是小灵通的不足之处。

煤矿 PAS 系统于 2003 年获得煤矿安全认证，其通话质量较好，曾经在煤矿的普及率较高。系统由控制器、基站、局端接入设备、线路延伸器及线路复用器、本安型手机、网管计算机等组成，采用微蜂窝和信道动态分配技术，基站与手机之间采用时分双工模式 TDD，其无线信道基于时分多址 TDMA 结构，语音编码采用 32 kb/s 的 AD - PCM 方式，使用分集定向天线接收。控制器主要用来控制基站，提供信令转换，分配话音和信令时隙，提供话路的集线处理，存储并确认终端特征数据；对基站远端供电，以及通过 RT 设备与交换设备进行双音多频拨号通信；此外它还提供基站的操作维护通道，包括程序和参数的加载过程、基站状态信息和话务统计数据的传递等。通过 1 ~4 条 E1 线路与局端设备 RT 相连。基站由发信机和控制单元组成，一侧通过无线接口与手机通信，另一侧通过 U 接口与基站控制器通信。

PAS 无线通信系统主要用于煤矿井上/下语音通信、人员定位。基站为 1 个控制信道和 3 个话音信道，系统兼有低精度无线定位功能和小流量数据传输功能。PAS 无线通信系统工作在 1900 ~1905 MHz 频段，无线覆盖距离为 650 m，直射波、反射波强度远远大于绕射波，穿透能力较差。另外，PAS 切换技术不好，通话中断现象比较严重。所以，随着 2011 年底小灵通被清频退市，井下小灵通应用也逐渐被取代。

3.1.3 井下 WiFi 系统

WiFi（Wireless Fidelity）是基于 IEEE 802.11 标准的无线局域网技术。通常使用一个无线路由器作为无线接入点 AP，那么在这个无线路由器电波覆盖的有效范围都可以采用 WiFi 连接方式进行联网。我国 WiFi 的工作频段主要在 2.4 GHz 的频段(2.402 ~2.483 GHz)、5.8 GHz（5.725 ~5.850 GHz）频段以及 5.1 GHz（5.150 ~5.350 GHz）频段，工作频宽是 22 MHz。其采用扩频、OFDM 和 MIMO 技术支持高速率无线传输，传输速率按照不同协议版本为 1 ~11 Mb/s。

井下 WiFi 系统基于骨干的光纤环网，以 WiFi 作为无线网络延伸，在井下设立若干基站，通过 WiFi 的无线连接，从而实现生产调度管理及信息交流等功能。无线语音通信采用 VOIP 技术实现，采用 SIP 协议完成井下的调度业务，能够提供较高速率的多媒体通信。用 WiFi 定位系统主要是基于位置指纹识别算法进行定位，其主要根据表征目标特征的数据库进行识别。系统主要部件包括工业以太网、IP 局端交换机、井下交换机、井下无线接入点、天线、防爆电源和手持终端机等。井下 WiFi 系统结构如图 3 - 1 所示。

3.1.4 矿用蜂窝无线通信系统

由于蜂窝移动通信系统在民用公共通信领域的广泛应用和巨大成功，我国矿井也将第三代和第四代蜂窝无线通信的技术应用到井下，具体可以发展出矿用 TD - CDMA 系统、矿用 TD + WiFi 系统以及正在推广应用的 4G 井下通信系统。

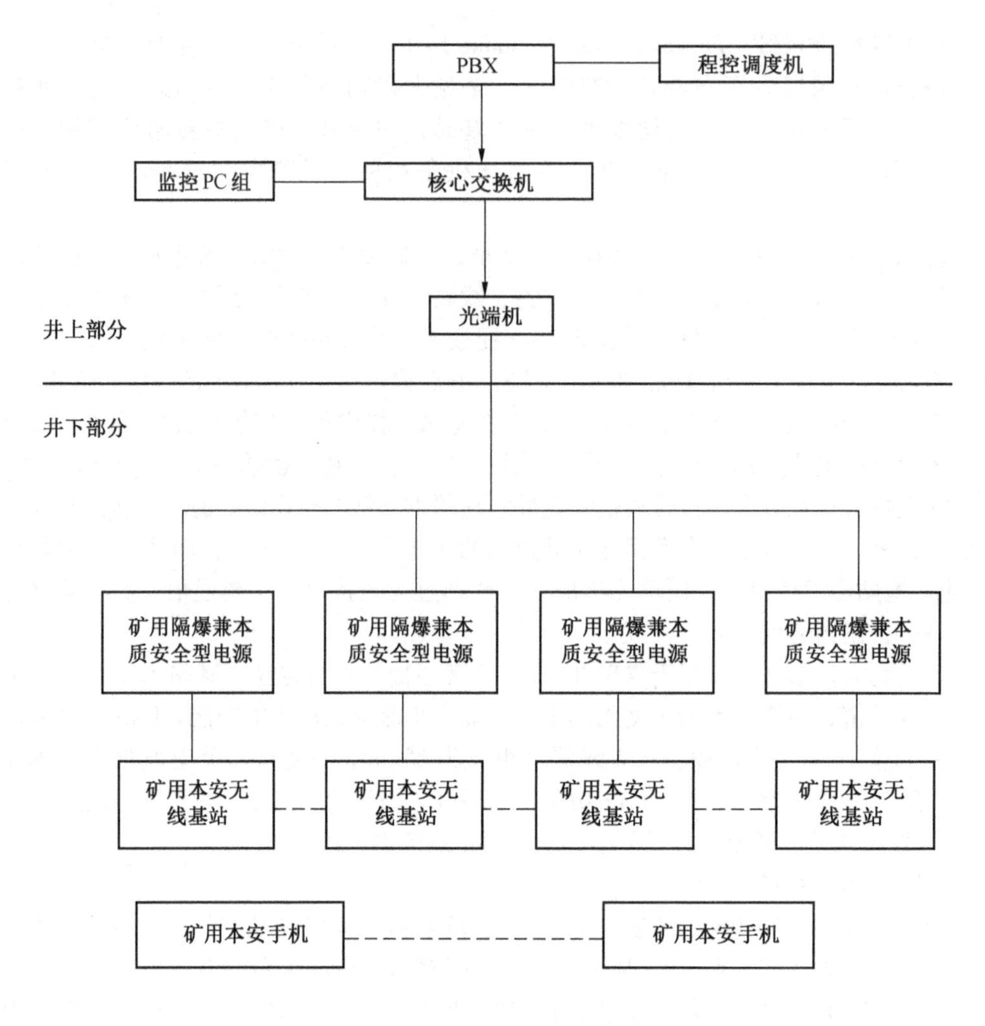

图3-1 井下WiFi系统结构

3.2 矿用移动通信的关键技术

3.2.1 蜂窝技术

蜂窝技术的提出对移动通信的发展具有划时代的意义。蜂窝的概念是20世纪60—70年代首先由Bell实验室提出，1978年Bell实验室研制成功了采用蜂窝进行网络覆盖的AMPS系统，该系统于1983年首先在美国芝加哥商用，随后2G、3G以及4G系统均采用了蜂窝结构进行网络覆盖，故将其称为蜂窝移动通信系统。

蜂窝技术思想是用许多小功率的发射机（小覆盖区）来代替单个的大功率发射机（大覆盖区），每个小功率发射机只提供服务范围内的一小部分覆盖。蜂窝技术能够有效地实现频率复用。频率复用就是相同频率的重新使用。相邻小区不能使用相同的频率，但由于每个小区基站发射的功率较小，两个相距一定距离的小区可以使用相同的频率。频率复用技术很好地解决了频率资源和系统容量之间的矛盾。

使用正六边形作为蜂窝小区的理论模型，基站如果安装在小区的中心，称之为中心激励。基站如果安装在正六边形相同的3个顶点上，称之为顶点激励（图3-2）。

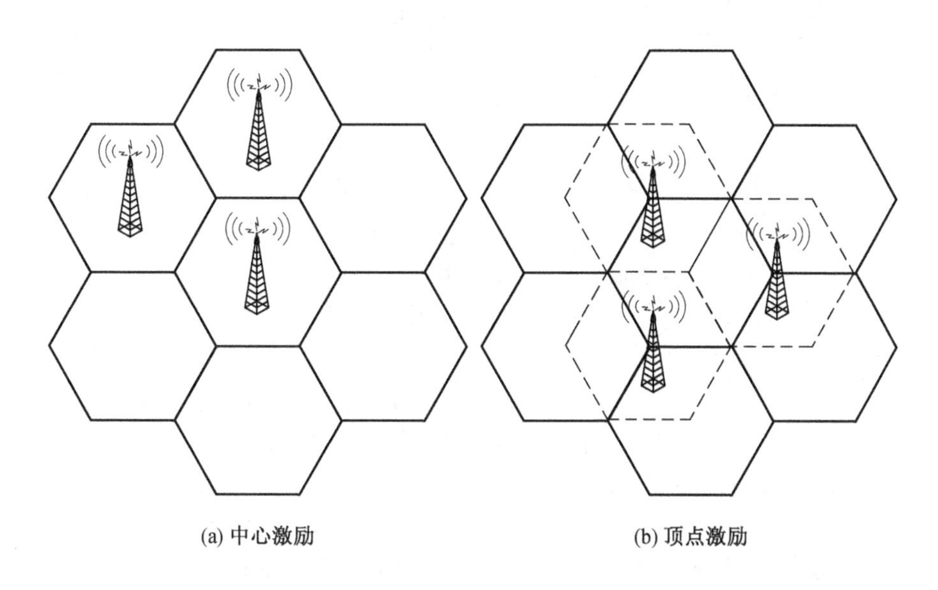

图3-2 蜂窝网激励方式

根据蜂窝小区覆盖半径的不同可将其划分为：宏蜂窝、微蜂窝、微微蜂窝。传统的蜂窝网络由宏蜂窝小区构成，每小区的覆盖半径大多为1~20 km。由于覆盖半径较大，所以基站的发射功率较强，一般在10 W以上，天线架设也较高。每个小区分别设有一个基站，它与处于其服务区内的移动台建立无线通信链路。微蜂窝小区是在宏蜂窝小区的基础上发展起来的技术，它的覆盖半径为0.1~1 km；发射功率较小，一般为1~2 W；基站天线置于相对低的地方，如屋顶下方，高于地面5~10 m，传播主要沿着街道的视线进行，信号在楼顶的泄漏小。因此，微蜂窝最初被用来加大无线电覆盖，消除宏蜂窝中的“盲点”。同时由于低发射功率的微蜂窝基站允许较小的频率复用距离，因此业务密度得到了巨大的增长，且无线干扰很低，将它安置在宏蜂窝的“热点”上，可满足该微小区域质量与容量两方面的要求。随着容量需求进一步增长，运营者可按同一规则安装第三或第四层网络，即微微蜂窝小区。微微蜂窝实质是微蜂窝的一种，只是它的覆盖半径更小，一般只有几十米；基站发射功率更小，在几十到几百毫瓦；其天线一般装于建筑物内业务集中地点。微微蜂窝是作为网络覆盖的一种补充形式而存在的，它主要用来解决商业中心、会议中心等室内覆盖的通信问题。

实现频率复用的基本单位是区群，区群由若干小区构成，而且各小区要求邻接，因此同一区群内各小区均要求使用不同的频率组，而任一小区所使用的频率组，在其他区群相应的小区中还可以再次使用，这就是频率复用。图3-3所示为区群结构示意图。

3.2.2 多址技术

多址技术所要解决的问题是多个用户如何共享公共通信资源。蜂窝系统向用户提供的通信资源包括时间、频率、空间和编码方式（码序列），它们分别属于时域、频域、空域

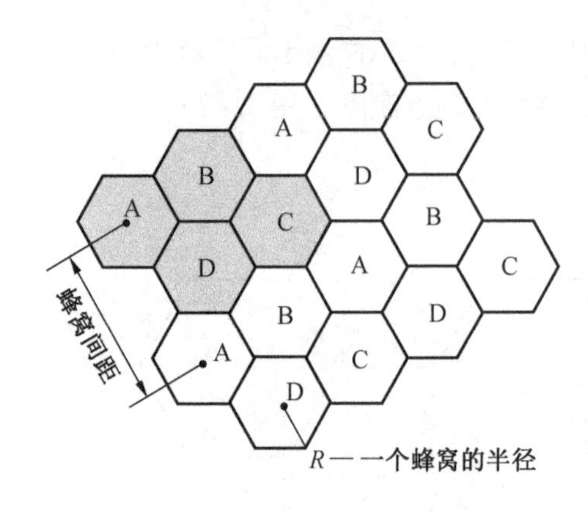

图3-3 区群结构示意图

和码域。为了高效地利用通信资源，需要对一部分资源进行共享，对另一部分资源进行分割，因共享可以提高系统的容量，而通过分割可以区分出不同的信道，提供给不同的用户使用，这便形成多址。通过对通信资源的不同分割方式，也就形成了不同的多址方式，理想的分割应使信道上传输的用户信号满足正交的要求。常用的多址方式有频分多址、时分多址、码分多址以及正交频分复用等。

1. 频分多址

频分多址（FDMA）是指将给定的频谱资源划分为若干个等间隔的频道或称信道供不同的用户使用。在模拟移动通信系统中，信道带宽通常等于传输一路模拟话音所需的带宽，如25 kHz或30 kHz。在单纯的FDMA系统中，通常采用频分双工（FDD）的方式来实现双工通信，即接收频率f和发送频率F是不同的。为了使得同一部电台的收发之间不产生干扰，收发频率间隔$|f-F|$必须大于一定的数值。例如，在800 MHz频段，收发频率间隔通常为45 MHz。在FDMA系统中，收发的频段是分开的，由于所有移动台均使用相同的接收和发送频段，因而移动台到移动台之间不能直接通信，必须经过基站中转。

FDMA的特点：

（1）FDMA信道每次只能传送一个电话；

（2）每信道占用一个载频，相邻载频之间的间隔应满足传输信号带宽的要求；

（3）符号时间与平均延迟扩展相比较是很大的。由码间干扰引起的误码极小，因此在窄带FDMA系统中无须自适应均衡；

（4）移动台较简单，与模拟的较接近；

（5）基站复杂庞大；

（6）FDMA系统每载波单个信道的设计，使得在接收设备中必须使用带通滤波器允许指定信道里的信号通过，滤除其他频率的信号，从而限制邻近信道间的相互干扰。

2. 时分多址

时分多址（TDMA）是指把时间分割成周期性的帧，每一帧再分割成若干个时隙（无论帧或时隙都是互不重叠的）。在频分双工（FDD）方式中，上行链路和下行链路的帧分别在不同的频率上。在时分双工（TDD）方式中，上下行帧都在相同的频率上。TDMA系统既可以采用频分双工（FDD）方式，也可以采用时分双工（TDD）方式。在FDD方式中，上行链路和下行链路的帧结构既可以相同，也可以不同。在TDD方式中，通常将在某频率上一帧中一半的时隙用于移动台发射，另一半的时隙用于移动台接收；收发工作在相同频率上。

TDMA的特点：

（1）突发传输的速率高，远大于语音编码速率；

（2）发射信号速率随N的增大而提高；如果达到100 kb/s以上，码间干扰就将加大，必须采用自适应均衡，用以补偿传输失真；

（3）TDMA 用不同的时隙来发射和接收，因此不需双工器。即使使用 FDD 技术，在用户单元内部的切换器，就能满足 TDMA 在接收机和发射机间的切换，因而不需使用双工器；

（4）基站复杂性减小。N 个时分信道共用一个载波，占据相同带宽，只需一部收发信机，互调干扰小；

（5）抗干扰能力强，频率利用率高，系统容量大。

3. 码分多址

码分多址（CDMA）是基于扩频技术的，扩频主要分为两大类：直接序列扩频和跳频技术，基于直接序列扩频的称作直扩码分多址（DS－CDMA），基于跳频的称作跳频码分多址（FH－CDMA）。在 DS－CDMA 系统中，所有用户工作在相同的中心频率上，输入数据序列与伪码序列相乘得到宽带信号。不同的用户（或信道）使用不同的伪随机序列。这些伪随机序列相互正交，从而可像 FDMA 和 TDMA 系统中利用频率和时隙区分不同用户一样，利用伪随机序列来区分不同的用户。在 FH－CDMA 系统中，每个用户根据各自的伪随机序列，动态改变其已调信号的中心频率。各用户的中心频率可在给定的系统带宽内随机改变，该系统带宽通常要比各用户已调信号（如 FM、FSK、BPSK 等）的带宽宽得多。FH－CDMA 类似于 FDMA，但使用的频道是动态变化的。FH－CDMA 中各用户使用的频率序列要求相互正交或准正交，即在一个伪随机序列周期对应的时间区间内，各用户使用的频率在任一时刻都不相同或相同的概率非常小。

CDMA 的特点：

（1）CDMA 系统的许多用户共享同一频率，不管使用的是 TDD 还是 FDD 技术；

（2）通信容量大；

（3）容量的软特性；

（4）由于信号被扩展在较宽频谱上而可以减小多径衰落。如果频谱带宽比信道的相关带宽大，那么固有的频率分集将具有减少小尺度衰落的作用；

（5）在 CDMA 系统中，信道数据速率很高；

（6）平滑的软切换和有效的宏分集；

（7）低信号功率谱密度。

4. 正交频分复用

正交频分复用（OFDM）可以看作是 FDMA 的一种特例，它由于采用的是正交子载波进行多载波调制，所以允许载波间可以互相重叠，有效地提高了频谱利用率。其概念于 1953 年提出，1966 年出现 OFDM 的技术专利和多音频（multitone）通信信号（互相重叠且正交）的概念。1971 年提出用快速傅里叶变换实现 OFDM 的产生和接收，替代了模拟子载波振荡器，也就是采用 DSP 能容易实现 OFDM。但是由于 DSP 技术的制约，直到 20 世纪 80 年代，OFDM 才正式进入商用。

OFDM 系统结构框图如图 3－4 所示，OFDM 是一种多载波调制技术，高速数据经过串并变换后速率降低，码元宽度增大，然后并行的数据调制多路子载波，这些子载波相互正交。正交子载波调制这一过程可以通过快速傅里叶反变换实现，极大地降低了实现的复杂度。发送端加循环前缀保证子载波在经信道传输后的正交性，并且循环前缀占用的是OFDM符号的保护间隔，也可以有效地克服符号间干扰。

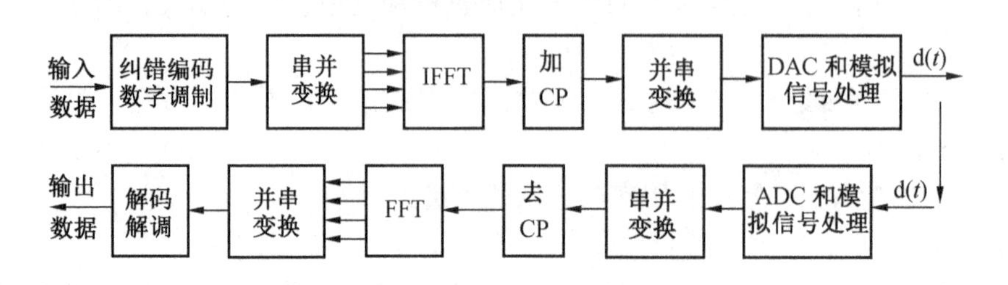

图3-4　OFDM系统结构框图

OFDM的特点：

（1）串并变换使每个子载波上的符号间隔增长，有效抑制信道时间弥散多带来的ISI，减少了接收机内的均衡器的复杂度；

（2）各子载波完全正交，因此具有更高的频谱利用率；

（3）正交多载波的调制解调可以使用IFFT/FFT实现，在硬件易于实现；

（4）OFDM系统可以通过使用不同数量的子信道，易于实现上下行链路的非对称传输；

（5）对频率偏差敏感：多普勒频移、晶振频漂破坏子载波正交性；

（6）高峰均功率比，对发射机的功率放大提出较高要求。

3.2.3　分集技术

在无线通信中电波传播的多样性和传输信道的开放性带来的多径和干扰会导致严重的衰落。分集技术是减小衰落的一个重要途径，分集有两重含义：一是分散传输，使接收端能获得多个统计独立的、携带同一信息的衰落信号；二是集中处理，即接收机把收到的多个统计独立的衰落信号进行合并，以降低衰落的影响。

发端分集的方法有很多种，如时间分集、频率分集、空间分集、路径分集以及极化分集等。其中时间分集就是指同样的信息间隔在一定的时间（大于相干时间）多次发送，频率分集是指相同的信息同时调制到不同的频段上（频带间隔大于相干带宽）进行发送，空间分集主要是指多天线发射，路径分集主要是基于直扩技术CDMA系统采用的方法，使用多径RAKE接收完成，而极化分集是指在发送端同时采用水平和垂直极化波携带相同的信息。这些分集技术就是利用了无线信道的特性，形成多条统计独立的传输信道，可以有效避免所有路径收到深度衰落。

在接收端对于多条独立衰落的支路信号进行合并，合并的方法主要有选择式合并、最大比合并和等增益合并。选择式合并是指在多支路接收信号中选择信噪比最高的支路信号作为输出信号。最大比合并是指每一条支路都有一个加权，加权的权重取决于各个支路的信噪比，信噪比大的权重大，信噪比小的权重小。各支路加权求和后作为输出信号。等增益合并就是各个支路的权重都为1。理论分析表明，最大比合并的性能最好，其次是等增益合并。

3.2.4 切换技术

随着蜂窝网支持的传输速率越来越高，小区覆盖面积也越来越小，由于用户具有移动性，会从一个小区覆盖区运动到另一个小区覆盖区。为了保证通信的连续性和网络覆盖的“无缝隙”，由于某些原因需要进行用户在忙时发生从一个信道转移到另一个信道的情况，同时发生对该 MS 连接控制也从一个信道转移到另一个信道的过程，这种过程称作切换。切换的操作不仅包括识别新的小区，而且需分配在新小区的业务和控制信道；不仅因为信号质量变化需要切换，有时为了各小区的业务负荷平衡，也需要进行切换，以减轻热点小区的业务负荷。

切换可以分为硬切换、软切换以及接力切换等。硬切换，即在基站的信令控制下，先断开旧的连接，在新的小区中建立新的无线信道，而移动台通过发送本小区、临小区下行链路质量报告，由基站决定是否需要切换。软切换是指当移动台在忙时要进入一个新小区或扇区时，采用的是“先连接后断开”的方式，即与新小区或扇区的基站连通业务信道，再切断与原小区的联系。在切换的过程中，原基站和新基站同时为越区的移动台服务。软切换方式的切换时间短，不会中断通话，也不会出现硬切换时的“乒乓”效应，并且可以降低掉话的概率。接力切换是我国提出的 TD－SCDMA 系统的一大技术亮点，切换时先将上行链路连接到新基站，仍与新旧基站均保持下行链路，待下行链路稳定后再断开与旧基站的通信。

3.3 第三代移动通信技术

3.3.1 蜂窝移动通信网络发展历史

移动通信在采用蜂窝概念以后得到了长足发展。蜂窝移动通信发展至今已经经历四代，目前第五代系统正在试验阶段。

第一代蜂窝通信系统基于模拟调频频分多址的方式，有代表性的系统有美国的 AMPS 系统、英国的 TACS 系统以及北欧国家的 NMT 系统。第一代蜂窝通信采用模拟制式，语音信号没有经过信源压缩，缺乏信道编码的纠错保护，发射功率也无有效控制，所以干扰严重，资源利用率低，系统容量相当有限，且模拟器件制造和集成相对困难，导致终端昂贵而笨重。

第二代蜂窝通信系统采用数字调制时分多址方式，语音经过信源压缩成为数字信号，并加入信道编码进行纠错，而且运用功率控制，使得信道传输效率大大提升。第二代蜂窝通信的主要业务是语音通话，其典型代表是欧盟国家主导制定的 GSM 系统。美国在第一代系统的基础上演进发展出 DAMPS 系统，另外美国高通公司另辟蹊径基于码分多址方式提出了 IS－95CDMA 系统。

在第三代蜂窝移动通信系统中码分多址技术大行天下。国际电信联盟于 2000 年 5 月确定了 3 个第三代移动通信的国际标准，分别是 WCDMA、CDMA 2000 以及 TD－SCDMA，在 2007 年 10 月又添加了 WIMAX，成为第三代移动通信的第四大标准。即使 WCDMA/TD－SCDMA 都尽量绕开了高通的专利陷阱，却都使用了基本的 CDMA 技术，如软切换、功控等。总体来说，3G 时代是 CDMA 技术的时代。

第三代移动通信系统追求的目标是全球统一频段、统一标准，全球无缝覆盖能够提供高效的频谱效率、高服务质量、高保密性能并且易于2G系统演进过渡，还能提供多媒体业务，支持车速环境数据速率为144 kb/s、步行环境数据速率为384 kb/s以及室内环境数据速率为2048 kb/s。在应用方面，WCDMA、CDMA 2000以及TD－SCDMA在全世界的发展良好，使得WIMAX无疾而终。除了CDMA的完全频率复用特性外，系统容量的提升在很大程度上得益于信道编码的突破，1993年turbo code的出现使得信道的链路性能逼近香农极限容量，因此迅速地在第三代移动通信系统中得到应用。

第四代蜂窝通信系统是OFDM技术的时代。LTE在2004年末立项，经过漫长的4年时间，终于在2008年发布了第一版标准LTE R8。R8版本基本确立了LTE的框架，引入了OFDMA多址接入，采用扁平网络架构和全IP核心网。之后陆续发布了R9－R14版本，4G系统可以简称LTE－A系统，其可以分为时分双工和频分双工两种，称为TD－LTE和FDD－LTE。

3.3.2 第三代移动通信系统概述

1. WCDMA

WCDMA标准主要由欧洲ETSI提出，系统的核心网基于GSM－MAP，同时通过网络扩展方式提供在基于ANSI－41的核心网上运行的能力。

WCDMA系统支持宽带业务，可有效支持电路交换业务（如PSTN/SDN网）、分组交换业务（如IP网）。灵活的无线协议可在一个载波内对同一用户同时支持话音、数据和多媒体业务，通过透明或非透明传输块来支持实时、非实时业务。业务质量可通过延迟、误比特率和误帧率等参数进行调整。

WCDMA采用DS－CDMA多址方式，码片速率是3.84 Mchip/s，载波带宽为5 MHz系统不采用GPS精确定时，不同基站可选择同步和不同步两种方式，可以不受GPS系统的限制。在反向信道上，采用导频符号相干RAKE接收的方式，解决了CDMA中反向信道容量受限的问题。

WCDMA采用精确的功率控制方式，包括基于SIR的快速闭环、开环和外环3种方式。功率控制速率为1500次/s，控制步长为0.25～4 dB可变，可有效满足抵抗衰落的要求。

WCDMA还可采用一些先进的技术，如自适应天线（Adaptive Antenna）、多用户检测（Multi－User Detection），分集接收（正交分集、时间分集）和分层式小区结构等来提高整个系统的性能。

WCDMA采用不同的长码进行扩频。前向链路专用物理信道（DPCH）的扩频调制采用的是对称QPSK调制，同相（I）和正交（Q）数据用相同的信道标识码（Channelization Code）和扰频码（Scrambing Code）来扩频。同一小区的不同物理信道用不同信道标识码来区分。信道标识码采用的是正交可变扩频参数（OVSF）码。OVSF码在不同的扩频参数的情况下也能保证不同下行物理链路的正交性，因而可以提供不同的比特率。同属一个小区的下行链路采用相同的扰频码，长为40960码片（10 ms）系统可用扰频码512个。为了更快地搜索小区，下行链路使用的扰频码分成32组，每组16个码。

上行链路专用物理信道扩频调制采用的是双信道QPSK（Dual Channel QPSK）调制，I信道和Q信道用不同的信道标识码扩频后复用成I＋jQ信号，再用信道标识码进行扩频，最后调制到射频。上行链路使用的信道标识码和下行链路中使用的码属于同一类的 OVSF 码，以保证专用物理数据信道（DPDCH）和专用物理控制信道（DPCCH）的正交性。上行链路使用的扰频码通常也是长为 40960 码片（10 ms）的伪随机码。为较易实现 MUD，上行链路扰频码也可采用短 VL－Kasami 码。

在下行链路中，各用户相干检测所需的导频信号是用时分复用方式来发送的，并且每条链路对应一个导频信号，所以可以被用来进行信道估计。在使用自适应天线的情况下，上行链路也采用时分复用的导频信号来进行相干检测。

对 WCDMA 系统业务信道而言，较低速率的数据采用单码扩频，较高速率的数据采用多码扩频。同一连接的多业务在正常情况下采用时分复用的方式。经过外部编码、内部编码、业务复用和信道编码后，多业务数据流被映射到一个或多个专用的物理数据信道（DPD－CH），在多码扩频情况下，数据经过串/并变换分成两路，分别映射到 I 信道和 Q 信道进行扩频传输。WCDMA 中信道编码采用卷积码和级联码，对要求 $BER=10^{-3}$ 的业务采用约束长度为 9 的卷积编码，卷积率在 1/2～1/4 之间。对要求 $BER=10^{-6}$ 的业务，采用级联编码和外部 R－S 编码。一般情况下，一帧内部采用块交织，但为了改善长时延的性能，WCDMA 还支持帧间交织。

对短的不常用的分组数据，WCDMA 一般采用公共信道分组传输的方法，即把分组数据直接填充到随机接入串中发送。对常用的长分组数据则采用专用信道来传输。数据大的单个分组数据采用单个分组传输方案，此时，一旦传输完将立即释放占有的专用信道。多分组传输方案中，在分组间将保持专用信道以传输控制和同步信息。在 WCDMA 中，随机接入串帧长 10 ms，并且用固定功率发射，遵循 Aloha 原理。

2. CDMA 2000

美国 TIA TR45.5 向 ITU 提出的 RTT 方案称为 CDMA 2000，其核心是由朗讯、摩托罗拉、北方电讯和高通联合提出的宽带 CDMAOne 技术。CDMA 2000 的一个主要特点是与现有的 TIA/EIA－95－B 标准后向兼容，并可与 IS－95B 系统的频段共享或重叠，这样就使 CDMA 2000 系统可在 IS－95B 系统的基础上平滑地过渡、发展，并保护已有的投资。另外，CDMA 2000 还能有效地支持现存的 IS－634A 标准。CDMA 2000 的核心网基于 ANSI－41，同时通过网络扩展方式提供在基于 GSM－MAP 的核心网上运行的能力。

CDMA 2000 采用 MC－CDMA（多载波 CDMA）多址方式，可支持话音、分组和数据等业务，并且可实现 QoS 的协商。CDMA 2000 包括 IX 和 3X 两个部分，也易于扩展到 6X、9X 和 12X。对于射频带宽为 1.25 MHz 的 CDMA 2000 系统，采用多个载波来利用整个频带，如果频带划分以 5 MHz 为基准，则可以同时支持 3 个载波，即 CDMA3X 技术。支持 1 个载波的 CDMA 2000 标准 IS 2000 已在 1999 年 6 月通过。

CDMA 2000 采用的功率控制有开环、闭环和外环 3 种方式，速率为 800 次/s 或 50 次/s。CDMA 2000 还可采用辅助导频、正交分集和多载波分集等技术来提高系统的性能。

由于载波间可以重叠，频谱利用率较高，CDMA 2000 提供了多载波方案。在此方案中带宽为 1.25 MHz，码片速率是 1.2288 Mchip/s。采用此方案可以使 IS－95 平稳过渡到第三代移动通信系统。在 CDMA 2000 系统下行链路中，I 信道和 Q 信道分别采用一个长

为 3×2^{15}M 序列来扩频。不同的小区采用同一个 M 序列不同的相位偏移。搜索小区时只需搜索这 2 个码及其不同的相位偏移码。在上行链路中，扩频码采用的是长为 2^{41} 的 M 序列，以不同的相位来区分不同的用户。信道用相互正交、可变扩频参数的 Walsh 序列来区分。

下行链路在不使用自适应天线的情况下，采用公共导频信道作为相干检测的参考信号；使用自适应天线时，采用辅助导频信道作为参考信号。辅助导频信道是用户通过码分复用合用后占用的信道，信道数为 1。上行链路的导频信号和功率控制以及丢失指示比特采用时分复用的形式进行传输。

在多速率业务方面，CDMA 2000 系统提供两种业务信道类型：基本信道和增补信道。这两种信道都是码分复用信道。基本信道支持的数据速率为 9.6 kb/s、14.4 kb/s 及其子集的速率，可以传输语音、信令和低速数据。增补信道提供不同的高速数据速率。在下行链路中，不同 QoS 要求的业务都是用码分复用的方式在增补信道中传输的。CDMA 2000 的帧长为 20 ms，但控制信息为 5 ms 和 20 ms，在基本信道中传输。基本信道使用约束长度为 9 的卷积编码。增补信道中传输速率为 14.4 kb/s。对高速数据而言，采用约束长度为 4、卷积率为 1/4 的 Turbo 码。

在 CDMA 2000 系统中，分组数据的传送也遵循时隙 Aloha 原理，但与 WCDMA 不同的是，第一次随机接入不成功后，其后将增加发射功率。移动用户得到业务信道后，第一次发送数据时，可以不必事先约定发送速率，如果数据速率超过一定的门限，就需要申请一个新的接入。移动台传输完后，将立即释放占用的业务信道，但不释放专用的控制信道，过一段时间后才会释放专用控制信道，但将保持链路层和网络层的连接，以减少链路重建时的设置时间。短数据串可以通过公共业务信道传输，CDMA 2000 系统中还采用了简单的自动重发请求的方案。

WCDMA 和 CDMA 2000 的参数比较见表 3－1，其主要的不同点在于码片率、下行链路结构和网络的同步。前者的下行链路采用直接序列扩频，码片速率为 3.84 Mchip/s；后者的下行链路既可采用直接序列扩频，也可采用多载波 CDMA 方式。WCDMA 系统采用不同的长码进行扩频，而 CDMA 2000 则采用同一长码的不同相位偏移来进行扩频，这主要得益于 CDMA 2000 是同步网络。

表 3－1　WCDMA 和 CDMA 2000 的参数比较

参　数	WCDMA	CDMA 2000
信道带宽/MHz	5、10、20	1.25、5、10、20
多址接入	DS－CDMA	DS－CDMA/多载波 CDMA
帧长/ms	10/20（可选）	20（数据和控制信息）/5（基本信道和专用控制信道的控制信息）
扩频调制	对称 QPSK（下行链路）双信道 QPSK（上行链路）复数扩频调制	对称 QPSK（下行链路）双信道 QPSK（上行链路）复数扩频调制
数据调制	QPSK（下行链路）/BPSK（上行链路）	QPSK（下行链路）/QPSK（上行链路）

表3-1（续）

参　数	WCDMA	CDMA 2000
信道复用（上行链路）	控制信道和导频信道时分复用，数据信道和控制信道同相（I）正交（Q）复用	控制、导频、基本以及增补信道码分复用，数据、控制信道同相正交复用
多速率	可变扩频和多码扩频	可变扩频和多码扩频
扩频	4~256（3.84 Mchip/s）	4~1024
功率控制	开环和快速闭环（1.6 kHz）功率控制	开环和快速闭环（800 Hz）功率控制
扩频码（下行链路）	正交可变参数码（OVSF）(用于区分信道)，Gold序列（用于区分小区和用户）	可变长度Walsh序列（用于区分信道），长为3×2^5的M序列（不同小区采用不同的相位偏移码，即扰码）
扩频码（上行链路）	可变长度正交序列（信道识别码），长为2英寸的Gold码（用户识别码），VL-Kasami（可选）	可变长度正交序列（信道识别码），长为2英寸的M序列（区分I信道和Q信道），长为2% -1的M序列（用户识别码）
越区切换	软切换/频率间切换	软切换/频率间切换
小区搜索	3步码捕获方案	搜索广播公共导频信道
基站间定时	异步/同步（可选）	同步

3. TD-SCDMA

时分同步码分多址（TD-SCDMA）是第三代无线通信业务的中国标准，它与UMTS和IMT-2000的建议完全一致。这个由中国标准协会中国无线通信标准组织（CWTS）制定的标准被世界标准组织——国际电联（ITU）和第三代协作项目组织（3GPP）接受。TD-SCDMA是ITU有关三代标准提案的家族成员之一。

第三代数据传输业务包括对称的电路交换业务，如比特速率为8 kb/s的语音业务和速率高达384 kb/s的多媒体业务，以及非对称的分组交换业务和速率高达2 Mb/s的互联网业务。

对称语音业务和非对称互联网业务具有最高优先级。基于频分双工（FDD）的提案是典型的对称地运行在成对频带上的传输模式。因此，对称的语音和多媒体业务可以很好地进行优化。但是，对于非对称业务，由于一个链路方向的负载减少，则会显示出一个较低的总频谱利用率。

TD-SCDMA标准是由我国信息产业部电信科学技术研究院（CATT）和德国西门子公司合作开发的，它的目标是要确立一个具有高频谱效率和高经济效益的先进的移动通信系统。

TD-SCDMA被设计为不管是对称还是非对称业务，都能显示出最佳性能的系统。因此，可以采用在TDD模式下，在周期性重复的时间帧里传输基本的TDMA突发脉冲的工作模式（与GSM相同）。通过周期性地转换传输方向，TDD允许在同一个无线电载波上交替地进行上下行链路传输。这个方案的优势在于上下行链路间的转换点的位置，当进行对称业务时，可选用对称的转换点位置；当进行非对称业务时，可在非对称的转换点位置范围内选择。这样，对于上述两种业务，TDD 模式都可提供最佳频谱利用率和最佳业务容量。

第二种业务转换类型是指既可以在每个突发脉冲的基础上利用 CDMA 和多用户检测（联合检测）进行多用户传输，从而提供速率为 8 ~ 384 kb/s 的语音和多媒体业务，也可以不进行信号的扩频从而提供高数据率的传输，如移动互联网的高数据率业务。在基站收发信台（BTS）和用户终端（UE）中的业务模式转换是通过 DSP 软件实现的，这一方法为实现软件无线电奠定了基础。

TD－SCDMA 无线传输方案是 FDMA、TDMA 和 CDMA 3 种基本传输模式的灵活结合。通过与联合检测相结合，TD－SCDMA 的传输容量显著增长。传输容量的进一步增长是通过实现智能天线获得的，智能天线的定向性降低了小区间干扰，从而允许更为密集的频谱复用。

无线传输模式的总体结构是为了达到每小区每兆赫的高数据吞吐量（且这个地区的基站最少）和使每个收发器支持更多的信道（即收发器效率）。这两个经济问题，一个是每小区高数据吞吐量，一个是由于降低小型基站数量而获得的高收发器效率，都将减少运营商的投资。

基于高业务灵活性的 TD－SCDMA 无线网络，可以通过无线网络控制器（RNC）连接到支持第三代电路和分组转换业务的交换网络。最终的设计方案 TD－SCDMA 可直接连接到互联网上。

作为 IMT－2000 的家族成员，TD－SCDMA 将首先在中国使用，并考虑在全球范围内进行推广。TD－SCDMA 所特有的关键特性将使之成为 UTRA FDD 的补充和替代方案，它的 TDD 技术将是进一步的第三代移动通信网络的构成要素。TD－SCDMA 的关键特性具体如下：

（1）充分体现 3G 的业务和功能。

① 电路交换（对称）用于语音、可视会议等实时业务；

② 分组交换（非对称）用于电子邮件、因特网及内部网访问、视频点播等非实时业务；

③ 实时与非实时业务的混合。

（2）突出的频谱利用率。

① 对上行与下行进行无线资源的自适应分配是频谱利用率优化的关键；

② 因特网的应用导致上行与下行数据业务流量的明显不同；

③ 蜂窝移动无线系统受小区内及小区间干扰的限制；

④ 无线干扰的最小化设计是实现最高频谱利用率的又一关键点；

⑤ 无须使用成对的频段，任何频谱都可以使用 TD－SCDMA。

（3）支持所有的无线网络结构。

① 宏小区制（伞形覆盖，高起点容量）；

② 微小区制（本地覆盖，容量扩充）；

③ 微微小区制（室内覆盖，容量扩充，企业网络）。

（4）最佳适应于实现无线因特网。

① WWW 浏览、收发 E-mail、网上银行和音乐娱乐等；

② 任何地方总能得到每条信息；

③ 始终在线，这意味着需要具有由低到中的平均速率用户数据传输能力；

④ 以业务量多少进行收费；

⑤ 高速下载，这意味着用户的要求在可接受的短时间内发送，同时必须有很高的峰值速率数据传输能力；

⑥ 由用户应用产生的适于上、下行不对称的分组交换业务。

（5）混合了面向连接和无连接业务，允许多种应用方案（如语音+数据）。

① 可变化的用户数据速率（8 kb/s 至 2 Mb/s）；

② 由最大尽力服务（2G）向 QoS（3G）演变。

（6）TD-SCDMA 技术规范的关键技术。

① 时分双工技术（适应无线资源的自适应分配）；

② 码分多址技术（同时允许多个用户接入，充分利用码分多址的优势）；

③ 联合检测技术（使同小区内用户干扰减至最小）；

④ 动态信道分配（尽量降低小区间的干扰）；

⑤ 智能天线（进一步降低小区间的干扰）。

3.3.3 第三代移动通信系统的网络结构与组件

第三代移动通信系统像前兼容二代系统的语音业务，又增加了支持分组业务的网络部件，其网络结构分为电路域和分组域两部分，按照 3GPP 标准 R99 其系统网络结构示意图如图 3-5 所示。

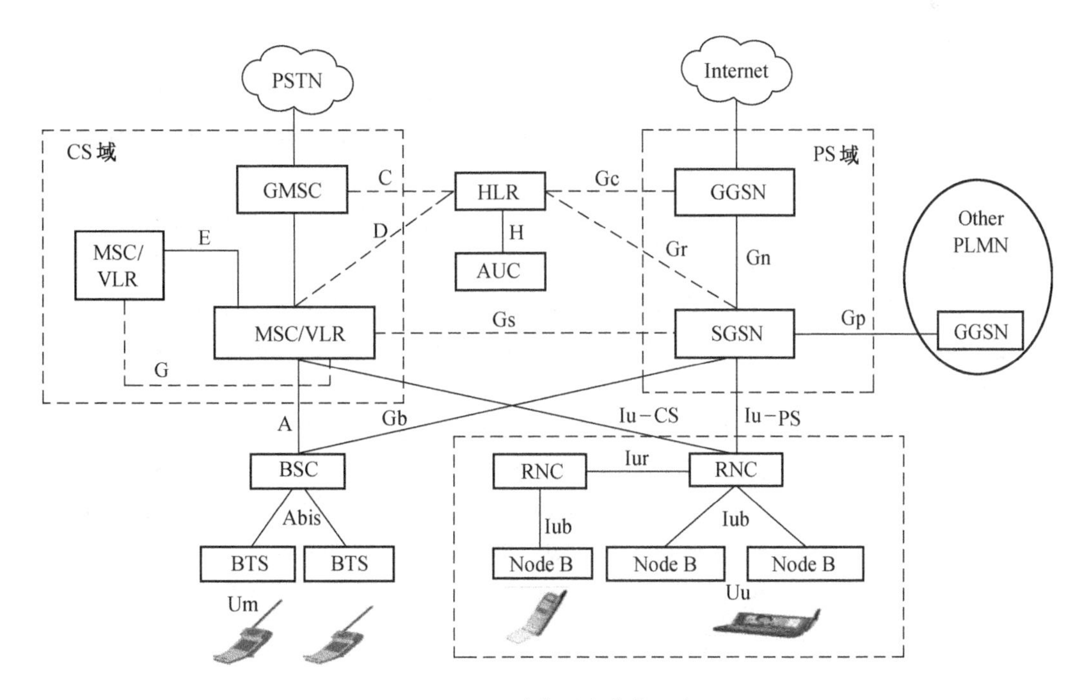

图 3-5 3G 系统网络结构示意图

第三代系统电路域组件完全继承了第二代移动通信系统的功能组件，由基站子系统（包括基站收发信机 BTS 和基站控制器 BSC）、网络子系统（包括移动交换中心 MSC、网关 GMSC 以及访问位置寄存器 VLR、归属位置寄存器 HLR、鉴权中心 AUC 等）和移动台组成。

电路域的基站子系统一方面是系统中与无线蜂窝方面关系最直接的基本组成部分，它通过无线接口直接与移动台相接，并负责无线发送、接收和无线资源管理。另一方面，基站子系统与网络子系统（NSS）中的移动业务交换中心相连，实现移动用户之间或移动用户与固定网络用户之间的通信连接，来传送系统信号和用户信息等。基站子系统是由基站收发信台和基站控制器这两部分功能实体构成，其中基站收发信台属于基站子系统的无线部分，并由基站控制器控制，服务于某个小区的无线收发设备，完成 BSC 与无线信道之间的转换，实现 BTS 与移动台之间通过空中接口的无线传输及相关的控制功能，BTS 主要分为基带单元、载频单元、控制单元三大部分；基站控制器是基站子系统的控制部分，起着变换设备的作用，即承担各种接口及无线资源和无线参数管理的任务。

电路域的网络子系统主要包含电路域的交换功能和用户数据与移动性管理、安全性管理所需的数据库功能，它对移动用户之间的通信和移动用户与其他通信网用户之间的通信起着管理作用。移动交换中心是网络子系统的核心，其主要功能是对本交换中心控制区域内的移动用户进行通信控制和管理。它可以从各种数据库中获取用户位置登记和呼叫请求所需的全部数据，反之它也根据其获取的最新信息请求更新数据库中的部分数据。归属位置寄存器是用户存贮本地用户位置信息的数据库，访问位置寄存器用户存贮来访用户位置信息的数据库，鉴权中心可以用来可靠地识别用户的身份，只允许有权用户接入网络并获得服务。

第三代系统电路域组件由无线接入子系统（包括 Node B 和无线网络控制器 RNC）、核心网（包括 GPRS 服务支持节点 SGSN 和 GPRS 网关支持节点 GGSN 等）和移动台组成。其中，Node B 负责一个或多个小区的无线收发，每个都有唯一的 ID 识别，每个 Node B 支持最多 6 个小区。它能够进行物理层的信号处理，完成调制解调功能。Node B 主要由射频单元 RRU 和基带单元 BBU 两部分组成。无线网络控制器用来支持和管理它下面所带的 Node B，类似电路域中的基站控制器。它控制无线资源，为 Node B 提供相应的服务，进行过载和拥塞控制，决定并控制切换，外环功率控制，支持层二协议，并且在 Iub/Iur 之间路由数据。

第三代系统电路域的核心网中 SGSN 是 GPRS 服务支持节点，主要完成的功能为：提供数据传输业务的移动性管理、会话管理、路由转发以及鉴权和加密等。GGSN 是 GPRS 网关支持节点，是移动用户与互联网联系的纽带。它是 UMTS 和外网的关口，解析外网域名，在传输数据信息的同时收集呼叫详细记录，并将其传给计费网关。

移动台是通信网中用户使用的设备，是整个网络中用户能够直接接触的唯一设备，每个移动台均有一个用户身份识别卡，其中包括鉴权和加密信息。配置用户身份识别卡的移动台，能够有效获得蜂窝网提供的通信业务。

3.4 第四代移动通信技术

3.4.1 LTE 系统的概述

随着 LTE 标准化的不断推进，业界提出了 WCDMA、TD - SCDMA 等现有 3G 技术标准向 LTE 演进的明确路线。LTE 无线空口技术与 3G 时代的 CDMA 技术有很大不同，但是核心网架构及接入网功能的演进是一脉相承的。其先天优势是移动性好，用户可以随意切换和漫游，但是其数据传输速率需要进一步提升。LTE 在 2004 年开始，经过漫长的 4 年终于在 2008 年发布了第一版标准 LTE R8。R8 版本基本确立了 LTE 的框架，引入了 OFDMA 多址接入，采用扁平网络架构和全 IP 核心网。之后陆续发布了 R9/R10/R11/R12/R13 版本，当前已经进入 R14 阶段。严格意义上来讲，LTE 只是 3.9G，国际电信联盟把第四代蜂窝网的标准称作 IMT - Advanced。

LTE 技术主要存在 TDD 和 FDD 两种主流模式 TD - LTE 和 FDD - LTE，两种模式各具特色。TD - LTE 是我国拥有自主知识产权的 TD - SCDMA 的后续演进技术，采用时分双工的同时又引入了多天线 MIMO 与正交频分复用 OFDM 技术。能够有效地支持非对称的通信业务，并且具有较高的频谱效率。FDD 则采用成对的频率，该方式在支持对称业务时，能充分利用上下行的频谱，但在非对称的分组交换（互联网）工作时，频谱利用率则大大降低（由于低上行负载，造成频谱利用率降低约 40%）。

LTE 的技术目标可以概括为如下几点：

（1）容量提升。在 20 MHz 带宽下，下行峰值速率达到 100 Mb/s，上行峰值速率达到 50 Mb/s。频谱利用率达到 3 GPP R6 规划值的 2 ~4 倍；

（2）覆盖增强。提高小区边缘比特率，在 5 km 区域满足最优容量、30 km 区域轻微下降，并支持 100 km 的覆盖半径；

（3）移动性提高。0 ~ 15 km/h 性能最优，15 ~ 120 km/h 高性能，支持 120 ~ 350 km/h，甚至在某些频段支持 500 km/h；

（4）质量优化。在 RAN 用户面的时延小于 10 ms，控制面的时延小于 100 ms；

（5）服务内容综合多样化。提供高性能的广播业务，提高实时业务支持能力，并使 VoIP 达到 UTRAN 电路域性能；

（6）运维成本降低。采用扁平化架构，降低从 3G 系统空口和网络架构演进的成本。

3.4.2 LTE 网络结构和功能组件

LTE 系统的网络结构是一种扁平化的全 IP 网络，相比于第三代系统，LTE 系统在增强型无线接入网 E - UTRAN 中去除无线网络控制器 RNC 网络节点，目的是简化网络架构和降低延时，RNC 功能被分散到演进型 Node B（Evovled Node B，eNode B）和服务网关（Serving GateWay，S - GW）中。接入网结构中包含若干个 eNode B，eNode B 之间底层采用 IP 传输，在逻辑上通过 X2 接口互相连接，即网格（Mesh）型网络结构，这样的设计主要用于支持 UE 在整个网络内的移动性，以保证用户的无缝切换。每个 eNode B 通过 S1 接口连接到演进分组核心（Evolved Packet Core，EPC）网络的移动管理实体（Mobility Management Entity，MME）。

在 EPC 侧，S - GW 是 3GPP 移动网络内的锚点。MME 功能与网关功能分离，主要负责处理移动性等控制信令，这样的设计有助于网络部署、单个技术的演进以及全面灵活的扩容。同时，LTE/SAE 体系结构还能将 SGSN 和 MME 功能整合到同一个节点之中，从而实现一个同时支持 GSM、WCDMA/HSPA 和 LTE 技术的通用分组核心网。4G 系统 LTE 网络结构如图 3-6 所示。

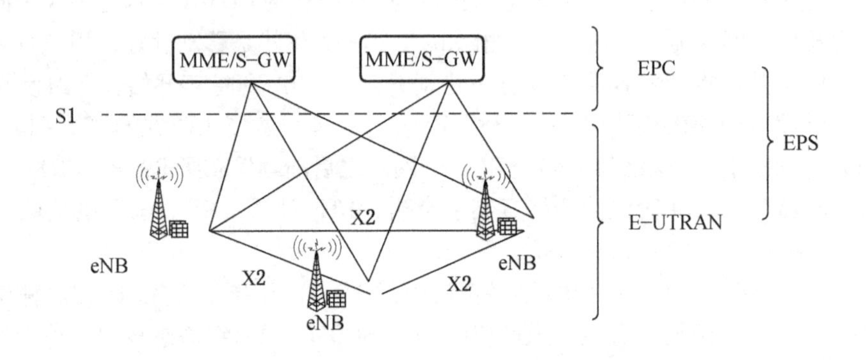

图 3-6 4G 系统 LTE 网络结构

在 E-UTRAN 中的网络组件 eNode B 能实现第三代系统中的 Node B 功能和大部分的 RNC 功能，包括物理层功能（HARQ 等）、MAC、RRC、调度、无线接入控制、移动性管理等。具体有无线资源管理，包括无线承载控制、无线准入控制、连接移动性控制以及移动台上下行动态资源分配等；IP 数据包头压缩和用户数据流加密；在移动台连接期间选择 MME，寻呼消息、广播信息的调度和传输与移动和调度的测量，以及设置和提供 eNode B 的测量等。

LTE/SAE 核心网负责 UE 的控制和承载建立，EPC 包含的逻辑节点有：PDN 网关（PDN Gateway，P-GW）、服务网关（Serving Gateway，S-GW）、移动性管理实体（Mobility Management Entity，MME）、归属用户服务器（Home Subscribier Server，HSS）以及策略控制和计费单元（Policy Control and Charging Rules Function，PCRF）。

MME 是 LTE 接入网络的关键控制节点，它负责空闲模式的移动台的定位、传呼过程且包括中继，简单地说 MME 是负责信令处理部分。它涉及负荷激活/关闭过程，并且当一个移动台初始化连接时为它选择一个服务网关 S-GW。它通过和 HSS 交互认证一个用户，为一个用户分配一个临时 ID。MME 同时支持在法律许可的范围内，进行拦截、监听。MME 为二代以及三代系统接入网络提供了控制函数接口，为漫游移动台面向 HSS 同样提供接口。

P-GW 的主要功能，包括基于用户的包过滤功能、合法侦听功能、移动台的 IP 地址分配功能，在上/下行链路中进行数据包传输层标记、进行上/下行业务等级计费以及业务级门控、进行基于业务的上/下行速率的控制等。另外，P-GW 还提供上/下行链路承载绑定和上行链路绑定校验功能。

S-GW 是终止于 E-UTRAN 接口的网关，该设备的主要功能包括：进行 eNode B 间切换时，可以作为本地锚定点，并协助完成 eNode B 的重排序功能；在不同接入系统间切换时，作为移动性锚点（在2G/3G系统和P-GW间实现业务路由）同样具有重排序功能；执行合法侦听功能；进行数据包的路由和前转；在上行和下行传输层进行分组标记；在空闲状态下，下行分组缓冲和发起网络触发的服务请求功能；用于运营商间的计费等。

3.4.3 TD-LTE系统的技术特点

LTE是一个高数据率、低时延和基于全IP分组的移动通信系统，LTE系统为了满足LTE对系统容量、性能指标、传输时延、部署方式、业务质量、复杂性、网络架构以及成本等方面的需求，在网络架构、空中高层协议以及物理层关键技术方面做出了重要革新。

在网络结构方面采用扁平架构，简化网络接口、优化网元间功能划分。演进后的LTE系统接入网络更加扁平化，趋近于典型的IP宽带网络结构。网络架构比较大的变化是仅支持分组交换域，接入网络为单层结构。eNode B是E-UTRAN的唯一节点，eNode B在Node B原有功能基础上，增加了RNC的物理层、MAC层、RRC、调度、接入控制、承载控制、移动性管理和相邻小区无线资源管理等功能，提供相当于原RLC/MAC/PHY以及RRC层的功能。eNode B之间通过X2接口采用网格（mesh）方式互连，每个eNode B又和演进型分组核心网（Evolved Packet Corenetwork，EPC）通过S1接口相连。S1接口的用户面终止在服务网关上，控制面终止在移动性管理实体上。

物理层技术方面采用正交频分多址技术以及多天线技术。LTE物理层采用带有循环前缀的正交频分多址技术（Orthogonal Frequency Division Multiplexing Access，OFDMA）作为下行多址方式，上行采用基于正交频分复用传输技术的单载波频分多址（Single Carrier FDMA，SC-FDMA）。OFDMA技术将少数宽带信道分成多数相互正交的窄带信道传输数据，子载波之间可以相互重叠；这种技术不仅可以提高频谱利用率，还可以将宽带的频率选择性信道转化为多个并行的平坦衰落性窄带信道，从而达到抗多径干扰的目的。这两种技术都能较好地支持频率选择性调度。

LTE系统在物理层另一个技术特点是采用多输入多输出（Multiple-Input-Multiple-Output，MIMO）技术，即在基站和移动台均可使用多天线收发。多天线技术能够获得分集增益、阵列增益以及空间复用增益。分集增益是利用多个天线提供的空间分集，可以提高多径衰落信道中传输的可靠性，其分为发射分集和接收分集；阵列增益是通过预编码或波束成形（赋形），集中一个或多个指定方向上的能量；空间复用增益是利用空间信道的强弱相关性，在多个相互独立的空间信道上传递不同的数据流，从而提高数据传输的峰值速率。

基本的MIMO模型是2×2天线配置，基站最多可支持4天线，移动台最多可支持2天线。在上行传输中，一种特殊的被称为虚拟（Virtual）MIMO的技术在LTE中被采用。在虚拟MIMO中，两个移动台各自有一个发射天线，并共享相同的时频域资源。这些移动台采用相互正交的参考信号图谱，以简化基站的处理。下行MIMO可支持多用户MIMO。

3.5 矿用蜂窝网的设计

3.5.1 矿用电气设备的特殊要求

将电气设备用于煤矿井下时必须考虑安全问题，煤矿井下的通信环境复杂，空气中有毒易燃的瓦斯和煤尘处置不当会引起灾难性的燃烧或爆炸。井下瓦斯爆炸必须同时具备3

个条件：具有一定的瓦斯浓度（5% ~16%）；具有一定能量、能点燃瓦斯的点火源或温度；具有足够的氧气（12%以上）。而煤尘爆炸也必须同时具备3个条件：本身具有爆炸性的煤尘在空气中悬浮达到一定浓度（下限为45 g/m^3，上限为1500 ~2000 g/m^3）；具有能引起煤尘爆炸的高温热源；具有足够的氧气（17%以上）。

由以上瓦斯煤尘爆炸的条件可以看出，为了防止井下瓦斯煤尘发生爆炸事故，一方面要限制它们在空气中的含量，另一方面要杜绝一切能够点燃矿井瓦斯煤尘造成爆炸的点火源和危险温度。

煤矿井下可能引起煤尘瓦斯爆炸的火源有：电气设备的电火花、违章爆破产生的火焰、机械撞击和摩擦产生的火花、矿灯故障产生的火花、架线电机车或电缆破坏产生的电弧以及煤炭自燃、吸烟、明火等。电气设备正常运行或故障状态下可能出现火花、电弧、热表面和灼热颗粒等，它们都具有一定能量，可以成为点燃矿井煤尘瓦斯的点火源。因此，煤矿井下使用防爆电气设备具有非常重大的意义。

防爆电气设备是指按照国家标准设计制造的不会引起周围爆炸性气体爆炸的电气设备。它的通用要求是各种电气设备都具有的性能，主要包括以下几点：

（1）防爆电气设备使用的环境温度为 -20 ~40 ℃；设备表面可能积聚煤尘时，表面温度不应超过150 ℃，当不会积聚或采取防止积聚措施后，表面温度不应超过450 ℃；

（2）电气设备与电缆的连接应采用防爆电缆接线盒，电缆的引入、引出必须用密封式电缆引入装置，并应具有防松动、防拔脱措施；

（3）对不同的额定电压和绝缘材料，电气间隙和爬电距离都有相应的较高的要求；

（4）具有电气或机械闭锁装置，并有可靠的接地及防止螺钉松动装置；

（5）防爆电气设备如果采用塑料外壳，必须采用不燃性或难燃性材料，并保证塑料表面的绝缘电阻不大于1×10^9 Ω，以防积聚静电，还必须承受冲击试验和热稳定试验；

（6）防爆电气设备限制铝合金外壳，防止与钢铁摩擦产生大量热能而形成危险温度；

（7）防爆型电气设备，必须经国家的防爆试验鉴定。

现行的防爆电气设备的国家标准为《爆炸性气体环境用电气设备》（GB 3836—2000），于2000年1月3日发布，2000年8月1日实施。本标准共分为4个部分：GB 3836.1—2000（通用要求）、GB 3836.2—2000（隔爆型“d”）、GB 3836.3—2000（增安型“e”）和GB 3836.4—2000（本质安全型“i”）。防爆电气分为两大类：Ⅰ类是煤矿用电设备，Ⅱ类是除煤矿外的其他爆炸性气体环境用电气设备。隔爆型电气设备（标志为d），是指把能点燃爆炸性混合物的部件封闭在一个外壳内，该外壳能承受内部爆炸性混合物的爆炸压力并阻止和周围的爆炸性混合物传爆的电气设备。增安型电气设备（标志为e），是指正常运行条件下，不会产生点燃爆炸性混合物的火花或危险温度，并在结构上采取措施，提高其安全程度，以避免在正常和规定过载条件下出现点燃现象的电气设备。本质安全型电气设备（标志为i），是指在正常运行或在标准试验条件下所产生的火花或热效应均不能点燃爆炸性混合物的电气设备。

本质安全型电气设备根据安全程度的不同分为ia和ib两个等级，ia等级是指电路在正常工作和一个或两个故障时，都不能点燃爆炸性气体混合物的电气设备；ib等级是指正常工作和一个故障时，不能点燃爆炸性气体混合物的电气设备。从安全等级划分标准和技术要求上可以看出，ia 等级的本质安全型电气设备的安全程度和设计制造要求高于 ib 等级。

为了从电气设备外观上能明显地了解它的类型，把防爆电气设备的类型（d、e、ia 等）、级别和组别（Ⅰ、Ⅱ）连同防爆电气设备的总标志（Ex）按照一定顺序排列起来，构成防爆标志。例如，Exd Ⅰ表示煤矿用（Ⅰ）隔爆型（d）电气设备，而 Exdib Ⅰ表示煤矿用（Ⅰ）隔爆（d）兼本质安全（i）型电气设备，其中本质安全回路为 ib 等级。通常矿用防爆电气设备的外壳明显处，均有清晰永久性凸纹标志“Ex”和煤矿矿用产品安全标志“MA”。

3.5.2 矿用通信业务的内容

（1）语音业务。矿用 4G 无线通信系统采取基于 IP 的语音传输方案，采用 G.711 语音编码格式，支持 H.323、SIP 协议保障了语音质量。随着 VoLTE 技术的成熟，系统能够提供优于传统 CS 语音的通信质量，并且呼叫时长可以大幅缩短。

（2）视频电话。矿用 4G 无线通信系统支持系统内用户的视频通话业务，通过视频电话可以双向实时传输通话双方的图像和语音信息，能达到面对面交流的效果，实现人们通话时既闻其声又见其人。4G 网络能够支持 8 路 720 P 视频并发，同时支持 3 ×16 方音频会议或 2 ×4 方 720 P 视频会议。

（3）多媒体消息。矿用 4G 无线通信系统支持系统内多媒体消息交互，多媒体消息可包括文本、图像、音频、视频等格式，同时还可以支持携带附件的消息传送。系统不但可以支持系统内用户点对点的多媒体消息交互，还可以支持通过调度台进行多媒体消息群发功能，通过该功能进行会议通知、公告订阅、节日问候、监控信息通知等。

（4）高速上网。矿用 4G 无线通信系统基于 LTE 技术，理论能够提供单用户上行 50 M、下行 100 M 的上网速率，大大提高了无线空口数据接入速率，可以满足实时高清视频点播的带宽要求。

（5）调度业务。调度系统是企业生产的主要通信手段。通过调度系统，生产调度指挥员可以统筹企业的所有资源，并及时处理在生产中出现的各种情况，主要包括生产进程的管理、生产资源的再分配、生产流程的调整等。调度业务紧紧围绕生产，根据业务使用情况，主要包括以下几点：

① 组呼/群呼：对某一级别、部门或者工种建立群组，可通过调度台的某一按钮实现群组呼叫的功能。

② 强插：强插业务只是针对非调度台参与的呼叫而言，在非调度台参与的呼叫处于通话状态下，调度员可以通过调度台发起强插请求，将调度员所在的调度台强插到指定的呼叫中。强插成功后，调度台、原呼叫双方形成三方通话关系。

③ 强拆：强拆业务只是针对非调度台参与的呼叫而言。调度台可以在调度用户呼叫的任意阶段（呼叫建立态、通话态等）对呼叫进行强拆，并根据需要可以保留一方与调度台进行通话。

④ 监听：监听业务主要针对非调度台参与的呼叫，用户可以通过调度台对调度用户参与的呼叫进行监听。监听流程与强插流程类似，只是监听时调度台不发音。监听命令可在呼叫的任意状态发送，只有在用户进入通话状态才起作用。

⑤ 录音：录音业务提供调度台对所有调度用户参与的呼叫均可以进行通话录音功能。

⑥ 代答：代答业务是调度台代替某调度用户应答的业务，即代替振铃方（被叫方）答话，如果被叫方一直没有人接听电话，调度员就可以通过代答命令代替被叫方接听这个电话，此时，调度员就可以和主叫方通话，同时振铃方的话机停止振铃。

⑦ 呼叫转接：调度用户呼叫调度台，调度台强拆原主被叫，实现调度用户与原主叫或者原被叫的呼叫。

⑧ 呼叫保持：调度员暂停与某人的通话，去接听另一方的来电，当与另一方通话结束后，又可以继续与此人通话。对保持方有语音提示，如保持方不挂机就一直提示。

⑨ 夜服：在夜间或特定的情况下，调度员因故离开调度室，通过设置来话由另一分机代为调度指挥进行调度控制。

⑩ 多级调度：总部调度台可调度全网用户，包括各分部调度台。分部调度台可进行权限设置，建设全网多级调度系统。

⑪ 会议：调度会议只能由调度台发起并控制，某一被调度者如果退出会议，则不影响其他会议者，如果调度台退出会议，则该次会议结束，其他被调用者将被释放。调度的录音功能只能在会议开始前进行设置，不提供中途设置或取消录音的功能。

⑫ 调度员的分级管理：调度员分为超级调度员、高级调度员和普通调度员。超级调度员在程序中设置成默认值，超级调度员是唯一的，拥有对高级调度员和普通调度员的管理权限。在系统中可以存在多个高级调度员和普通调度员，三者之间的关系为：超级调度员可以管理（增加/删除/修改/查询）高级调度员的信息，高级调度员可以管理（增加/删除/修改/查询）普通调度员的信息。

（6）与 PSTN 系统互通功能。矿用 4G 无线通信系统的综合业务交换机具备语音网关接口，可通过 E1 接口与 PSTN 网络进行 SS7、PRA 对接，能够将非系统内部的人员快速接入系统中，实现融合通信要求，满足多部门协同工作的需要。

（7）无线移动视频功能。以无线通信系统的 4G 网络覆盖为基础，在高速数据传输环境中每个采煤工作面带式输送机运输巷设置两个 4G 无线摄像头，实时将图像数据信息传输到地面调度台，并且检修维护人员通过手机终端可实时查看摄像头录像。

3.5.3 矿用 4G 移动通信系统的设计

矿用 4G 无线通信系统主要由地面设备及井下设备组成，其中地面设备主要包括：4G 核心网设备、网络管理系统设备等；井下设备为矿用本安型 4G－LTE 基站及配套电源、本安手机等。4G－LTE 核心网与井下本安型基站之间采用千兆以太网传输，基站可以就近接入工业以太环网，网络布设方便。矿用 4G 移动通信系统结构图如图 3－7 所示。

1. 4G 核心网设备

矿用移动通信网络的核心网需要集成 LTE 核心网 EPC 的功能和 IP 多媒体系统 IMS 的功能，完成无线用户的语音数据传输以及交换调度等功能，实现与外部语音、数据网络的互联互通。核心网的业务功能如图 3－8 所示。

核心网的核心设备是 LTE 核心交换机，其产品规格见表 3－2。

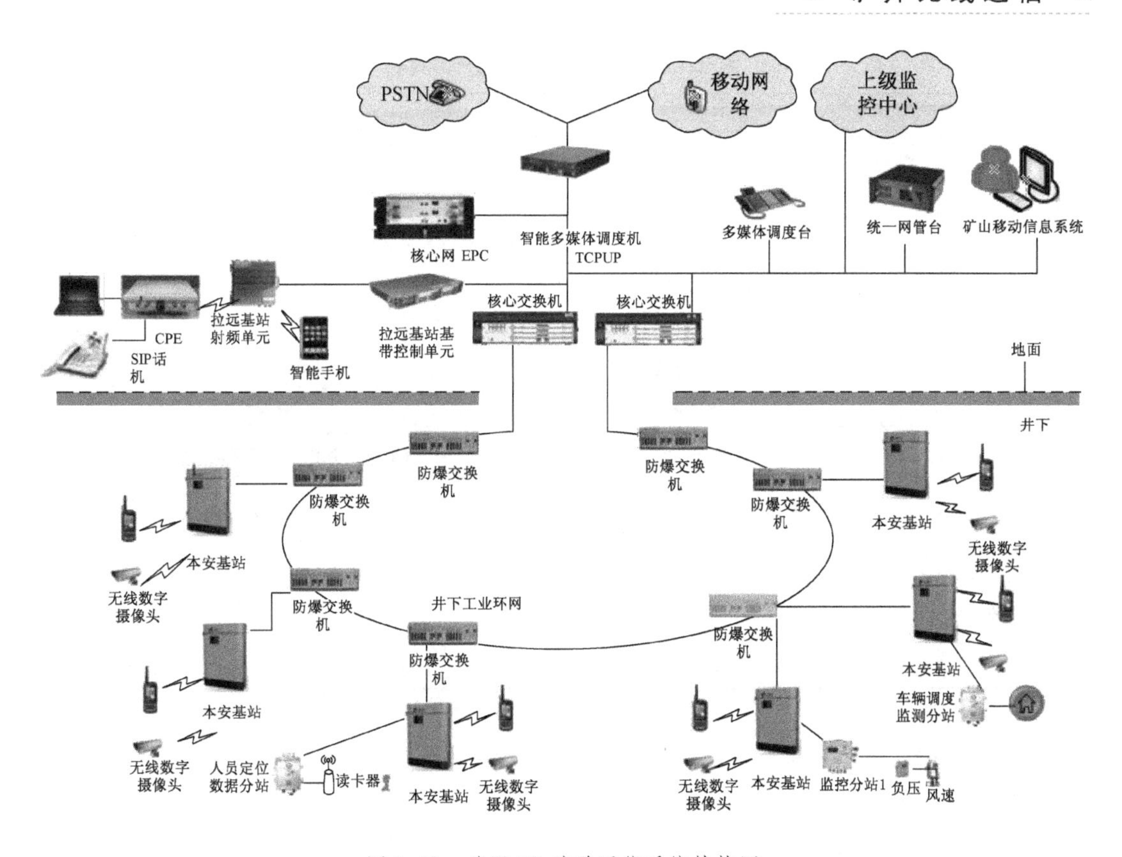

图3-7 矿用4G移动通信系统结构图

业务功能DD

基本业务	视频监控
VoLTE电话、视频电话	点对点监控
主叫号码识别显示	点对多点监控
群组业务	视频回传、视频分发
用户个人信息管理	视频录像和存储
联系人列表管理	调度业务
群组管理功能	强插
会议业务	强拆
调度台发起的音频会议	监听
终端发起的音频会议	代答
会议控制（禁言/解禁言、会议广播、静音/解静音、踢出/邀请与会者）	呼叫转移
	分机禁话
PTT业务	拒接呼叫
语音组呼、视频组呼	组网安全特性
视频点播	全业务QoS保证
即时消息业务	全IP组网，支持IPv6
点对点即时消息	数据加密及安全性保护
群组即时消息	模块化设计、分布式处理、分级交换
即时消息通知	
广播消息、离线消息、定时消息	接口丰富、配置灵活、升级扩容平滑
群聊	

图3-8 核心网的业务功能

表3-2 LTE核心交换机产品规格

分类	名称	参数
基本规格	设备尺寸	19英寸，2U
	最大重量/kg	20
	供电方式	220 V交流，-48 V直流可选
	工作温度/℃	-10~55
	功耗/W	400
业务规格	用户容量/个	10000
	语音在线数/路	1000
	视频并发数	64路（720P），32路（1080P）
	基站数量/个	500
	数据吞吐量/Gbps	1
	群组数量/个	100
	会议数量	音频：3×16方，视频：2×4方（720P）
	编码格式	音频：G.711、G.729，视频：H.264

2. 矿用本安型LTE基站

1）本质安全型设计

煤矿井下的电气设备均要求本质安全，首先基站电路设计时通过限制电气设备电路的各种参数，或采取保护措施来限制电路的火花的放电能量和热能，使其在正常工作和规定的故障状态下产生的电火花和热效应均不能点燃周围环境的爆炸性混合物，从而实现电气防爆。另外，基站要加装外壳，外壳可采用金属、塑料及合金制成。外壳必须具有一定的强度，并具有一定的防尘、防水、防外物能力。采用合金外壳的材质中的含镁量不超过0.5%，以防止由于摩擦产生危险火花。经过本安型设计的基站在外壳明显位置要标注煤安认证标志“MA”，以及矿用隔爆型电气设备标志“ExiI”。并且，基站的供电要进行双电源设计，时刻满足井下最大覆盖距离的功率要求。本质安全型电气设备的电源有两种，一种是独立电源，即干电池、蓄电池、光电池和化学电池等；另一种是外接电源，即经电网引入、经电源变压器供电的电源。煤矿井下使用的本质安全型电气设备的电源大多数是从电网引入经电源变压器整流后的电源，一般为隔爆兼本质安全型，而独立电源则使用蓄电池备用。

2）功能集成

4G系统有两种工作制式，频分双工和时分双工，井下采用哪种制式较好需要针对TDD或FDD在井下应用的关键需求，即无线覆盖距离和基站同步进行对比分析。通过对TDD制式的关键技术点在井下使用的情况分析看，在井下采用TDD制式的微蜂窝基站不能很好地满足需求，而FDD制式微蜂窝基站则不存在需要站间同步的要求，同样，在无线覆盖距离上，同等环境和覆盖要求上FDD制式的覆盖距离优于TDD制式，相比TDD制式提升40%。综合来看，需要采用FDD制式来实现微蜂窝基站的设计。

LTE 网络向全 IP 网发展，所以在公共网中基站信号的传输采用 IP 分组模式。井下矿用基站要接入井下的光纤环网，所以基站使用标准的光接口设计，诸如采用 FC、SC 和 LC 等接口。高端路由器配置都是宽带端口，如 155MPOS、622MOP2、GE、FE 光口等，这些标准的光接口用于接入以太环网。基站信号采用 SDH 设备 155/622 组网，如果支持更大容量可以使用 2.5G 环网。基站设备之间可串可并，组网灵活、兼容性强。另外，基站不仅接收空口的手持终端的信号，而且需要接入人员定位信息、发布 IP 广播等，所以需要标准的内部接口设计，以便轻松集成人员定位、IP 广播、以太传输。

3）智能免维护

由于基站用于困难较多的井下作业，所以井下基站采用自恢复设计，使基站具备自诊断、自复位、自恢复功能，无须下井维护。另外，基站进行远程维护设计，可以进行远程升级、远程配置、远程维护，无须下井维护。这些功能均基于强大的软件设计，因为 4G 网络是全 IP 网络，所以采用 IP 技术远程访问基站设备可完成设备的智能修复。

基于以上的考虑，井下基站设备需具有以下功能：

(1) 在 20 M 频宽配置，下行数据峰值吞吐量为 150 Mb/s，上行数据峰值吞吐量为 50 Mb/s；

(2) 支持 VoLTE 语音、可视电话；

(3) 每个基站不少于 32 个同时在线用户；

(4) 支持传输级联方式，支持至设备级联不小于 6 级；

(5) 设备外壳满足 GB 3836.4—2010 的抗冲击能力和防护能力要求，防护等级不低于 IP54。

矿用 4G 基站的主要指标见表 3-3。

表 3-3　矿用 4G 基站的主要指标

分类	名称	性能参数
基本规格	覆盖半径/m	≥500
	设备尺寸/(mm×mm×mm)	320×69×420
	供电方式	12 V 直流双路供电
	工作环境温度/℃	-10~40 ℃
	设备重量/kg	<10
	防爆特性	本安型，符合 GB 3836.4 规范要求
电气规格	天线通路数	2 通道
	最大发射功率/mW	<200(23dBm)/通道
	接收灵敏度/dBm	-105
	传输接口	GE/FE 光或电接口，可接入工业以太环网
	信号带宽/MHz	5、10、20
	频率范围	Band3 UL/DL:1710~1785 MHz/1805~1880 MHz

3. 矿用本安型手机

矿用手机区别于公网的手机，必须加本安保护。矿用本安型4G手机是专门为煤矿井下使用而设计的终端设备，手机为矿用本安型设备，执行标准为 Q/YRKJ 005—2009 和 GB 3836—2000，产品防爆标志为 ExibI。

手机支持 TD-LTE 和 FDD-LTE 国际主流4G标准，业务功能支持话音、短信、高速分组数据业务，同时可搭载移动互联相关业务，能够支持 VoLTE。其性能参数见表3-4。

表3-4　矿用本安型手机性能参数

名　称	性能参数
通信模式	双卡双待，支持 GSM、WCDMA、FDD-LTE、TDD-LTE 4种网络制式
处理器	MTK6592（八核，1.4 GHz）
存储容量	RAM 容量1 GB；ROM 容量8 GB
屏幕	5.5英寸高清显示屏
屏幕分辨率/像素	1280×720
无线连接	WiFi（802.11a/b/g/n 2.4 GHz）
定位导航	GPS 导航、GLONASS 导航、北斗导航
接口	3.5 mm 国标耳机接口
	Micro USB 2.0 1个
电池容量/(mA·h)	3000
尺寸/(mm×mm×mm)	154×78.7×9.45
重量/g	189
其他	高性能低功耗设计：构架高性能低功耗，还支持动态温控技术及动态频率调整技术，可智能分配每个核芯任务，减少散热与能耗；八核并发技术：八核CPU并发执行，运行客户端、浏览网页、玩大型游戏、看高清视频等更加流畅；实用工具：内置多种使用户外工具，陀螺仪、光线感应器、距离感应器、电子罗盘等，轻松面对各种极端恶劣环境考验

3.5.4 矿用4G移动通信系统的技术优势

目前，井下广泛使用的无线通信技术有 WiFi、TD-SCDMA 和4G网络，其三者的各自特点前面章节已经介绍，矿用4G移动通信系统的技术比较见表3-5。

表3-5　矿用4G移动通信系统的技术比较

关键功能	WiFi	3G	矿用4G
语音	VoIP，杂音及马赛克	语音稳定，图像卡顿	VoLTE 高清可视电话
数据	理论上20M带宽，考虑到24G只有3个不重叠的信道，实际可用速率10M左右	2.8 Mb/s 下行数据速率，2.2 Mb/s 上行数据速率，数据带宽小，传输速率低	最高150 Mb/s 的下行速率，50 Mb/s 的上行数据速率，可以用于工作面、井下机车等工作场所的视频监控和数据上传

表3-5（续）

关键功能	WiFi	3G	矿用4G
移动性	属于热点覆盖技术，业务移动性差	3G移动通信网，移动性好	4G移动通信网，专业切换算法，移动性好，移动切换无杂音不掉话
覆盖距离	150~350 m	300~500 m	两个基站之间距离超过1 km
信息安全和抗干扰性	开放频段，抗干扰性差	专有频段，抗干扰性好	专有频段+电磁防护设计，抗干扰性强
产业链/服务	小厂家众多，没有核心技术，服务参差不齐	3G不再建设，逐步被4G替换后退出市场	4G是当前主流移动通信技术，技术成熟，先进

4 矿井人员定位技术及应用

4.1 概述

定位通常是指确定地球表面某种物体在某一参考坐标系的位置。传统的定位技术和导航密不可分，导航是指引交通工具或其他物体从一个位置移动到另一个位置的过程，这一过程通常需要定位进行辅助。目前，定位技术主要包括推算定位（Dead Reckoning，DR）、接近式定位（Proximity）和无线定位（Radio Location）。推算定位基于一个相对参考点或起始点，借助地图匹配算法来确定移动目标的地理位置，适用于对移动目标的连续定位；接近式定位又叫信标（Signpost 或 Beacon）定位，运动目标的地理位置通过与之最近的固定参考接收机来估计确定；无线定位是指利用无线电波信号的特征参数估计特定物体在某种参考系的坐标位置。

定位技术的大规模发展源于全球定位系统（Global Positioning System，GPS）技术的产生和普及。GPS 是 20 世纪 70 年代由美国陆海空三军联合研制的新代空间卫星导航定位系统。截至 1994 年 3 月 10 日，预定的 24 颗卫星全部发射完毕，全球覆盖率高达 98%。2000 年美国取消了对 GPS 卫星民用信道的干扰信号，民用 GPS 的定位精度达到平均 6.2 m 的实用化水平，从而掀起 GPS 产业和应用热潮。

基于无线网络的定位技术起源于 20 世纪 90 年代中期美国联邦通信委员会（Federal Communications Commission，FCC）提出的 E－911（Emergency Call 911，紧急呼叫“911”）服务条款，要求无线网络能够提供符合要求的、可靠的、准确的定位信息。E－911 服务条款的提出使基于无线通信网络的移动终端定位技术得到了快速发展，其应用范围也不断延伸到人们生活的方方面面。

4.1.1 无线定位技术分类

无线定位技术按照其所能覆盖的范围大小主要有 3 种方式，即卫星定位、蜂窝网定位以及无线局域网定位。

1. 卫星定位

全球卫星导航系统（The Global Navigation Satellite System），也称为全球导航卫星系统，是能在地球表面或近地空间的任何地点为用户提供全天候的三维坐标和速度以及时间信息的空基无线电导航定位系统。目前，在轨运行的卫星导航系统包括我国的北斗系统、美国的 GPS、俄罗斯的 CLONASS 系统以及欧盟伽利略（Galileo）系统。这些系统丰富和拓展了卫星导航定位技术，为全球用户提供 24 h 的导航定位服务。

卫星定位系统一般由 3 部分组成，即空间部分、地面监控部分和用户设备部分。GPS 系统的地面监控部分目前由 5 个地面站组成，包括主控站、信息注入站和监测站。GPS 系统的用户设备部分由 GPS 接收机硬件、相应的数据处理软件、微处理机以及终端设备组成。GPS 接收机硬件包括接收机主机、天线和电源，它的主要功能是接收 GPS 卫星发射的信号，以获得必要的导航和定位信息及观测量，并经简单数据处理而实现实时导航和定位。GPS 软件是指各种后处理软件包，它通常由厂家提供，其主要作用是对观测数据进行精加工，以便获得精密定位结果。

北斗卫星导航系统（Bei Dou Navigation Satellite System，BDS）是我国自行研制的全球卫星导航系统，具有快速定位、双向通信和精密授时的功能。北斗卫星星座空间如图 4－1 所示，北斗卫星导航系统由空间段、地面段和用户段 3 部分组成，可在全球范围内全天候、全天时为各类用户提供高精度、高可靠定位、导航、授时服务，并具短报文通信能力，已经初步具备区域导航、定位和授时能力，定位精度为 10 m，测速精度为 0.2 m/s，授时精度为 10 ns。从 2017 年底开始，北斗三号系统建设进入了超高密度发射。目前，北斗系统正式向全球提供 RNSS 服务，在轨卫星共 39 颗。北斗的全球系统建设将于 2020 年全面完成。

图 4－1　北斗卫星星座空间

GPS 是最早研制成功，也是目前应用最为广泛的一个全球导航定位系统。GPS 卫星星座空间如图 4－2 所示，目前，GPS 由 21 颗工作卫星和 3 颗备用卫星组成，卫星均匀分布在 6 个轨道面上（每个轨道面 4 颗），轨道倾角为 55°，GPS 系统可以提供的服务分为两类，分别是精密定位服务（Precise Positioning Service，PPS）和标准定位服务（Standard Positioning Service，SPS）。其中，PPS 主要服务于美国军方和取得授权的政府机构用户，系统采用 P 码定位，单点定位精度可以达到 0.29～2.9 m。SPS 则主要用作民用，定位精度可达 2.93～29.3 m。目前，美国正加紧部署和研究 GPS Ⅲ计划，GPS Ⅲ将选择全新的优化设计方案，放弃现有 24 颗中轨道卫星，采用全新的 33 颗高轨道加静止轨道卫星组网。据介绍，与现有 GPS 相比，GPS Ⅲ的信号发射功率可提高 100 倍，定位精度提高到 0.2～0.5 m。

GLONASS 是俄语全球卫星导航系统 GLOBAL NAVIGATION SATELLITE SYSTEM 的缩写，由苏联国防部独立研制和控制的军用导航定位系统，采用与 GPS 相近的 24 颗卫星星座组成，其中包含 21 颗处于工作状态的运行星和 3 颗处于工作状态的在轨备份卫星。与

GPS 所采用的码分多址（Code Division Multiple Accsses，CDMA）不同，GLONASS 系统使用频分多址（Frequency Division Multiple Access，FDMA）的方式，每个 GLONASS 系统使用调频广播两种信号，即 L1 和 L2 信号。根据俄联邦太空署官方网站提供的数据，目前 GLONASS 有 29 颗在轨卫星，其中 23 颗 GLONASS－M 卫星正常工作，2 颗卫星暂时进入技术维修中，3 颗用于系统备用，还有 1 颗 GLONASS－K 卫星用于飞行实验。GLONASS 卫星星座空间如图 4－3 所示。

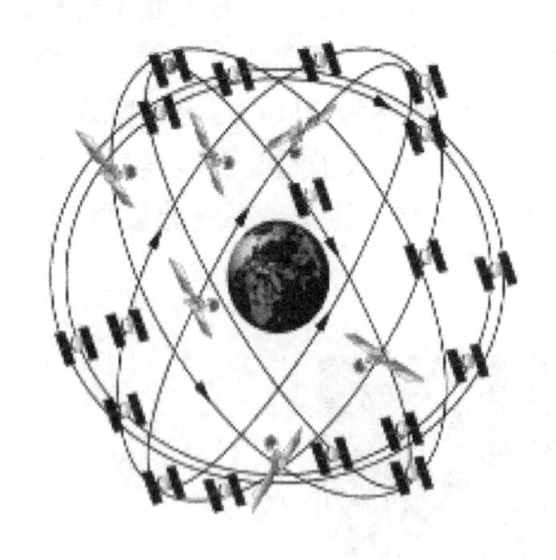

图 4－2　GPS 卫星星座空间

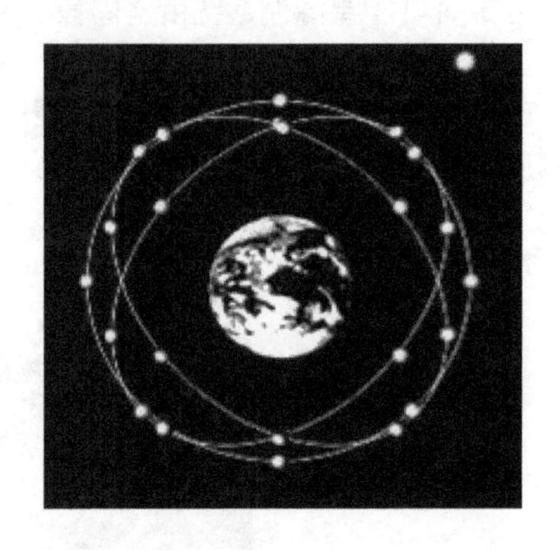

图 4－3　CLONASS 卫星星座空间

伽利略（Galileo）是欧洲的全球导航卫星计划系统，也是世界上第一个专门为民用目的设计的全球性卫星导航定位系统。目前，伽利略提供初始服务，可与美国 GPS 和俄罗斯 CLONASS 互操作。通过提供双频作为标准，伽利略可提供低至仪表范围的实时定位精度，它是由欧盟与欧洲航天局（ESA）合作开发的。Galileo 系统空间卫星星座如图 4－4 所示，伽利略系统的空间星座部分将包括 30 颗卫星（26 颗工作卫星、4 颗备用卫星），这些卫星位于 3 个圆形的地球轨道（MEO）平面中的地球上方 23222 km 的高度，轨道平面与地球赤道平面的轨道倾角为 56°，将一直覆盖到赤道极地地区，卫星运行周期约为 14 h，卫星设计寿命为 20 年。

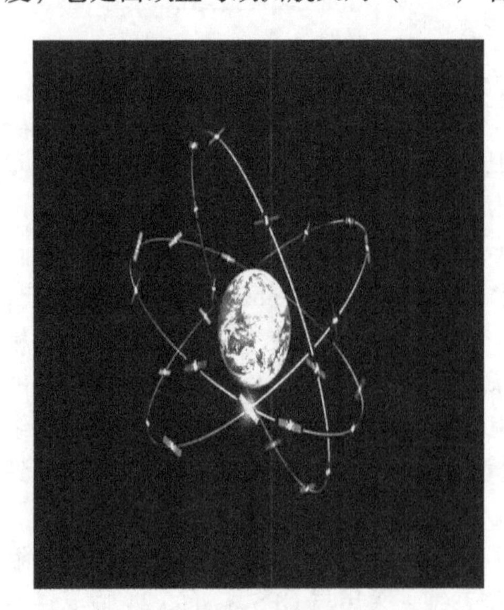

图 4－4　Galileo 系统空间卫星星座

2. 蜂窝网定位

移动通信蜂窝网络是目前覆盖范围最大的无线网络，随着人们需求的提高，利用移动通信蜂窝网络进行定位也被日益看重。蜂窝网络定位技术发展的原动力是美国联邦通信委员会于 1966 年提出的 E－911 紧急呼叫的定位需求。蜂窝网定位技术主要是利用现有的蜂窝网络，通过测量信号的某些特征值来完成定位的技术。在蜂窝网络中，各种基于移动台位置的服务，如公共安全服务、紧急报警服务，基于移动台位置的计费、车辆和交通管理、导航、城市观光、网络规划设计、网络 QoS（Quality of Service）和无线资源管理等，都需要一种简单、廉价的定位方法。

在蜂窝定位系统中，被定位移动终端通常是普通终端（手机等），这在客观上要求多个基站设备通过附加装置测量从移动终端发出的电波信号参数（如传播时间、时间差、相位或入射角等）再通过合适的定位算法推算出移动终端的大致位置。

无线定位系统中对移动台的定位，是通过检测移动台和多个固定位置的收发机之间传播信号的特征参数（如电波场强、传播时间或时间差、入射角等）来估计出目标移动台的几何位置。由于受移动通信信道噪声和多径传播干扰等不良因素的影响，蜂窝无线电定位系统很难达到较高定位精度，定位覆盖范围也受到蜂窝移动通信系统场强覆盖范围的限制。

在蜂窝网中，按照定位主体、定位估计位置及所使用设备的不同，将移动台无线定位方案分成以下几种系统：

（1）基于移动台的系统。此系统又称为前向链路定位系统或移动台自定位系统，在此过程中，移动台检测到多个位置已知的发射机所发射的信号，并按照信号中所包含的与移动台位置坐标相关的特征信息（如传播时间、时间差、场强等）来确定它与发射机之间的位置关系，并由移动台中集成的位置计算功能，依据相关定位算法计算出估计位置。

（2）基于网络的定位系统。该系统又称为远距离定位系统或是反向链路系统，在这个过程中，多个位置固定的接收机对移动台发出的信号同时进行检测，并将接收信号中包含的与移动台位置相关的信息传送到网络中的移动定位中心（Mobile Localization Center，MLC），并由定位中心的分组控制功能（Packet Control Function，PCF）最终计算出移动台的位置估计值。

（3）网络辅助定位系统。该系统也属于一种移动台自定位系统，此过程中，多个网络中位置固定的接收机对移动台所发出的信号同时进行检测，并将接收信号中所包含的位置相关信息经过空中接口传送至移动台，并利用移动台中的 PCF 计算得到最终估计位置。这里，网络为移动台定位提供了必要的辅助信息。

（4）移动台辅助定位系统。此系统采用基于网络的定位方案，在定位过程中，移动台对多个位置固定的发射机所发射的信号进行检测，并将信号中携带的移动台位置相关信息经过空中接口送回网络中，并由网络 MLC 中的 PCF 算出移动台位置估计值。这里，移动台为网络定位提供了相关的检测信息。

（5）GNNS 辅助定位系统。此系统采用的是卫星系统定位方案，由网络中的 GPS 辅助设备和移动台中集成的 GPS 接收机对移动台进行定位估计。但是，GNNS 接收机通常具有首次定位时间（Time to Fist Fix，TTFF）问题，会造成比较大的定位时延。为了减少 TTFF，地面蜂窝网络可给配备 GNSS 的用户设备（User Equipment，UE）提供一些辅助数据。辅助数据含有卫星广播信息，使接收机能在任意时刻计算轨道位置，从而减小卫星信号搜索窗的大小。

3. 无线局域网定位

无线局域网的发展主要基于人们对室内定位的需求。与室外定位相比，室内定位技术的起步较晚，但发展迅速。人们对室内环境下的定位、导航需求越来越大，如医院对病人和医疗设备的跟踪和管理，机场、展厅、博物馆等场馆的人员导航，矿井、建筑物内发生火灾等紧急情况时的人员定位和线路规划，以及在仓库、停车场等场所物品和车辆的管理等。

室内定位的巨大需求，促使人们对室内定位展开了广泛研究。例如，将室外定位技术引入室内环境，但是由于其信号难以穿透建筑物而使定位效果大打折扣。此外，现有的移动通信网定位精度太低，无法满足室内定位对精度的要求。因此，人们又专注于其他定位技术，如无线局域网定位技术。

无线局域网具有传输速率高、安装便捷等特点，覆盖了人们活动的大多数区域（如办公楼、宾馆、车站、家庭、学校、超市等），使人们在日常生活工作中可以随时随地快速接入网络室内定位系统并在无线局域网中获取无线局域网信号，对信号进行处理并提取与坐标位置相关的信息（如信号强度等），运用定位算法计算出目标的位置。常见的无线定位技术有 WiFi 定位、RFID 定位、蓝牙定位、ZigBee 定位、UWB 定位。

4.1.2 标准化

随着无线通信技术的发展和数据处理能力的提高，基于位置的服务成为最有前途的互联网业务之一。无论移动在室内还是室外环境下，快速准确地获得移动终端的位置信息和提供位置服务的需求变得日益迫切。通信和定位两大系统正在相互融合、相互促进。利用无线通信和参数测量确定移动终端位置，可以提高位置服务质量和网络性能，而定位信息又可以用来支持位置业务和优化网络管理。目前，主要的定位标准化组织及其职能描述如下：

（1）美国联邦通信委员会。美国联邦通信委员会主要致力于无线网络提供紧急呼叫业务下的无线定位标准，对无线定位精度进行了量化规范。在早期颁布的 E－911 条令中，要求基于无线网络的定位技术提供 100 m 精度的概率达到 67%、300 m 精度的概率达到 90%，而基于手持终端的定位技术（如 GPS 技术）提供 50 m 精度的概率为 67%，150 m 精度的概率为 90%。2006 年，美国联邦通信委员会提出了下一代 911（Next Generation911，NG911）服务以进一步提高定位精度，特别是环境恶劣的地区，如城区、山区、森林等。同时支持空白（Void）业务，以自动识别呼叫者的位置信息。

（2）3GPP。第三代合作伙伴计划（Third Generation Partnership Project，3GPP）的服务和系统方面（Service and System Aspects，SA）工作组长期致力于 LBS 标准化，主要内容涉及无线定位方法、LBS 服务标准以及 LBS 架构。该工作组主要利用蜂窝网提供 LBS 应用包括物流管理、导航、城市旅游、热点地区查找、商业广告投放与推广等。3GPP 的无线接入网（Radio Access Network，RAN）工作组详细规范了蜂窝网定位技术的网络架构、定位流程、定位方法，尤其是关于 Cell－ID、ECID、OTDOA 及网络辅助的 GPS 定位技术方面的实现。

在 3GPP Release 8 中提出了利用服务用户的蜂窝网信息进行定位，即 CID 定位，这是最基本的定位方法。Release 9 提出利用下行定位参考信号（Positioning Reference Signal，PRS）的时间差进行定位，即 OTDOA 法，其定位精度为 50～100 m。Rlease11 进一步定义了上行 TDOA 方法，即 UTDOA 法。Release12 中考虑使定位精度满足 FCC 的需求（定位精度小于 50 m 的概率为 67%，即 <50 m@67%）。从 Release 8 到 Release 12 主要关注室外定位技术，通过增强技术提高定位精度，而 Release 13 提出利用无线保真（Wireless Fi-deliy，WiFi）、蓝牙、气压计、TBS 等方法进行室内定位，并要求垂直定位精度达到 3 m，目前正在开展的 Release 14 中，将对定位技术进一步增强，以达到更高的定位精度（<3 m@80%）和更低的时延（初始化时间小于 10 s，连续定位响应 15 ms）。

（3）OMA。开放式移动联盟（Open Mobile Aliance，OMA）源于无线应用协议（Wireless Application Protocol，WAP）论坛，主要致力于根据市场和用户需求制定对应的高质量开放式标准协议，同时保障不同服务提供商之间 LBS 的互联互通性，并加强不同标准组织之间的合作，以促进 LBS 体系框架的商业化进展。OMA 关于 LBS 的协议中主要明确了位置信息的框架、位置信息的传输协议以及位置信息可拓展标记语言（Extensive Markup Language，XML）文件格式，通过标准化位置信息传输通信协议，使不同位置服务供应商及其位置服务开发应用之间互联互通，从而有效促进了 LBS 市场的发展。

4.2 无线定位原理

无线定位是指在无线移动通信网络中，通过对接收到的无线电波的特征参数进行测量，利用测量得到的无线信号数据，采用特定的算法对移动终端所处地进行估计，提供准确的终端位置信息和服务。

无线定位的基本原理是通过测量获取定位参数信息，主要包括 3 类：时间类、角度类和场强类。时间类包括到达时间或到达时间差；角度类包括到达角；场强类包括信号强度、地磁强度等。

无线定位信号测量，主要包括时间测量、角度测量和场强测量等，具体测量参数主要包括：信号到达时间（TOA）、信号到达时间差（TDOA）、信号到达角（AOA）、接收信号强度、地磁强度等。

4.2.1 时间测量

常见的时间测量方法分为两种，即 TOA 测量和 TDOA 测量。

1. TOA 测量

无线定位系统中，最简单获取距离的方法是测量一个移动设备到固定测量点（如基站、雷达等）的信号到达时间，即 TOA（Time of arrival）。移动终端发射的信号被 3 个或 3 个以上的固定测量点（如雷达、基站）接收，根据信号到达测量点的时间计算发射点与测量点的距离，然后以终端为圆心、以计算距离为半径画圆，几个圆的交点就是被测点的位置。TOA 测量定位如图 4－5 所示。

在二维空间中，假设图 4－5 中的测量点 1、测量点 2、测量点 3 的坐标分别为（x_1，y_1）、（x_2，y_2）、（x_3，y_3），到达移动终端的距离分别为 d_1、d_2、d_3，假设目标位置的坐标为（x，y），则可得到如下方程式：

$$\sqrt{(x-x_1)^2+(y-y_1)^2}=d_1 \tag{4-1}$$

$$\sqrt{(x-x_2)^2+(y-y_2)^2}=d_2 \tag{4-2}$$

$$\sqrt{(x-x_3)^2+(y-y_3)^2}=d_3 \tag{4-3}$$

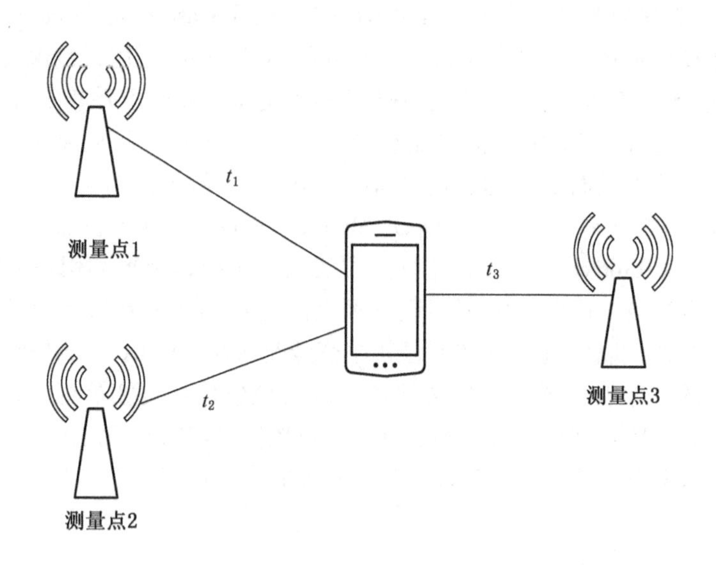

图 4-5　TOA 测量定位

根据以上相关方程式，可以得出目标位置的坐标：

$$\begin{bmatrix} x \\ y \end{bmatrix} = \begin{bmatrix} 2(x_1 - x_3) & 2(y_1 - y_3) \\ 2(x_2 - x_3) & 2(y_2 - y_3) \end{bmatrix}^{-1} \begin{bmatrix} x_1^2 - x_3^2 + y_1^2 - y_3^2 + d_3^2 - d_1^2 \\ x_1^2 - x_3^2 + y_2^2 - y_3^2 + d_3^2 - d_2^2 \end{bmatrix} \tag{4-4}$$

常用的 TOA 测量方法有两种。一种方法是基于时间检测来获取 TOA，包括单程时间检测、往返时间检测等。这种方法常用于实际移动通信系统中的时间测量，它需要系统收发端高精度时间同步。一般采用校准硬件相关参量的方式,实现测量点和终端设备各时钟严格同步,或通过硬件设计来接收参考时钟信号和移动设备的信号消除接收时延。对于声波等低速信号而言,时钟精度要求相对较低,但对于射频等信号而言,1 μs 的时钟同步误差将产生约 300 m 的测距误差,因此在时钟不精确的情况下,定位效果会受到很大的影响。

单程测距（One Way Ranging，OWR）技术适用于节点间有一个共同的时钟的情况，这种方法可以直接估计节点间的传播时间，如图 4-6 所示。

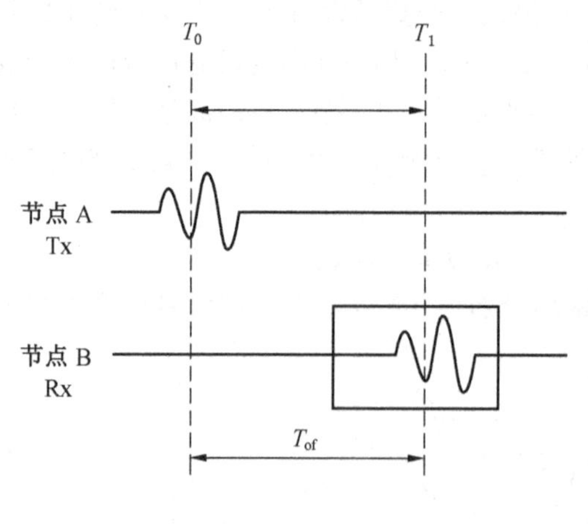

图 4-6　单程测距图解

基于信号单程传播时间的测距方式要求信号源与接收者事先做好时钟同步，因为这种测距方式严格依赖于双方记录的信号发出和接收到的时间戳（timestamp）。另一种方法是测量往返时间（Round - Trip Time，RTT），在往返时延测量过程中，信号源与接收者双方都只需记录从自身发出信号直到接收到对方发出的信号之间的时间差，而无须记录自身发出信号或者接收信号的精确时刻。RTT 具体的计算方式为：假设信号源与接收者分别为节点A与节点B。节点A首先发送一个包给节点B，节点B在接收到这个包之后，选择等待一段时间 t_{delay} 后向节点A发送一个确认包。这时节点A计算得到数据包的往返传播时间为 $t_{RT}=2t_{flight}-t_{delay}$，$t_{flight}$ 表示数据包在两个节点间传播所需的时间。当节点B将自身测量的传播时延 t_{delay} 报告给节点A之后，节点A便可通过公式 $t_{flight}=(t_{RT}-t_{delay})/2$ 计算得到数据包在两个节点间传播所需的时间。基于信号双程传播时间的测距方式无须时间同步，但通常会受到时钟漂移的影响。

双程测距（Two Way Ranging，TWR）是指在节点间没有公共时钟的情况下，可以利用收发节点间的往返时间来估计这两个节点间的距离。如图4－7所示，节点A在 T_0 时刻发送含有时间标记信息的包给节点B，等节点B和此时间标记信息做好同步后，便会回送一个信号给节点A，以表示同步完成，节点A根据收到的信号来决定传播时间。

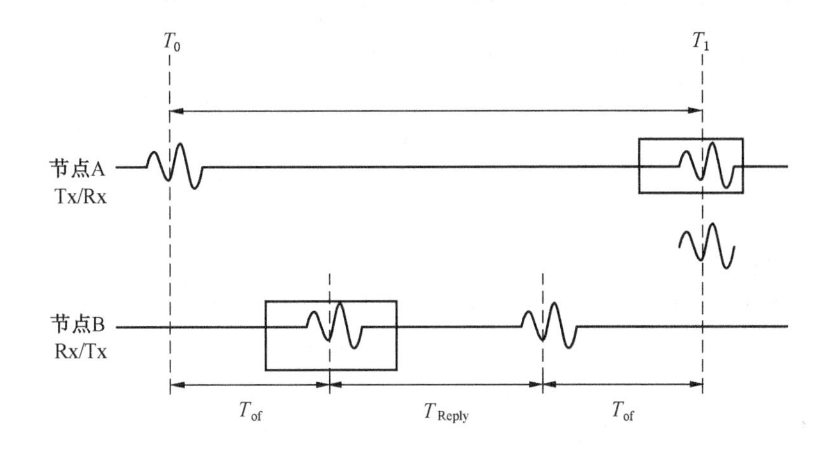

图4－7　双程测距图解

在室外定位中，使用TOA技术比较典型的定位系统是GPS。在室内定位中，节点间的距离较小，采用信号到达时间测距难度较大。由于节点接收机和发射机的同步精度有限，因此使用TOA技术做室内定位的难度很高。

2. TDOA测量

信号到达时间差TDOA定位原理与TOA类似，也是利用测量信号从发送端到多个信号接收端的到达时间来得到待测目标的位置。不同的是TDOA测量的是信号发送端到多个信号接收端的到达时间之差。

测量TDOA一般也分两种，一种是利用测量往返时间（RTT）等方法直接测量TOA并相减得到TDOA，这种方法较简单，但同样存在精度受制于收发机间时间同步的问题。另一种是利用测量接收信号的相关性，选择最大相关峰或者上升沿作为参考点作差的方法得到TDOA，该方法在实现上一般不要求收发机间严格时间同步，且精度更高，在某种程度上能克服多径干扰等影响。第二种方法较第一种方法，系统实现复杂度更高，对于测量和计算的要求更高，当然TDOA测量精度一般也更高。

TDOA定位，计算两个测量点信号到达未知节点的时间差，将其转换成到两个测量点的距离之差。根据几何原理可知，由平面上的动点到两定点的距离为常数的轨迹是一条双曲线，如果距离的正负已知，那么该轨迹就为双曲线的一支。两条双曲线的交点即为用户的二维定位结果。

在无线通信系统中，根据信号的上下行传输，基于 TDOA 测量的定位技术可分为两种。一是可观察到达时间差（Observed Time Difference of Arrival，OTDOA）定位技术。移动终端对基站下行定位信号进行测量，获得信号到达两个基站的时间差，每两个基站得到一个测量值，形成一个双曲线定位区。在二维定位中，3 个基站可得到两个双曲线定位区，求出它们的交点可得到移动终端的确切位置。由于所测量为时间差而非绝对时间，不必满足发射机与接收机之间的高精度时间同步要求。二是上行到达时间差（Uplink Time Difference of Arrival，UTDOA）定位技术。UTDOA 的基本原理和 OTDOA 类似，只是采用上行信号定位：移动终端发射上行测量信号，网络侧基站或者定位测量单元（Location Measurement Unit，LMU）测量得到时间差，获取多个双曲线，估算终端位置，利用绝对时间或者相对到达时间差等信息，借助几何运算的方法对终端进行位置估计，其定位精度较高，有广泛的应用。特别是基于 LMU 的 UTDOA 测量的定位，一般不要求移动台和基站之间严格同步，在一定误差情况下性能仍然较好，使它在蜂窝通信系统的定位中更受关注。

4.2.2 角度测量

角度测量是基于 AOA（Arrival of Angle，AOA）的测量。到达角度法定位的基本原理是利用测量点具有方向性的天线（Directional Antenna）或天线阵列（Antenna Array），得到移动节点发送信号的方向，通过分析信号到达不同天线的相位差或者时间差计算信号的到达角度，从而根据信号的到达方向来进行定位。当信号以 θ 角度入射到由 M 个天线元组成的线形天线阵列时，信号到达天线元 2 的时刻将比到达天线元 1 的时刻稍晚。因此，以入射信号到达天线元 1 的时刻为基准，如果知道信号到达两个相邻天线元的相对延迟 τ，则可根据下式计算入射信号的到达角度：

$$\theta = \arcsin \frac{\nu\tau}{d} \tag{4-5}$$

其中，ν 为信号传播速度，d 为相邻天线元之间的距离。当 d 设置为半波长 $\lambda/2$ 时，则只需测出两个相邻天线元之间的相对相位偏移。由于无线设备中通常以 I－Q 路表示发射和接收信号，因此可十分方便地测量信号到达不同天线元的相位。若 θ_1 和 θ_2 分别表示信号到达天线元 1 和天线元 2 的相位，则信号的到达角度可按下式计算：

$$\theta = \arcsin \frac{\theta_2 - \theta_1}{\pi} \tag{4-6}$$

然而，上述方法在多径传播环境（如典型室内环境）中误差较大。因此在实际测量过程中通常充分利用多天线提供的冗余信息，采用基于信号子空间的分析方法，如 MUSIC（Multiple Signal Classification）算法进一步提高波达角的估计精度。

AOA 方法要求发射机和接收机之间保持视距，因为在非视距情况下，多径效应会使信号从一个完全不同的角度到达接收端，造成读写器误判或混淆，从而使 AOA 测量产生较大的误差。另外，配备有 AOA 参数估计的节点硬件尺寸，功耗及成本相对较大，接收机天线的角度分辨率也受到硬件设备的极限限制，混合定位可以实现更高的定位精度，实际系统中，AOA 常与 TOA 或 TDOA 信息联合使用成为混合定位，采用混合定位可以实现更高的定位精度，也可以降低对单一测量参数的依赖。

4.2.3 场强测量

场强测量主要包括信号强度、地磁强度和其他射频信号的强度特征值等。通常场强测量的定位方法可分为两种，一种是利用强度测量得到距离的方法，即信号传播模型法。场强法的基本原理是利用信道传播模型描述路径损耗，进而基于信号强度来获取收发节点之间的传输距离。当测量点数量大于或等于 3 时，就可以通过它们之间的几何关系联立方程组，计算出待定位节点的位置。该方法无须复杂的时钟同步和数据交换，不需要对收发双方添加额外的硬件设备，简单易行。但信号强度受信号传播环境、天线倾角、无线系统的功率动态调整等因素影响较严重，信号传播模型经验公式的准确程度有所降低，定位精度较低。因此，在定位精度要求不高时，可采用该方法来实现移动终端定位。另一种是利用场强作为指纹特征值，如 WiFi 信号强度、地磁强度等。通常分为两个步骤实现定位：离线训练实现指纹采集，在线定位实现指纹匹配，映射查找完成定位。这种方法可以实现较准确定位，对于场强测量及指纹数据库的要求较高，需要大量的指纹采集测量，且对场强的测量精度、稳定性有很高要求，同时要求数据库快速地更新和高效地管理维护。

信号强度（RSSI）定位方法依托路径损耗模型，利用接收信号强度与移动目标至参考点距离成反比的关系，通过在某一参考节点测出接收信号的场强值，再利用已知的信道衰落模型和目标节点处的场强值估算出基站和未知节点之间的距离，这种基于距离的方法至少需要 3 个基站来实现 1 个待测节点的定位。

采用 RSSI 方法确定距离，必须清楚信道特性。RSSI 方法主要受传输信道的两种因素影响：随着距离的增加，功率呈负幂规律衰减；由障碍物造成的缓变阴影衰落和多径衰落。由于 RSSI 的测量依赖于信道特性，因此，基于信号强度定位算法对信道参数估计极其敏感。

4.3 常用无线定位技术

4.3.1 RFID 定位技术

1. RFID 的定义

射频识别（Radio Frequency Identification，RFID）技术，是一种通过射频信号和电磁或电感的空间耦合来自动识别目标对象并获求相关数据的非接触式自动识别技术，该技术具有识读距离远、速度快、精度高、耐久性和可靠性高、可重复使用、可多目标同时识别等特点。

2. 工作原理

射频识别系统的工作原理示意图如图 4－8 所示，其系统的工作原理为：微波查询信号通过射频自动识别装置直接发出，在被识别目标物体上安装的 RFID 电子标签将接收到部分微波的能量，将其转换为直流电并形成微弱电压，以供电子标签内部电路板正常工作。同时，另外部分微波也将通过电子标签本身携带的微带天线反射到电子标签读出装置，将自身携带的存储数据信息进行交换并进行数据处理，得到存储在电子标签中的EPC码（RFID唯一识别码）。

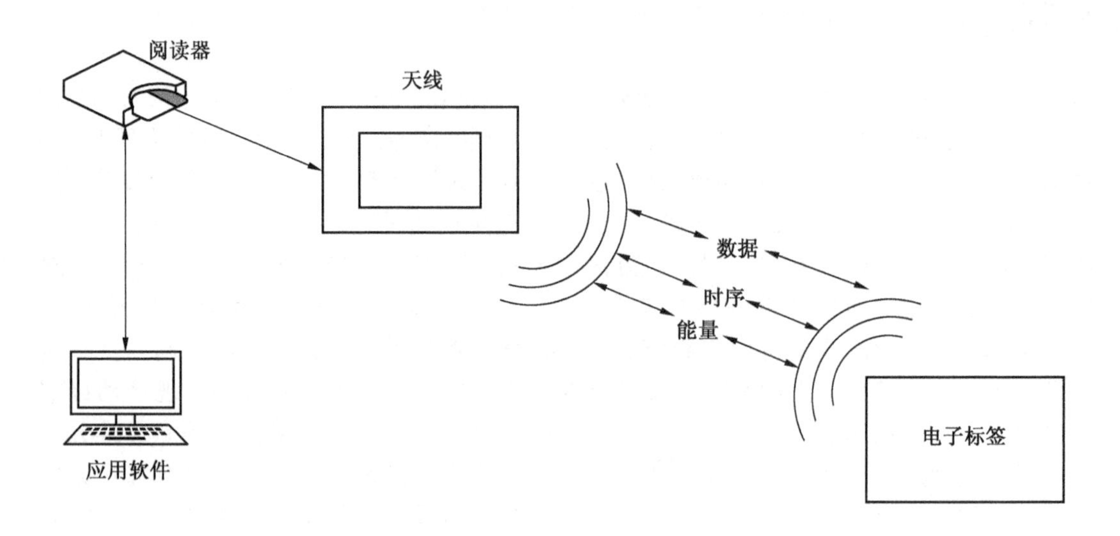

图4-8　RFID系统的工作原理示意图

RFID系统的基本工作流程为：阅读器通过射频天线发射无线电载波信号；识别卡进入读写器射频天线的工作区域时，自身天线通过耦合产生感应电流，为识别卡提供能量，使识别卡被激活，并根据读写器信号要求决定是否响应和发送数据，读写器天线接收到识别卡发射的载波信号，经解调和解码读出识别卡数据送至应用软件系统。

RFID系统的读写器和识别卡的工作次序称为时序关系，无源和有源识别卡系统的时序关系有所不同。无源识别卡（不含电池或其他电源）必须依靠读写器的能量来激活，一般是读写器先工作，当识别卡进入射频识别场时，读写器就会发出射频波来激活识别卡电路，识别卡将射频波转换为电能储存在识别卡中的电容里为识别卡的工作提供能量，完成数据交换；有源识别卡（工作电源完全由内部电池提供）则始终是激活的，处于主动工作状态，它和读写器发出的射频波是相互作用的。

对于多识别卡同时识别，由于时序关系的不同，其工作原理也会有差异。若是读写器先工作会先对批识别卡发出隔离指令，使读写器识别范围内的一部分识别卡被隔离，只保留一个识别卡处于激活状态与其建立通信联系，通信结束后发出指令使该识别卡处于休眠状态，重新指定一个新的识别卡与其建立通信联系，如此反复；若是识别卡先工作（有源识别卡），识别卡就会随机反复发送自己的标识号码，不同的识别卡在不同的时间段被读写器正确读取，这样就可以完成多识别卡的同时识读。

3. RFID标准及分类

1）RFID标准

RFID国际标准的主要制定机构包括国际标准化组织（International Organization for Standardization，IOS）、国际电工委员会（International Electrotechnical Commission，IEC）

和国际电信联盟（International Telecommunication Union，ITU）等。目前世界上还没有统一的 RFID 技术标准，影响力较大的标准体系有：ISO 标准体系、EPC Global 标准体系和 Ubiquitous ID 标准体系。

ISO/IEC 已出台的 RFID 标准主要关注的是模块构建、空中接口、数据结构及实施问题，相对应的标准为技术标准（如射频识别技术、IC 卡标准等）、数据内容标准（如编码格式、语法标准等）、一致性标准（如测试规范标准）以及应用标准（如船运标签、产品包装标签等）。ISO 18000 标准是目前最新也是最热门的标准，其主要工作在 860 ~ 930 MHz 频段。目前，我国常用的 ISO 14443 和 ISO 15693 标准均以 13.56 MHz 信号为载波频率。

美国 EPC Global 是由统一代码协会（Uniform Code Council，UCC）和欧洲物品编码协会（European Article Number International，EAN）于 2003 年 9 月共同成立的非营利性组织。EPC Global 以推广 RFID 电子标签的网络化应用为宗旨，最终目标是为每一件商品建立全球的、开放的标识标准。EPC Global 体系主要包括三大标准：EPC 物理对象交换标准、EPC 基础设施标准和 EPC 数据交换标准。EPC Global 在全球范围内建立了多个分支机构，专门负责 EPC 码段在这些国家的分配与管理、相关标准制定、宣传及推广等工作。

Ubiquitous ID 标准体系是日本主推的标准，其标准制定中心主要由日本厂商组成。UID Center 的泛在识别技术体系主要由泛在识别码、信息系统服务器、泛在通信器和识别码解析服务器等构成，其电子标签采用的频段为 2.45 GHz 和 13.56 MHz。UID Center 对网络安全十分重视，在节点中进行信息交换时需要有相互认证，通信内容通常是加密的，避免非法阅读。

2）系统的分类

根据 RFID 系统的工作原理和特点，按照不同的分类依据对系统进行分类，见表 4－1。

表 4－1 RFID 系统分类

依据	分类
供电形式	有源系统、无源系统
数据调制方式	主动式系统、被动式系统、半主动式系统
工作频率	低频系统、高频系统、超高频和微波系统
识别卡可读性	只读系统、可读写系统、一次写入多次读出系统
识别卡数据存储能力	识别识别卡系统、便携式数据文件系统

射频识别系统按电子标签的供电形式可分为有源系统和无源系统。有源系统电子标签采用电子标签内电源提供能量传输，传输距离远、稳定性好，但是体积大，不易做成薄片卡，且寿命有限、价格较高，无源系统电子标签利用耦合的读写器发射的电磁场能量作为自己的能量，它的传输距离短，需要较大的读写器发射功率，但是体积小、寿命长、价格便宜。

按照识别卡的数据调制方式，系统可以分为主动式、被动式和半主动式系统。通常无源系统为被动式，有源系统为主动式。主动式的射频系统用自身的射频能量主动发送数据给读写器，调制方式可以为调幅、调频和调相。被动式的射频系统使用调制散射方式发送数据，必须利用读写器的载波来调制自身信号，其读写器的射频系统只能确保激活一定范围内的射频系统。

按照系统的工作频率，系统可以分为低频、高频和超高频系统。系统的工作频率是指读写器发送无线信号时所使用的频率，其基本上划分为3个工作主要范围：低频（30～300 kHz）、高频（3～30 MHz）和超高频（300 MHz～3 GHz）。低频系统一般工作在100～500 MHz，常见的低频工作频率为125 kHz和134.2 kHz；高频系统一般工作10～15 MHz，常见的高频工作频率为13.56 MHz；在超高频系统一般工作在850～960 MHz，常见的工作频率为915 MHz。

按识别卡的可读写性，系统可分为只读（RO）、可读写（RW）和一次写入多次读出（WORM）系统。RO系统中识别卡内部只有只读存储器和随机存储器RAM，用于存储发射器操作系统说明和安全性要求较高的数据，它与内部的处理器或逻辑处理单元完成内部的操作控制功能；RW系统识别卡可多次读写，适用性强，功能多样，但安全性较差；WORM系统的识别卡可一次性写入，写入后数据不能改变，可以多次读出。

根据识别卡中存储器数据存储能力的不同，还可以将识别卡分成仅用于标识目的的标识识别卡与便携式数据文件两种。对于标识识别卡，一个数字或者多个数字字母字符串存储在识别卡中，是为了识别的目的或者是进入信息管理系统中数据库的钥匙，标识识别卡中存储的只是标识号码，用于对特定的标识项目（如人、物、地点）进行标识。关于被标识项目的详细特定信息，只能在与系统相连接的数据库中进行查找。便携式数据文件是指识别卡中存储的数据非常大，可以看作是一个数据文件，这种识别卡一般都是用户可编程的，识别卡中除了存储标识码外，还存储大量的被标识项目的相关信息，如包装说明、工艺过程说明等。在实际应用中，关于被标识项目的所有信息都存储在识别卡中，读识别卡就可以得到关于被标识项目的所有信息，而不用再连接到数据库进行信息读取。

4. 系统结构及定位实现

1）系统结构

射频识别系统由电子标签、阅读器和上位系统三层结构组成。

（1）电子标签是数据的载体，可以多次被阅读器写入和读出；电子标签内部一般集成有内存储器、射频模块、射频天线等，部分带有电源（有源识别卡）；电子标签通常附在目标物体上，可以自带电源或通过读写器电磁场提供能量，用于存储待识别目标的名称、身份、特征等相关信息，并且可供阅读器对其所存储的数据进行读写操作。按工作原理RFID标签可分为：有源标签、无源标签、半无源标签。有源电子标签内装有电池，无源射频标签没有内装电池，半无源电子标签（Semi－passive Tag）部分依靠电池工作。有源标签与无源标签的主要区别如下：

① 供电方面。有源标签由内置电池供电；无源标签从阅读器获取能量，即通过获取天线发出的电磁波再在标签内部产生信号传输。

② 识别性能方面。有源标签的读写距离相对较远，通常识别也更准确；无源标签识

别距离相对会短很多，识别速度也会略微受到限制。

③ 应用方面。有源标签在定位、追踪等应用上较有优势，但是相对体积大、成本高，受到电池限制使得其寿命相对较短；而无源标签更能适应物流、票证防伪的低成本和小尺寸要求，其使用寿命相对较长。

（2）RFID 阅读器的任务是控制射频发射信号，通过射频收发器接收来自标签上的已编码射频信号，对标签的认证识别信息进行解码，将认证识别的信息连带标签上其他相关信息传输到上位机以供处理。阅读器一般由数据读写模块、射频模块、电源、时钟电路等组成，部分带有射频天线，读写器使用射频技术来读取识别卡信息和对识别卡写入数据，并且可以将读取的信息传送给上位系统。阅读器是 RFID 系统信息控制和处理中心，在 RFID 系统工作时，由读写器在一个区域内发送射频能量形成电磁场，区域的大小取决于发射功率。

（3）上位系统包括网络硬件、中间件和应用软件等，负责传输、转换、处理和使用读写器传送来的信息，由于中间件的存在，采用不同识别技术的终端可以使用同样的网络硬件和应用软件。上位系统是一个统称概念，是指射频识别系统中执行除识别卡识别和读写外其他功能的部分，一般包括用于传输数据的网络硬件与分析、处理和使用数据的应用软件，以及为实现应用软件之间共享资源和管理计算资源与网络通信而设计的中间件。

射频天线主要用来在识别卡和读取器间传递射频信号。射频识别系统中包括两类天线，一类是识别卡上的天线，与识别卡集成一体；另一类是读写器天线，既可以内置于读写器中，也可以通过同轴电缆与读写器的射频输出端口相连。射频系统的读写器必须通过天线发射能量形成电磁场，通过电磁场对识别卡进行识别，天线所形成的电磁场范围就是射频识别系统的可读区域。

2）定位实现

RFID 室内定位系统的基本结构包括两个网络，即传感网络和数据传输网络。

传感网络一般由 RFID 读写器和电子标签组成，可以看作一个由用户设置的读写器/电子标签阵列。待定位目标上携带有读写器或电子标签，读写器/电子标签阵列接收来自服务器的指令，根据服务器的指令获取待定位目标的特征信息（如信号强度）并将其存储在读写器中。

数据传输网络包括服务器及服务器与各读写器之间的连接。服务器根据用户的需求产生指令信号并将其传送至传感网络。传感网络中的读写器获取了待定位目标相关信息后，通过数据传输网络反馈给服务器。最后，服务器执行特定的算法得到待定位目标的位置信息。服务器与各读写器之间可采取有线或无线的连接（图 4 -9）。

基于上述原理，根据定位目标的网元角色不同，RFID 定位可分为两大类：阅读器定位和标签定位。

（1）阅读器定位是将阅读器安装在目标物体上，并随着目标物体一起运动，在目标物体运动的区域内，对阅读器定位的可以是有源标签，也可以是无源标签。把标签预先安装在已知坐标位置处，当安装有阅读器的物体靠近固定标签时，阅读器就会读取固定标签的已知位置坐标、信号强度及相关的其他标签信息。利用读取的标签位置信息，采用相应的定位算法来估算出阅读器当前的位置坐标。

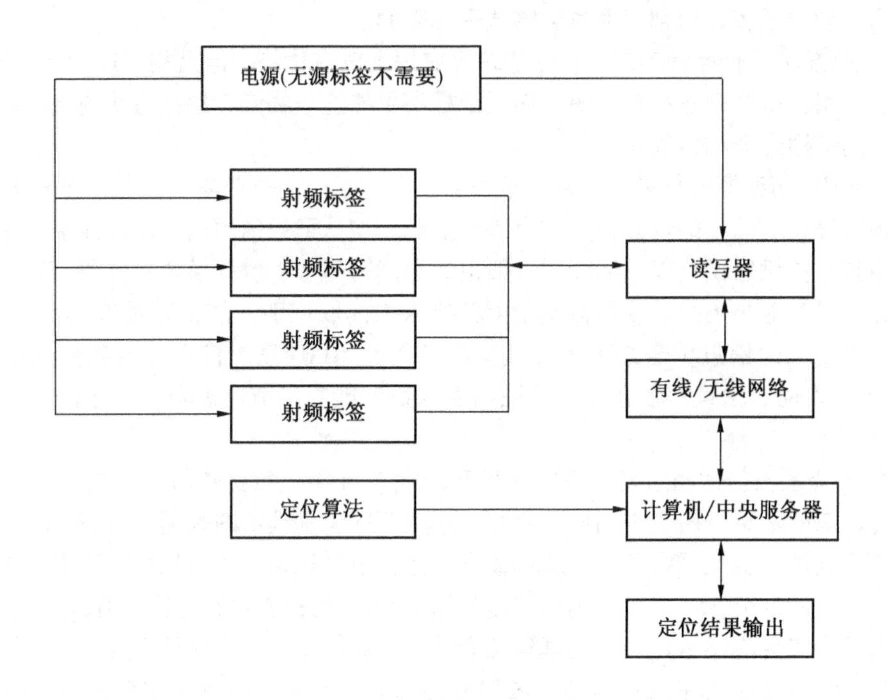

图 4－9　RFID 室内定位系统基本结构

（2）标签定位根据标签的不同，也分为有源标签定位和无源标签定位。现有的标签定位算法既能定位固定目标，又能跟踪运动的物体。标签定位研究更为广泛，因为标签比阅读器更便宜，而且标签定位的精度更高、灵活性更强，更适合在众多场合中应用。目前标签定位主要应用在图书馆图书跟踪、医院的病人或医疗设备跟踪、煤矿的安全监控、车辆识别等。

采用 RFID 定位的优点包括以下 3 个方面：

（1）RFID 定位应用广泛，尤其在大型工业或者复杂环境中，不仅可以跟踪物品，如图书、医疗设备；在安全生产管理中还可以进行人员的定位，如煤矿井下人员定位等。

（2）RFID 定位方便灵活，系统采用射频技术，通过对标签信息的读取即可得到目标的位置信息。

（3）RFID 定位通过非接触双向通信，可自动识别对象并获取相关数据，具有精度高、适应环境能力强、抗干扰强、可识别高速运动的物体且同时识别多个标签等许多优点。

影响 RFID 系统定位精度的因素包括：参考标签的拓扑结构及分布密度、读写器与参考标签阵列的位置关系和多径效应。

4.3.2　UWB 定位技术

1. UWB 定义及特点

UWB 又称为脉冲无线电技术或无载波无线电，具有很高带宽比（射频带与其中心频率之比）。UWB 的定义经历了以下 3 个阶段：

第一阶段：1989 年前，UWB 信号主要是通过发射极短脉冲获得的，这种技术广泛用于雷达领域并使用脉冲无线电术语，属于无载波技术。

第二阶段：1989 年，美国国防高级研究计划署（Defense Advanced Research Projects Agency，DARPA）首次使用 UWB 这个术语，并规定着一个信号在衰减 20 dB 处的绝对带宽大于 1.5 GHz 或相对带宽大于 25%，则这个信号就是 UWB 信号。

第三阶段：为了促进并规范 UWB 技术的发展，于 2002 年 4 月 FCC 发布了 UWB 无线设备的初步规定，并重新给出了 UWB 的定义，即

$$\begin{cases} \dfrac{f_H - f_L}{f_c} > 20\% \\ f_H - f_L \gg 500\ \text{MHz} \end{cases} \tag{4-7}$$

其中，f_H、f_L 分别为功率较峰值功率下降 10 dB 时所对应的高端频率和低端频率，f_c 为载波频率或中心频率，$f_c = (f_H - f_L)/2$。超宽带信号与窄带信号的比较如图 4－10 所示，由图可见，UWB 信号的带宽不同于通常定义的 3 dB 带宽。

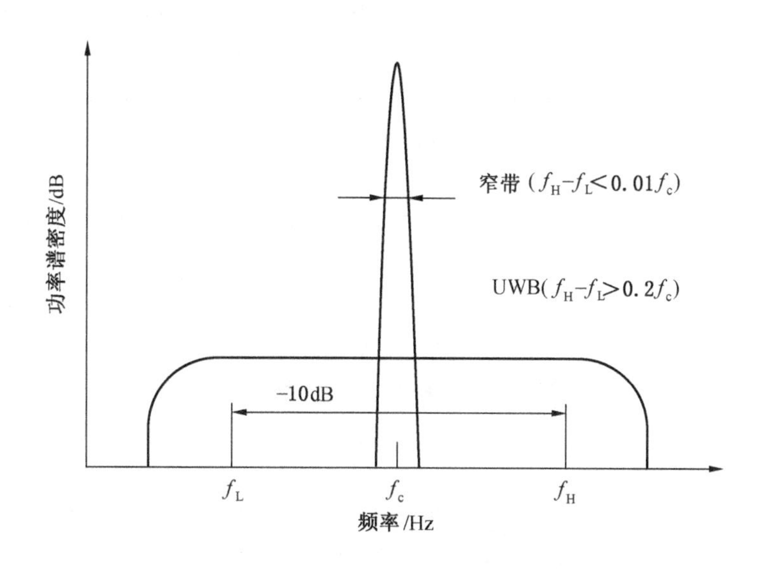

图 4－10 超宽带信号与窄带信号的比较

超宽带技术主要有以下特点：

（1）高速的数据传输。UWB 技术在 10 m 范围内传输速率可达 500 Mb/s，是实现个人通信和无线局域网的一种理想技术。

（2）低功耗。UWB 系统使用间歇的脉冲来发送数据，脉冲持续时间很短，UWB 的发射功率一般小于 0.56 mW，只有手机的 1‰，并不会影响人体健康，并且可以大大延长电池使用寿命。

（3）隐蔽性好、抗干扰能力强、安全性高。UWB 通信系统发射的信号是占空比很小的窄脉冲，所需的平均功率很小，可以隐蔽在噪声或其他信号当中传输。在 FCC 的规定下，其功率谱密度要低于现有的其他无线通信系统，对于其他无线系统相当于电子噪声，

因此被截获概率小，安全性能高。

（4）多径分辨能力强。UWB发射的是持续时间极短的单脉冲且占空比（在一串理想的脉冲周期序列中，正脉冲的持续时间与脉冲总周期的比值）较低，多径信号在时间上很容易分离，不容易产生符号间干扰。

（5）定位精确。由于超宽带的带宽极宽，具有很强的穿透能力，在室内和地下均可进行精确定位。采用纳秒级宽度的发射脉冲，可使定位精度达到厘米级。

（6）结构简单。UWB通过发送纳秒级脉冲来传输数据信号，不需要传统收发机所需的上、下变频，也不需要本地振荡器、功率放大器和混频器等，系统结构实现比较简单，设备集成更为简化。

超宽带信号的特性，使它非常适合于通信以及雷达系统。然而，由于超宽带信号占用极大的频谱资源，所以会对已存在的通信系统造成一定程度的干扰，如引起底噪抬升等。因此，为了避免对现有其他无线通信设备造成影响，UWB发射功率必须受限。2000年2月，FCC批准UWB技术进入民用领域，并根据UWB系统的具体应用，分为成像系统、车载雷达系统、通信与测量系统三大类。根据FCCPartl5规定，UWB通信系统可使用频段为3.1～10.6 GHz。为保护现有系统（如GPRS、移动蜂窝系统、WLAN等）不被UWB系统干扰，针对室内、室外不同应用，对UWB系统的辐射谱密度进行了严格限制，规定UWB系统的最高辐射谱密度为－41.3 dBm/MHz。

2. UWB的网络协议

UWB的完整网络协议模型如图4－11所示。应用层协议包括无线USB、无线1394、数字生活网络联盟（Digital Living Network Alliance，DLNA）兼容等标准。UWB网络业务汇聚子层协议主要是WiMedia联盟创建的一系列标准，该标准将应用层到达的信号在WiMedia汇聚，不管原来是什么信号，在经过WiMedia汇聚层后转换成相同格式的信号传送给物理层发射。链路层分为MAC子层和逻辑链路控制（Logical Link Control，LLC）子层，MAC子层实现媒体接入控制、同步、功率控制以及认证加密等功能；LLC子层目前尚无统一的标准。物理层协议目前主要是直接序列码分多址（Direct Sequence Code Division Multiple Access，DS－CDMA）或多频带正交频分复用（Multi－Band Orthogonal Frequency Division Multiplexing，MB－OFDM）规范，它们位于整个架构的最底层，实现物理成帧、加扰、编码、交织、调制等功能。

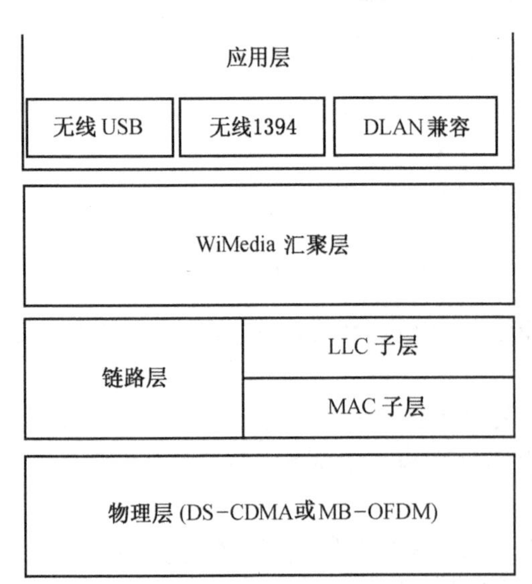

图4－11 UWB的完整网络协议模型

3. UWB的关键技术

1）脉冲信号

超宽带无线电中的信息载体为脉冲无线电（Impuse Radio，IR）。脉冲无线电是指采用冲激脉冲（超短脉冲）作为信息载体的无线电技术。这种技术的特点是通过对非常窄

（往往小于1 ns）的脉冲信号进行调制，以获得非常宽的带宽来传输数据。典型的脉冲波形有高斯脉冲、基于正弦波的窄脉冲、Hermite多项式脉冲等。无论哪种波形，都能够满足单个无载波窄脉冲信号的两个特点：一是激励信号的波形为具有陡峭前后沿的单个短脉冲；二是激励信号具有包括从直流到微波的很宽的频谱。目前脉冲源的产生可采用集成电路或现有半导体器件实现，也可采用光导开关的高开关速率特性实现。

IR－UWB直接通过天线传输，不需要对正弦载波进行调制，因而实现简单、成本低、功耗小、抗多径能力强、空间时间分辨率高，IR－UWB是UWB技术早期采用的方式。

2）调制方式

UWB无线通信的调制方式有两种：传统的基于脉冲无线电方式和非传统的基于频域处理方式，其中传统的基于脉冲无线电的调制方式又包括脉冲位置调制、脉冲幅度调制等。

脉冲位置调制（Pulse Position Modulation，PPM）是最典型的超宽带无线通信方式。它是一种利用脉冲位置承载数据信息的调制方式，即采用改变发射脉冲的时间间隔或发射脉冲相对于基准时间的位置来传递信息，脉冲的极性和幅度都不改变。在这种调制方式中，一个脉冲重复周期内脉冲可能出现的位置有2个或M个，脉冲位置与符号状态一一对应。按照采用的离散数据符号状态数的不同，PPM调制可以分为进制TH－PPM（二进制跳时脉冲位置调制）和多进制TH－PPM（多进制跳时脉冲位置调制）。其中多进制TH－PPM又分为正交调制和等相关调制，两者的区别在于信息符号控制脉冲时延的机理不同，等相关调制要比正交调制复杂。此外，还有一种PPM调制称为伪混沌脉冲位置（Pseudo Chaotic PPM，PC PPM）调制，它在PPM调制的基础上采用了伪混沌理论，这种方法虽然具有很好的频谱特性，但并不能满足多用户系统的需求。

另一种典型的超宽带无线通信调制方式为脉冲幅度调制（Pulse Amplitude Modulation，PAM），它利用信息符号控制脉冲幅度，既可以改变脉冲幅度的极性，也可以仅改变脉冲幅度的绝对值大小。通常所讲的PAM只改变脉冲幅度的绝对值，即信息直接触发超宽带脉冲信号发生器以产生超宽带脉冲。对于数字信号“1”，驱动信号发生器产生一个较大幅度的超宽带脉冲；对于数字信号“0”，则产生一个较小幅度的超宽带脉冲，而发射脉冲的时间间隔是固定不变的。一相调制（Bi－Phasce Modulation，BPM）和开关键控（On Off Keying，OOK）是PAM的两种简化形式。BPM通过改变脉冲的正负极性来调制二元信息，所有脉冲幅度的绝对值相同；OOK则通过脉冲的有无来传递信息。

传统的基于脉冲无线电的调制方式中，除了脉冲位置调制和脉冲幅度调制两种外，UWB系统中还有一些其他的调制方式，如直接序列超宽带（Direct－Sequency UWB，DS－UWB）调制、混合调制、数字脉冲间隔调制（Digital Pulse Interval Modulation，DPIM）等。DS－UWB调制方式与DS－CDMA的基带信号有很多相同的地方，但它采用了占空比极低的窄高斯脉冲，因此这种信号有很大的带宽，混合调制方式是将DS－UWB和PPM进行结合；DPIM在传输带宽需求和传输容量方面具有较高的效率，同步也相对简单（只需要时像同步），但它没有考虑多用户的情况。

非传统的基于频域处理的调制方式为载波干涉（Carrier Interferometry，CI），它的波形能量不是分布在连续的频域，而是分布在离散的单频上。还有一种调制方式叫作多频带调制，它可以采用正交频分复用（OFDM）或时频多址（Time - Frequency Multiple Access，TFMA）。多频带调制的优势有以下3点：

（1）由于多频带调制方式的带宽可以根据不同的情况进行调整，因此能提高UWB的频谱利用率；

（2）UWB的允许频带是一系列的分离频带，多频带调制可以使这些频带独立应用，提高了UWB系统频带利用的灵活性；

（3）多频带调制中多个频带相互独立，因此可以根据不同的情况进行取舍，更有利于与现存无线系统的共存。多频带调制有很多优点，但它也有系统复杂、成本高和功耗高的缺点。

3）信道模型

信道的传播环境是影响无线通信系统性能的主要因素之一，建立准确的传输信道模型对于系统的设计是十分重要的。

UWB信道不同于一般的无线多径衰落信道。传统无线多径衰落信道一般采用瑞利分布来描述单个多径分量幅度的统计特性，前提是每个多径分量可以视为多个同时到达多径分量的合成。UWB分离的不同多径到达时间之差可短至纳秒级，在典型的室内环境下，每个多径分量包含的路径数目是有限的，而且频率选择性衰落要比一般窄带信号严重得多。

通信信道的数学模型可用输入和输出信号之间的统计相关性来表示，最简单的情况是用信道输出在相应输入条件下的概率来建模，建模的关键点和难点是构建准确而完整的模型。迄今为止人们对UWB的信号传播进行了大量的测试，主要集中在室内环境构建准确而完整的模型。基于各自不同的测量数据，已提出了很多UWB的室内信道模型，其中包括它们的信道模型。但目前尚未有一个通用的UWB的信道模型。IEEE 802委员会关于UWB的信道模型提案主要有：Intel的S - V模型、Δ - K模型、Win - Cassioli模型、Ghassemzadeh - Greenstein模型、Pendergrass - Beelel模型。其中，修正后的S - V模型被推荐为IEEE 802.15.3a的室内信道模型，该模型能很好拟合UWB实验中得到的数据，已经得到广泛的认可，并成为各研究机构进行UWB系统性能仿真的公共信道平台。

4）天线设计

天线是任何无线系统物理层的重要组成部分，UWB系统也不例外。通常天线频域分析证明任何标准的天线都是受带宽限制的，但UWB系统的频带宽度非常宽，甚至高达几吉赫兹（GHZ），如何在如此宽的频宽范围内兼顾不同频率的信号特点，实现一个高性能的匹配阻抗的天线是一个十分棘手的问题。

半波偶极子天线是通信系统中常用的天线，但是它不适合于UWB系统，因为在UWB系统中，它会产生严重的色散，导致波形严重畸变。对数周期天线可以发射宽带信号，但它是窄带系统中常用的宽带天线，同样不适合于UWB系统，因为它会带来拖尾振荡。在UWB系统中，通常使用的是面天线，它的特点是能产生对称波束，可平衡UWB馈电，因此它能够保证比较好的波形。目前，UWB系统天线设计还处于研究阶段，没有形成有效的统一数学模型。

5）收发信机设计

在得到相同性能的前提下，UWB 收发信机（接收机和发射机）的结构比传统的无线收发信机要简单。UWB 收发信机中，信息可用几种不同相关器技术调制（不同技术调制）。在接收端，天线收集信号能量经放大后通过匹配滤波或相关接收机处理，再经高增益门限电路恢复原来的信息，相对于超外差式接收机而言，它的实现相对简单且制造成本低，无须本振、功放、压缩振荡器、锁相环。UWB 收发信机的基本结构如图 4－12 所示。

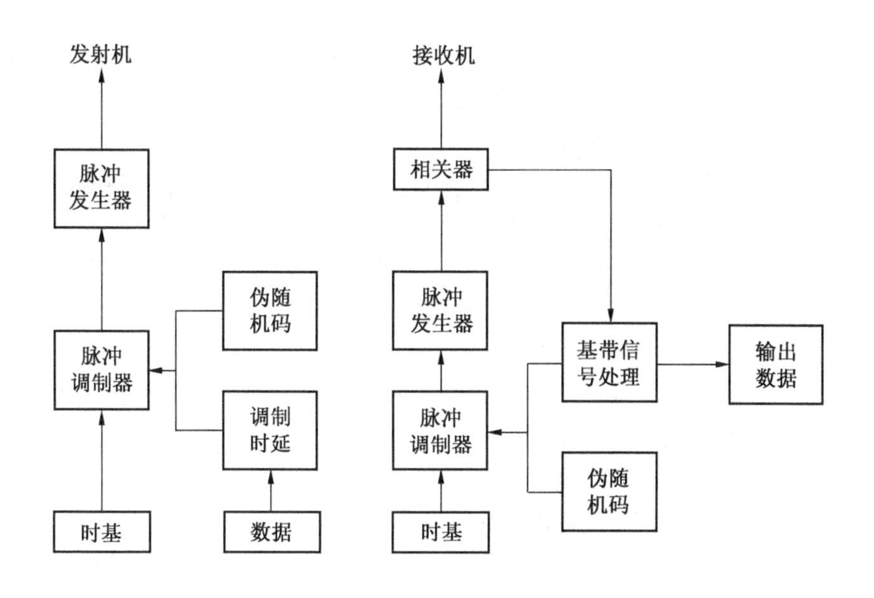

图 4－12　UWB 收发信机的基本结构

4. UWB 定位方法

无线定位系统要实现定位，一般要先获得和位置相关的变量建立定位的数学模型，然后再利用这些参数和相关的数学模型来计算目标的位置坐标。因此，按测量参数的不同。可将 UWB 的定位方法分为基于接收信号强度（Received Signal Strength，RSS）法、基于到达信号角度（Angle of Arrival，AOA）法和基于接收信号时间（Time/Time Difference of Arrival，TOA/TDOA）法。

基于接收信号强度法是由测量节点间能量的情况来估计距离的，利用接收信号强度与移动台至基站距离成反比的关系，通过测出接收信号的场强值、已知的信道衰落模型和发射信号的场强值估算出收发信号机之间的距离，根据多个距离值估计出目标移动台的位置。这种方法操作简单、成本较低，但容易受多径衰落和阴影效应的影响，从而导致定位精度较差。另外，这种方法的精度与信号的带宽没有直接关系，因此不能充分体现 UWB 很宽的带宽在定位上的优势。

基于到达信号角度法是通过测量未知节点和参考节点间的角度来估计位置，通过多个基站的智能天线矩阵测量从定位目标最先到达的信号的到达角度，从而估计定位目标的位置。在障碍物较少的地区，采用该方法可获得较高的精确度；而在障碍物较多的环境中，由于无线传输存在多从而具有明显的多径效应，使定位误差将会增大。而 UWB 无线电信号具有非常宽的带宽，从而具有明显的多径效应，尤其是在室内环境下，这样从各种物体上反射回来的信号将严重影响角度的估计。因此，该方法同样不太适合用于 UWB 的定位。

基于接收信号时间法是由接收信号的传播时间来估计距离。相对于前两种方法，TOA 方法有着不可比拟的优势：定位精度最高，可以充分利用 UWB 超宽带宽的优势，而且最能体现出 UWB 信号时间分辨率高的特点。

UWB 定位原理，是利用定位系统的定位标签持续发送脉冲数据分组，该数据分组是由一串超宽频脉冲组成的。发送的时间极短，持续发送的数据分组发生碰撞的概率很小，因此可以在同个地区布置几百个甚至几千个定位标签。

UWB 实时定位系统的接收器接收定位标签发送的脉冲数据分组，每个接收器使用高敏感、高速度、短脉冲的监听器来测量每个脉冲数据分组到达其天线的精确时间，超宽频脉冲极宽的带宽使得接收器测量脉冲数据分组到达的时间可以精确到纳秒级。接收器通常部署在定位区域的边缘，如果只有一个接收器，可用作靠近测试；若有 3 个或 3 个以上接收器，可在二维空间定位；若有 4 个或 4 个以上接收器，便可在三维空间进行精确定位。UWB 系统的中心交换机根据参考标签的坐标、脉冲数据分组到达各个接收器的时间差和多路径算法，便可精确定位标签的位置。

影响 UWB 定位精度的主要因素有以下 4 个方面：

（1）时钟同步精度。TOA 估计需要目标节点与参考节点之间精确的时间同步，TDOA 估计需要参考节点之间精确的时钟同步，因此，非精确的时钟同步将导致 UWB 系统的定位误差。但由于硬件的局限，完全精确的时钟同步是不可能的。

（2）多径传播。TOA 估计算法中，经常用匹配滤波器输出最大值的时刻或相关最大值的时刻作为估计值。由于多径的存在，使相关峰值的位置有了偏移，从而估计值与实际值之间存在很大误差。

（3）非视距传播（NLOS）。视距（LOS）传播是得到准确的信号特征测量值的必要条件，当两个点之间不存在直接传播路径时，只有信号的反射和衍射成分能够到达接收端，此时第一个到达的脉冲的时间不能代表 TOA 的真实值，存在非视距误差。

（4）多址干扰。在多用户环境下，其他用户的信号会干扰目标信号，从而降低了估计的准确性。减小这种干扰的一种方法就是把来自不同用户的信号从时间上分开，也即对不同节点使用不同的时隙进行传输。

4.3.3 ZigBee 定位技术

1. ZigBee 定义及技术简介

1）ZigBee 定义

ZigBee 一词源于蜜蜂在飞行中通过跳“Z”字形舞蹈（ZigZag）与同伴通信，传递花与蜜的方向、距离信息。它与蓝牙类似，是一种新兴的短距离无线技术，用于传感控制应用（sensor and control）。此想法在 IEEE 802.15 工作组中提出，于是成立了 TG4 工作组，并制定规范 IEEE 802.15.4。ZigBee 联盟于 2002 年成立，ZigBee V1.0 于 2004 年诞生，它是 ZigBee 的第一个规范，但由于推出仓促而存在一些错误。2006 年，推出 ZigBee 2006，该规范比较完善；2007 年底，ZigBee PRO 推出 ZigBee 的底层技术，物理层和 MAC 层直接引用了 IEEE 802. 15. 4。近几年，推出了各种定位芯片，ZigBee 获得快速发展。

长期以来，低价、低传输率、短距离、低功率的无线通信市场一直存在着。自从蓝牙出现后，曾让工业控制、家用自动控制、玩具制造商等业者雀跃不已，但是蓝牙的售价一直居高不下，严重影响了这些厂商的使用意愿。如今，这些业者都参加了 IEEE 802. 15. 4 小组，负责制定 ZigBee 的物理层和媒体介入控制层。IEEE 802. 15. 4 规范是一种经济、高效、低数据速率（<250 kb/s）、工作在 2. 4 GHz 和 868/928 MHz 的无线技术，用于个人区域网和对等网络，它是 ZigBee 应用层和网络层协议的基础。ZigBee 是一种新兴的近距离、低复杂度、低功耗、低数据速率、低成本的无线网络技术，它是一种介于无线标记技术和蓝牙技术之间的技术，主要用于近距离无线连接。它依据 IEEE 802. 15. 4 标准，在数千个微小的传感器之间相互协调实现通信。这些传感器只需要很少的能量，以接力的方式通过无线电波将数据从一个传感器传到另一个传感器，所以它们的通信效率非常高。

2）技术简介

ZigBee 技术并不是完全独有的、全新的标准。它的物理层、MAC 层和链路层采用了 IEEE 802. 15. 4 协议标准，在此基础上进行了完善和扩展，其网络层、应用会聚层和高层应用规范（APD）由 ZigBee 联盟制定。

ZigBee 是以一个独立的工作节点为依托，通过无线通信组成星状、片状或网状网络，因此，每个节点的功能并非都相同。为了降低成本，系统中大部分的节点为子节点，从组网通信上，它只是其功能的一个子集，称为精简功能设备；而另外还有一些节点，负责与所控制的子节点通信、汇集数据和发布控制，或起到通信路由的作用，我们称之为全功能设备（也称为协调器）。

ZigBee 的特点突出，尤其在低功耗、低成本上，主要体现在以下几个方面：

（1）低功耗。在低耗电待机模式下，2 节 5 号干电池可支持 1 个节点工作 6 ~ 24 个月，甚至更长，这是 ZigBee 的突出优势。与之相比，蓝牙能工作数周，WiFi 可工作数小时。

（2）低成本。通过大幅简化协议（不到蓝牙的 1/10），降低了对通信控制器的要求，按预测分析，以 8051 的 8 位微控制器测算，全功能的主节点需要 32KB 代码，而子功能节点少至 4KB 代码且 ZigBee 免协议专利费。

（3）低速率。ZigBee 工作在 20 ~ 250 kb/s 的较低速率，分别提供 250 kb/s（2. 4 GHz）、40 kb/s（915 MHz）和 20 kb/s（868 MHz）的原始数据吞吐率，可满足低速率传输数据的应用需求。

（4）近距离传输范围一般介于 10 ~ 100 m 之间，在增加 RF 发射功率后，亦可增加到 1 ~ 3 km，这里指的是相邻节点间的距离。如果通过路由和节点间通信的接力，传输距离将可以更远。

（5）短时延。ZigBee 的响应速度较快，一般从睡眠转入工作状态只需 15 ms。节点连接进入网络只需 30 ms，进一步节省了电能。与之相比，蓝牙需要 3 ~ 10 s，WiFi 需要 3 s。

（6）高容量。ZigBee 可采用星状、片状和网状网络结构，由一个主节点管理若干子节点，最多一个主节点可管理 254 个子节点；同时主节点还可由上一层网络节点管理，最多可组成 65000 个节点的大网。

（7）高安全性。ZigBee 提供了三级安全模式，包括无安全设定、使用接入控制清单（ACL）防止非法获取数据以及采用高级加密标准（AES－128）的对称密码，以灵活确定其安全属性。

（8）免执照频段。在工业科学医疗（ISM）频段采用直接序列扩频，具体为 2.4 GHz（全球）915 MHz（美国）和 868 MHz（欧洲）。

2. ZigBee 联盟

ZigBee 联盟是一个高速成长的非营利性业界组织，成员包括著名半导体生产商、技术集成商以及最终使用者。联盟制定了基于 IEEE 802.15.4 的具有高可靠性、高性价比、低功耗的网络应用规格。

ZigBee 联盟的主要目标是通过加入无线网络功能，为消费者提供更加富有弹性、更容易使用的电子产品。ZigBee 技术能融入各类电子产品，应用范围很广，横跨全球的民用、商用、公共事业以及工业等市场。使得联盟会员可以利用 ZigBee 标准化无线网络平台，设计出简单、可靠、便宜又节省电力的各种产品。ZigBee 联盟锁定的焦点为制造网络安全和应用软件层；提供不同产品的协调性及互通性测试规格；在世界各地推广 ZigBee 品牌并争取市场；管理技术的发展。

3. ZigBee 协议

ZigBee 协议栈基于标准的 OSI 七层模型，但只是在相关的范围定义一些相应层来完成特定的任务。IEEE 802.15.4—2003 标准定义了两个层：物理层（PHY 层）和媒体访问控制层（MAC 层）。ZigBee 联盟在此基础上建立了网络层（NWK 层）以及应用层（APL 层）的框架，APL 层又包括应用支持子层（APS，Application Support Sub－layer）、ZigBee 的设备对象（ZDO，ZigBee Device Objects）以及制造商定义的应用对象。ZigBee 协议栈结构如图 4－13 所示。

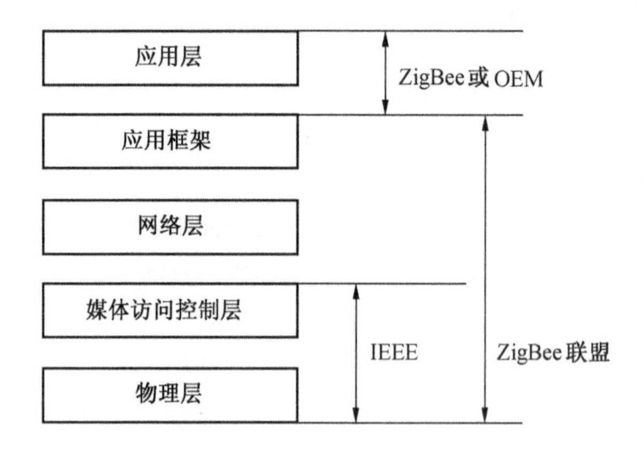

图 4－13　ZigBee 协议栈结构

（1）物理层（PHY）。IEEE 802.15.4 协议的物理层是协议的最底层，承担着和外界直接作用的任务。它采用扩频通信的调制方式，控制 RF 收发器工作，信号传输距离约为 50 m 或 150 m（室外）。

物理层一共划分了 ZigBee 无线传输的 3 个不同工作频率，分别为 868 MHz、915 MHz 和 2. 4 GHz，其中前两个频率主要在北美和欧洲使用，2. 4 GHz 则在全世界均有使用。在 IEEE 802. 15. 4 规定的 ZigBee 3 个工作频段中，共包含 27 个 3 种传输速率的信道，其中在 2. 4 GHz 频段有 16 个速率为 250 kb/s 的信道，在 915 MHz 频段中有 10 个 40 kb/s 的信道，在 868 MHz 频段有 1 个 20 kb/s 的信道。

（2）媒体访问控制层（MAC）。MAC 层遵循 IEEE 802. 15. 4 协议，负责设备间无线数据链路的建立、维护和结束，确认模式的数据传送和接收，可选时隙，实现低延迟传输，支持各种网络拓扑结构，网络中每个设备为 16 位地址寻址。它可完成对无线物理信道的接入过程管理，包括网络协调器（Cordinator）产生网络信标、网络中设备与网络信标同步，完成 PAN 的入网和脱离网络过程、网络安全控制、利用 CSMA - CA（Carrier Sense Multiple Access with Collsion Avoidance）机制进行信道接入控制、处理和维持 GTS（Guaranteed Time Slot）机制，在两个对等的 MAC 实体间提供可靠的链路连接。

（3）网络层（NWK 层）。网络层的作用是建立新的网络、处理节点的进入和离开网络、根据网络类型设置节点的协议堆栈、使网络协调器对节点分配地址、保证节点之间的同步、提供网络的路由。

网络层确保 MAC 子层的正确操作，并为应用层提供合适的服务接口。为了给应用层提供合适的接口，网络层用数据服务和管理服务这两个服务实体来提供必需的功能。网络层数据实体（NLDE）通过相关的服务接入点（SAP）来提供数据传输服务，即 NLDE. SAP；网络层管理实体（NLME）通过相关的服务接入点（SAP）来提供管理服务，即 NLME. SAP。NLME 利用 NLDE 来完成一些管理任务和维护管理对象的数据库，通常称为网络信息库（Network Information Base，NIB）。

（4）安全层。安全层为帧传输提供可靠的安全机制，ZigBee 网络的安全性是在模板中定义的，在模板中可以定义特定类型的安全性，网络层和应用层可以分享安全密钥。

（5）应用层。应用层包含应用子层、ZigBee 设备对象以及应用对象，它对于 ZigBee 的开发者而言是最为关键的一层。

MAC 规范定义了 3 种数据传输模型：数据从设备到网络协调器，从网络协调器到设备、点对点对等传输模型；对于每一种传输模型，又分为信标同步模型和无信标同步模型两种情况。在数据传输过程中，ZigBee 采用了 CSMA/CA 碰撞避免机制和完全确认的数据传输机制，以保证数据的可靠传输。同时为需要固定带宽的通信业务预留了专用时隙，避免了发送数据时的竞争和冲突。

MAC 规范定义了 4 种帧结构：信标帧、数据帧、确认帧和 MAC 命令帧。

（1）信标帧。信标帧的负载数据单元由 4 部分组成：超帧描述字段、GTS 分配字段、待转发数据目标地址字段和信标帧负载数据。

① 信标帧中超帧描述字段规定了这个超帧的持续时间、活跃部分持续时间以及竞争访问时段持续时间等信息。

② GTS 分配字段将无竞争时段划分为若干个 GTS，并把每个 GTS 具体分配到某个设备。

③ 转发数据目标地址列出了与协调者保存的数据相对应的设备地址，一个设备如果

发现自己的地址出现在待转发数据目标地址字段中，则意味着协调器存有属于它的数据，所以它就会向协调器发出请求传送数据的 MAC 命令帧。

④ 信标帧负载数据为上层协议提供数据传输接口，例如，在使用安全机制时，这个负载将根据被通信设备设定的安全通信协议填入相应的信息。通常情况下，这个字段可以忽略。

在信标不能使用网络中，协调器在其他设备的请求下也会发送信标帧。此时信标帧的功能是辅助协调器向设备传输数据，整个帧只有待转发数据目标地址字段有意义。

（2）数据帧。数据帧用来传输上层发到 MAC 子层的数据，它的负载字段包括上层需要传送的数据。数据负载传送至 MAC 子层时被称为 MAC 服务数据单元，它的首尾被分别附加了 MHR 头信息和 MFR 尾信息后，就构成 MAC 帧。MAC 帧传送至物理层后，就成为物理帧的负载 PSDU。PSDU 在物理层被“包装”，其首部增加了同步信息 SHR 和帧长度字段（PHR 字段）。同步信息 SIR 包括用于同步的前导码和 SFD 字段，它们都是固定值。帧长度字段的 PHIR 标识了 MAC 帧的长度，其为一个字节长且只有其中的第 7 位是有效位，所以 MAC 帧的长度不超过 127 字节。

（3）确认帧。如果设备收到目的地址，则设备需要回应自身的数据帧或 MAC 命令帧，并且帧的控制信息字段的确认请求位被置 1，则设备需要用一个确认帧。确认帧的序列号应该与被确认帧的序列号相同，并且负载长度应该为零。确认帧紧接着被确认帧发送，不需要使用 CSMA－CA 机制竞争信道。

（4）MAC 命令帧。MAC 命令帧用于组建 PAN 网络、传输同步数据等。目前定义好的命令帧有 6 种类型，主要完成三方面的功能：把设备关联到 PAN 网络、与协调器交换数据、分配 GTS。命令帧在格式上和其他类型的帧没有太大的区别，只是帧控制字段的帧类型有所不同。帧头的帧控制字段的帧类型为 011B（B 表示二进制数据），表示这是一个命令帧。命令帧的具体功能由帧的负载数据表示负载或数据是一个变长结构，所有命令帧负载的第一个字节是命令类型字节，后面的数据针对不同的命令类型有不同的含义。

ZigBee 定义了 3 种节点：网络协调器节点、网络路由器节点和网络终端节点（End Device）。其中网络协调器节点，负责网络的建立及网络位置的分配；网络路由器节点，负责寻找、建立和修复数据分组路由路径并转发数据分组，也可给子节点配置网络位置；网络终端节点，选择加入已有网络后并传送数据，不具备转发数据功能。由此 3 种节点构建的网络拓扑结构包括星形拓扑结构、树簇形拓扑结构、网状拓扑结构。

星形拓扑结构由一个协调器和若干从设备组成，协调器负责建立和维护网络，从设备通过协调器实现网络连接，从设备只能与协调器进行通信，与其他从设备的通信也只能通过协调器转发。协调器是全功能器件（Full Function Device，FFD），一般具有稳定的供电，从设备可以是全功能器件也可以是消减功能器件（Reduced Function Device，RFD），一般用电池供电。这种拓扑结构简单，只能构建节点较少的无线网络。

树簇拓扑结构在星形拓扑的基础上增加若干路由器节点，该结构适合分布在较大的范围内，多个节点连接在一个路由器上形成一个“簇”，多个“簇”再与协调器连接形成“树”。树簇形拓扑网络中的大部分节点是全功能器件，消减功能器件只能作为叶节点处于树枝的末端。

网状拓扑结构在树簇拓扑的基础上，允许网络中所有具有路由功能的节点直接互联，这样可以减少消息传播的时延并增加可靠性，但会增加存储空间开销。

ZigBee 网络属于无线个域网范畴，其中协调器通常是具有稳定供电、较强计算能力的网络设备，但是很多终端节点可能是无线传感器。无线传感器网络定位就是正确地判断网络中盲节点的位置。在此过程中，需要完成两个阶段的任务：第一阶段是测距，主要是计算出带定位的盲节点和其他若干各参考节点之间的距离；第二阶段是定位，最基本的是基于距离的定位，利用测得的距离，借助数学上的理论知识和公式推导，得到盲节点相对于参考节点方位，从而估算出需要定位的盲节点的坐标位置。最后计算出的盲节点位置通过网络传递给终端用户，实现人机交互，从而完成远程用户对网络中盲节点定位的任务。

4. ZigBee 定位

ZigBee 采用的定位方式是 RSSI，信号的强度会随着距离的增大而减小。定位系统由盲节点（即待定位节点）和参考节点组成，为了便于用户获得位置信息，还需要一个与用户进行交互的控制终端和一个 ZigBee 网关。

参考节点是一个位于已知位置的静态节点，这个节点知道自己的位置并可以将其位置通过发送数据包通知其他节点。盲节点从参考节点处接收数据包信号，获得参考节点位置坐标及相应的 RSSI 值并将其送入定位引擎，然后可以读出由定位引擎计算得到的自身位置。由参考节点发送给盲节点的数据包至少包含参考节点的坐标参数水平位置 X 和竖直位置 Y，而 RSSI 值可由接收节点计算获得。

一般来说，参考节点越多越好，要得到一个可靠的定位坐标至少需要 3 个参考节点。如果参考节点太少，节点间影响会很大，得到的位置信息就不精确，且误差大。

为了收集计算得到的数据和与无线节点网络交互，特定的控制系统是必需的。一个典型的控制单元是一台计算机，然而一个 PC 却没有一个嵌入的无线接收器，因此接收器需要从外部接入，还需要一个 ZigBee 网关。ZigBee 网关的作用就是将无线网络连接到控制终端，所有位置计算都由盲节点来实现，所以控制终端不需要具备任何位置计算功能。它的唯一目的是让用户和无线网络进行交互，如获得盲节点的位置信息。

采用 ZigBee 定位的主要优点有以下几点：

（1）低功耗，低成本。ZigBee 技术以易建设、低成本为出发点，其低功耗特性可使其产品的续航时间维持 6 个月甚至到数年，使其在工业应用中具有巨大优势。全功能节点需要 32K 行代码，子功能节点需要 4K 行代码，ZigBee 免协议专利费，一个基站不到 1000 元人民币，每块芯片大约 2 美元。

（2）短时延，高容量。从睡眠状态到工作状态只需 15 ms，节点进入网络只需 30 ms。一个主节点可管理 254 个子节点，一层网络可支持 65000 个节点。

（3）高可靠性，高安全性。网络架构采用避免碰撞机制，同时为重要通信业务提供专用时隙，避免数据发送时产生冲突；节点模块之间具有自组织动态组网能力，信息可以通过自动路由方式进行传输，可降低时延、提高可靠性。提供三级安全模式，使用接入控制清单、采用高级加密标准的对称密码加密算法。

（4）近距离，大范围。传输距离为 10 ~ 75 m，若使用路由和节点间通信传输距离可以更远，ZigBee 具有星形、树簇形和网状网络结构能力，通过 ZigBee 无线网络拓扑便能简单地覆盖广阔范围。

（5）免费灵活的频段。采用直接序列扩频，3个工作频段均为免执照频段。

4.3.4 无线定位技术比较

随着智能化生活需求的不断提升，用户的业务需求需要无线终端提供多样化的服务。其中，基于位置的服务（Location Based Service，LBS）就是无线终端通过卫星通信技术、无线蜂窝通信技术、无线局域网（Wireless Local Area Networks，WLAN）等通信网络获取位置信息并为用户提供基于位置信息的个性化服务。

室外场景下的LBS应用包括导航追踪、交通管理及旅游服务等。在室外场景下，常用的无线定位技术包括GPS、辅助GPS（Assisted GPS，A-GPS），以及基于无线蜂窝网络的定位，如小区ID（Cell ID，CID）技术、增强型小区ID（Enhance Cell ID，E-CID）技术。LBS在室内场景下的应用更加广泛，比如商场或超市购物、仓库物品管理、游戏开发等。为满足室内LBS定位性能要求，近年来国内外学者及科研机构研究利用WLAN、射频识别（Radio Frequency Identification，RFID）、超宽带（Ultra Wide Band，UWB）、蓝牙（Bluetooth）等无线网络来实现室内移动终端的定位技术，其定位精度可达米级，而采用UWB技术甚至可达厘米级精度。表4-2为基于各种无线网络的定位技术的性能对比。LBS市场的拓展与无线定位技术的发展是相互关联、相互促进的，无线定位技术性能的提高有利于LBS服务质量的提高，而LBS市场应用的拓展进步加大了无线定位技术研究面的广度与研究点的深度。

表4-2 定位技术之间的性能对比

定位技术	常见的测量方法	优势	劣势	定位精度
UWB	TOA、TDOA	1. 定位精度高； 2. 即使在存在严重的多路径的情况下，也能有效地穿过墙壁、设备和任何其他障碍物；若设计合理，不会干扰现有的射频系统	1. 设备成本较高； 2. UWB相对于其他技术来说不易受到干扰，但仍然会受到金属材料的干扰	分米级定位精度
RFID	RSSI	1. 无源RFID标签定位成本低； 2. 有源RFID标签定位范围相对较大； 3. 可根据不同的应用需求选择不同的定位方法； 4. 成本低	1. 无源RFID读写器成本较高； 2. 需要部署多个读写器构建定位基础设施； 3. 定位覆盖范围小	标签和部署方式不同，定位精度变化较大，增加参考标签可以提高定位精度
ZigBee	RSSI	1. 低功耗； 2. 低成本	1. 节点基站的成本较高，略高于普通有源RFID读写器的成本； 2. 会受到射频干扰	米级定位

定位技术众多，各种技术都有自己的局限性，彼此间又在一定程度上存在互相竞争。

高精度室内定位技术均需要比较昂贵的额外辅助设备或前期大量的人工处理，这些都大大制约了技术的推广普及。低成本的定位技术则在定位精度上需要提高，在提供高精度定位的基础上降低成本也是室内定位的一个方向。未来的趋势一定是多种技术融合使用，实现优势互补，以面对复杂环境。其中成本越低、兼容性越好、精度越高的技术越容易普及。

4.4 井下人员定位系统设计及应用案例

4.4.1 系统概述

煤矿井下地质条件复杂，作业人员流动性大，普遍存在入井人员管理困难，难以及时动态掌握井下人员的分布及作业情况，给日常管理及人员调度带来不便。一旦发生事故，无法确定井下人员的准确人数、分布位置、最后活动时间，给抢险方案的制定和调度指挥带来了一系列的困难。因此迫切需要一套行之有效的、智能化程度高、实时性高、稳定可靠的井下人员定位管理系统，能实时了解井下人员的准确数量、流动情况及分布情况，跟踪人员的活动踪迹，统计下井人员的出勤情况，用来规范人员的活动，防止缺岗、串岗、迟到和早退，提高矿井生产效率。当事故发生时，救援人员可根据井下人员定位系统所提供的数据，迅速了解有关人员的位置情况，及时采取相应的救援措施，提高应急救援工作的效率。在矿山管理方面，国外采矿业发达的国家已大量推广使用基于射频的识别系统。南非 Pretoria 的 iPico 公司使用射频识别技术（RFID）用于跟踪、照明、援救、瓦斯检测和急救装备等。美国已经实现了应用无线传感器网络技术对矿井人员的精确定位，为矿工的生命安全提供了更可靠的保障体系。国内现有的人员定位系统大部分都是基于射频识别（RFID）技术，采用区域定位方式。射频识别技术是 20 世纪 80 年代起走向成熟的一项自动识别技术，它利用射频方式进行非接触双向通信，实现人们对各类物体或设备在不同状态下的识别和数据交换。鉴于国内矿山生产实际情况，2006 年 10 月，国家安全生产监督管理总局颁发《关于加强煤矿安全生产工作规范企业劳动定员管理的若干指导意见》(安监总煤矿〔2006〕216 号)，就加强煤矿安全生产工作规范企业劳动定员管理提出了若干指导意见，指出要加大对合资和改制煤矿企业的安全监管力度，强制控制入井人数，推行有效的井下人员管理监测系统。随后国家又颁布了《煤矿井下作业人员管理系统通用技术条件》(AQ 6210—2007）和《煤矿井下作业人员管理系统使用与管理规范》(AQ 1048—2007)，对井下人员定位管理系统进行了规范。

4.4.2 系统设计原则

（1）先进性、成熟性。使用先进、成熟、实用和具有良好发展前景的技术，使得整个系统既能满足当前的需求，又能适应未来的发展。

（2）可靠性、安全性。实时监控的不间断性决定了在设计中必须考虑提高系统运行的可靠性，因此，系统在硬件选型、线路、支撑环境及结构上都选用了高质量的材料，并采用了先进的防火墙技术，以确保安装的监控主机、分站、接收器、发射器与布线系统能适应煤矿井下高温、高湿、瓦斯等严格的工作环境，实现了系统稳定。

（3）易操作性。以易于使用的图形人机界面功能，为信息共享与交流、信息资源查询与检索等提供了有效的工具。

（4）实时性。分站接收的信息和监控主机显示快速反应，充分满足实时性的需求。

（5）完整性。提供与各种外界系统通信的功能，确保信息的完整性并充分利用在整体系统的运作上。

（6）可查询性。提供易于使用的数据库功能，让使用者能随时查询信息及制作所需的报表。

（7）互联性和扩展性。充分考虑将来需求的空间，所提供的系统平台与技术充分配合未来功能及扩充项目的需求，以避免将来重复的投资。标准化、结构化、模块化的设计思想贯彻始终，奠定了系统开放性、可扩展性、可维护性、可靠性和经济性的基础。

（8）经济性。在一定的资金资源下，尽可能有效地利用资金，以适当的投入建立一个尽可能高水平的、完善的监测系统。所有设备的选型配置和采购订货要坚持性能价格比最优的原则，同时兼顾供货商的资信度和维修服务能力。

4.4.3 系统特点

目前，国内主流的人员定位系统具有如下特点：

（1）抗干扰性强、性能稳定、有多种工作频率，可有效避免与其他设备的干扰，在各种环境中可以获得准确的定位数据，不受井下的特殊环境影响。

（2）定位精确。系统能够对下井人员的数量、分布、运动轨迹等情况进行跟踪、查询和打印。

（3）识别卡体积小、携带方便，可在井下发射无线数据信号，使人员及车辆的动态分布能够反映在计算机中。识别卡可放置在安全帽、皮带或者矿灯绳上。

（4）唯一性检测。识别卡具有人员标识的唯一性，可与闸机或人脸虹膜识别机联动。

（5）双向通信。当地下人员需要寻求帮助时，可使用识别卡的紧急报警按钮，及时告知地上人员，地上人员也可直接呼叫井下人员，进行情况的沟通。

（6）智能考勤。系统具有报表功能，统计分析人员的实时定位，为考勤提供了更准确的数据。

（7）禁区管理。对于井下一些重要的机电硐室、盲巷、水仓等区域设置监测站，当非授权人员进入时，系统会进行提示或报警，以防止不必要的危险发生。

4.4.4 系统组成

系统在地面由监测主机、传输接口（地面光端机、地面环网接入器）、信号避雷器、电源避雷器、唯一性检测装置、网络服务器、打印机、各工作站等组成。地面中心站的监测主机一般选用工业控制计算机，双机热备，并配置打印机，可以打印有关报表和资料。可配置 WEB 浏览服务器，具有 WEB 发布及信息上传功能，通过以太网传输到矿领导、各单位办公室，并且上传到集团公司各部门，实现信息共享。系统能够对数据进行实时备份和具备灾难恢复功能，能够备份保存至少一年历史资料，能实时监测监测站和接收器的故障。

井下主要由无线数据监测分站、无线收发器、识别卡、报警器、隔爆兼本安电源、井下光端机、井下环网接入器、电缆、光缆、接线盒等组成。图 4－14 所示为人员定位系统电缆传输示意图。

1. 无线数据监测分站及无线收发器

无线收发器负责采集人员数据，分站负责将这些数据传送到地面。一般一个分站可带

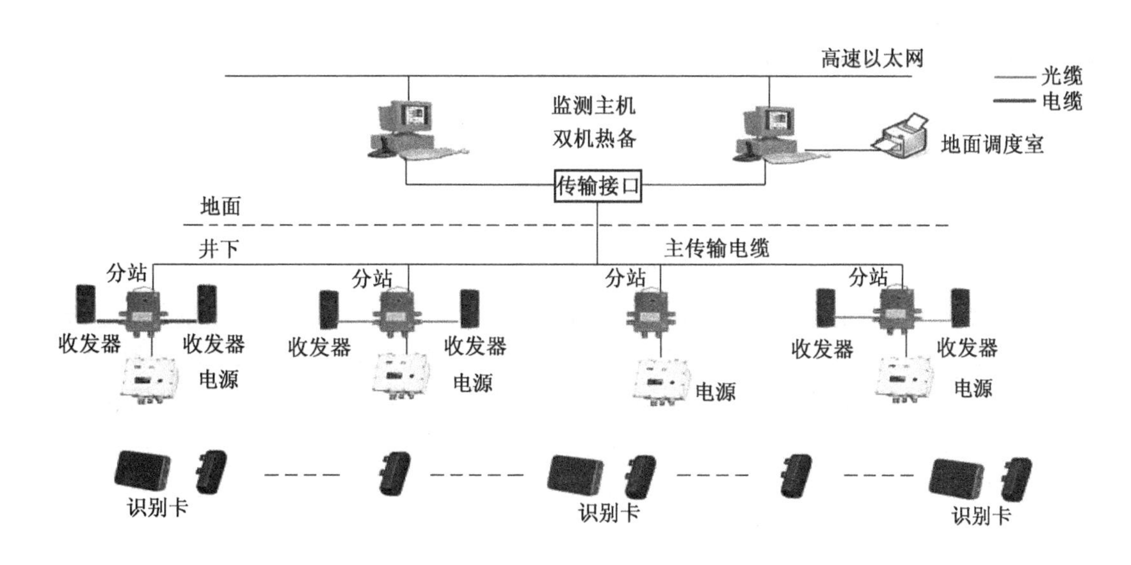

图4-14 人员定位系统电缆传输示意图

4~8个无线接收器，无线接收器和分站之间的通信一般采用RS485，分站和上位机之间的通信一般采用RS485或CAN等。一般分站还有报警器、电源状态检测等接口。

分站具有存储功能，能存储几千条用户信息。分站还具有显示功能，能显示分站地址号、所连接的无线接收器的通信状态、与上位机的通信状态、报警等信息。

2. 识别卡的指标

防爆形式：本质安全型，防爆标志ExibI。

工作频率：433 MHz至2.4 GHz，以2.4 GHz居多。

供电：扣式电池、干电池、镍氢电池、锂电池等。

收发距离：不小于30 m。

携带方式：矿帽式、矿灯式、胸卡、腰卡等。

识别卡电池寿命：不可更换电池的识别卡的电池寿命应不小于2年。可更换电池的识别卡的电池寿命应不小于6个月。可充电识别卡，每次充电应能保证连续工作时间不小于7 d。

3. 隔爆兼本安电源

输入：AC127 V、220 V、380 V或660 V可选。

输出：一组或多组15 V、18 V直流。

备用电源：应能保证系统连续监控时间不小于2 h。

远程本安供电距离：应不小于2 km。

4. 系统连接方式

根据各矿的规模及投入情况，人员定位系统的在连接方式有以下几种：

(1) 电缆传输。上位机通过传输接口将RS485或CAN信号通过电缆直接传输到井下，是一种“中心站—传输总线—基站”型结构。这种方式结构简单、连接便利、投入较小，大部分中小型矿井采用这种方式。电缆传输方式不足之处在于传输易受干扰、传输速度较低、传输距离有一定限制。

（2）光缆传输。上位机将信号通过光缆传输到井下，再将光信号变换成电信号（RS485 或 CAN）通过电缆传输。这种方式一般在地面中心站设置地面数据光端机，在井下变电所设置一个或多个本安数据光端机；地面光端机将上位机的信号转换成光信号，井下光端机将光信号转换成电信号（RS485 或 CAN），井下监测分站就近接入光端机。这种方式的优势在于传输较为稳定、不受环境干扰。

（3）环网传输。上位机将信号通过环网传输到井下，通过井下环网交换机将信号转换成 RS485 或 CAN 信号通过电缆传输。目前,在用的环网平台有工业以太环网、GEPON 光纤网。环网方式下传输更为稳定可靠、某点故障可自动切换到另一环路。各环网接入点虚拟串口可分别和监测分站进行通信,极大缩短了系统的巡检周期、提高数据的实时性。这种方式一般用于大型、综合自动化、信息化程度高的矿井。环网传输示意图如图 4－15 所示。

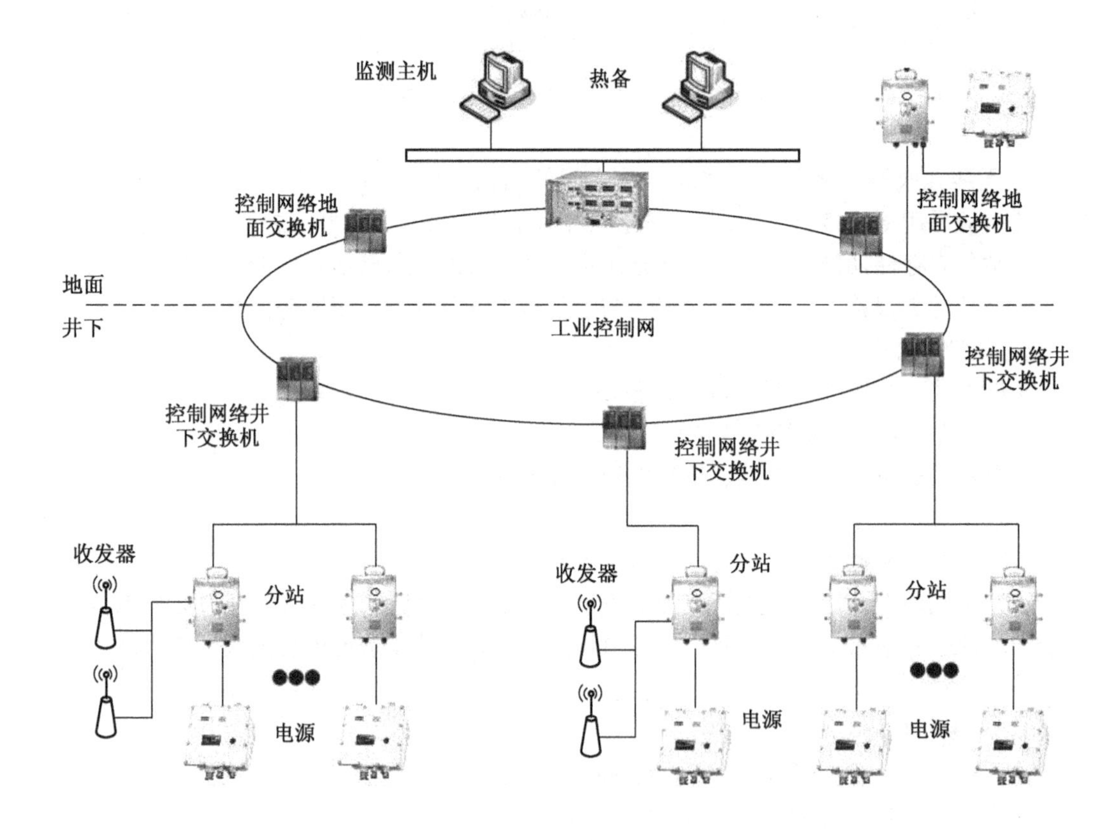

图 4－15　环网传输示意图

4.4.5　系统功能

（1）实时监测功能。能够实时监测当前井下总人数、各区域人数及人员，各部门、各工种、各职务的下井人数及人员，特别监测重点区域、限制区域人员的流动及分布情况。用各种标识、模拟图标或颜色、数据进行动态、实时显示各类信息，并能动态显示井下人员的当班活动模拟/实时轨迹。图形具备矢量放大、缩小功能。通过检卡系统，对每一张卡的完好性与唯一性进行检测，以显示人员相关信息。

（2）管理查询功能。查询井下总人数及人员、各区域特别是重点区域和限制区域的人员、各部门下井人员及分布、各工种人员下井分布，查询人员出入井时间，查询各区域、各监测点人员出入时间和滞留时间，查询限制区域、重点区域人员出入时间和滞留时间，查询超时人员、超员人员、工种异常人员，查询人员活动轨迹及轨迹再现，查询人员信息档案等。

（3）安全保障功能。在发生事故和出现紧急状况时，地面调度中心能与应急预案联动，显示相应事故应急预案、显示避灾路线；能够快速查询井下灾前各时段全部人员位置和状态，准确掌握被困人员位置，为抢险指挥部输出人员搜救路线图、系统总平面图。监控主机可向某区域发送紧急寻呼，让该区域所有人员紧急撤离。井下人员遇到紧急情况可向地面发送报警，保证人员及时得救。

（4）门禁功能。在井下一些重要硐室、危险场合配备收发器和语音站，以阻止人员违章进入。

（5）超时报警功能。当人员在井下滞留时间超过规定的时间，系统自动报警提示并提供相关人员的信息。

（6）区域超员报警功能。特定危险区域超过安全规定人数时，会自动报警。

（7）统计考勤功能。能够实时对煤矿人员入井时间、升井时间进行统计；能实时对各类人员下井班数、班次、迟到、早退等情况进行监测和分类统计；能实时对井下各监测区域人员的数量和分布情况进行分类统计；能自动汇总、存储、自动生成报表和打印以上各信息。数据支持实时查询，随时可查询单独人员、班组、井、矿领导或公司领导下井情况。数据存储时间至少为两年，系统可提供两年数据的汇总统计功能。考勤管理可按班组、井、矿、公司分级汇总统计、查询、打印。

（8）系统管理功能。具有矢量图管理功能，能够对工程图进行矢量化和矢量图属性编辑功能；具有放大、缩小和移动功能，能在矢量图上定位并显示人员的准确位置和基本信息（姓名、性别、年龄、单位、职务、通信电话等）。能对入井人员信息按照工作单位、职务、工种等情况进行分类检索和报表打印输出。系统能够对数据进行实时备份和恢复，备份保存至少 24 个月历史资料。系统具有操作权限制管理功能，对参数设置等必须使用密码操作，并具有操作记录。系统具有防止修改实时数据和历史数据等存储内容。

（9）信息联网及上传功能。系统通过局域网能实时同步看到各种监测信息，可以进行各种查询操作。信息共享有工作站模式和 WEB 浏览模式，工作站模式（C/S），建立服务器，客户端需安装工作站软件；WEB 浏览模式（B/S），建立 WEB 服务器，客户端直接通过 IE 浏览器浏览。系统具有网络接口，可将有关信息上传至各级主管部门。

（10）自诊断功能。当系统中监测分站、无线收发器、交流供电、识别卡供电、传输接口等发生故障时，系统报警并记录故障时间和故障设备。

4.4.6 系统发展趋势

井下人员定位系统的技术核心是井下通信技术，与地面通信技术一样井下通信技术经历了有线和无线两个过程，随着综合自动化、信息化技术的发展无线通信方式越来越体现出它的优越之处。从射频识别技术到 WiFi 技术甚至到 MESH 网络在井下的应用都将为井下定位提供可靠的技术支持。同时，对于井下人员定位系统的上位机显示也将逐步向 GIS 信息显示方向发展。井下无线通信的无缝连接以及精确定位技术，也是今后井下人员定位系统的发展方向。

1. 多系统集成化

人员定位系统集成了矿井目标定位、跟踪、报警求助、考勤统计等基本功能，并扩展安全监测管理、区域禁入管理、丢失报警、紧急事件处理、车辆设备管理、系统运行管理、历史数据的记录与查询、统计分析以及网络化与信息共享等功能。集成地面考勤系统（如指纹考勤、虹膜考勤、IC 卡考勤等），真正实现了全矿级的人员管理。

2. 由区域定位向精确定位发展

目前，国内推出的人员监测系统以区域定位为主，其特点是分站识别范围一般为十几米到几十米，只能记录人员经过信息，无法实现人员的实时跟踪和精确定位。从国内外对无线定位方法的研究和应用分析，目前基于射频测距的定位方法主要包括接收信号强度指示（RSSI）、测量到达角度（AOA）、测量到达时间（TOA）和测量到达时间差（TDOA）等方法，以及由 IEEE802. 15. 4A 规范所定义的 TW - TOA 和 SDS - TW - TOA 方法。

精确定位系统将对全矿井、全覆盖和全员实现井下人员的精确定位；井下人员的双向无线寻呼，无线识别卡上显示中文信息；传输速率更高、误码率更低。

（1）基于 WiFi 的精确定位系统。WiFi 全称 Wireless Fidelity（无线保真），采用 802. 11 a/b/g 标准，它的最大优点就是传输速度较高，最大可以达到 54 Mb/s，另外它的有效距离也很长，同时它的兼容性较好。基于 WiFi 的专利定位技术是完全建立在软件基础上，能够不断地实时监控无线网络 WiFi 覆盖区域内的资产和人员，并实现精确定位跟踪。

（2）基于 MESH 的定位系统。无线 MESH 网络（无线网状网格）也称为“多跳”（multi - hop）网络，它是一种与传统无线网络完全不同的新型无线网络技术。在 MESH 网络中，任何无线设备节点都可以同时作为 AP 和路由器，网络中每个节点都可以发送和接收信号，每个节点都可以与一个或多个对等节点进行直接通信。无线 MESH 网络很适合在井下应用，相应的定位系统也可得到发展。

（3）GIS 结合的定位系统。地理信息系统是利用计算机存贮、处理地理信息的一种技术与工具，是一种在计算机软、硬件支持下，把各种资源信息和环境参数按空间分布或地理坐标，以一定格式和分类编码输入、处理、存贮、输出，以满足应用需要的人机交互信息系统。将 GIS 技术和人员定位系统相结合，能更好、更直观地显示查询各类信息和进行交互操作。

（4）ZigBee 技术。ZigBee 技术作为无线传感器网络的主要支撑技术获得人们广泛的关注。ZigBee 技术具有数据传输速率低、功耗低、成本低、网络容量大、时延短、安全、有效范围小、工作频段灵活等特点。

4.4.7 应用案例——KJ128A 矿用人员管理系统

1. 系统简介

井工煤矿生产有其本身的产业特点，主要工作大多集中于井下。伴随着井下巷道不断向四面延伸，巷道纵横交错，人流、车流错综复杂而与其形成鲜明对照的通信、寻呼手段又大大落后于地面。因而，作为地面生产指挥和核心控制部门，实时了解井下人员、车辆流动的情况并加以跟踪就显得尤为重要。当井下发生事故时，如果在最短的时间内能获取事故现场的人员状况（包括人员数量和地理位置），将为后续救援工作提供主要依据，以在最短的时间内做出准确判断，可减少盲目性。

KJ128A 型矿用人员管理系统是专为煤矿设计，用来实时监测流动人员、流动车辆的数量、区域、时间信息等，能够实时地了解井下人员流动情况、了解当前井下人员的数量及分布情况，能够查询任一指定下井人员当前或指定时刻所处的区域，查询任一指定人员当天或指定日期的活动踪迹，为人员、车辆的生产管理、考勤统计、安全保障提供可靠依据。

2. 系统组成

KJ128A 型矿用人员管理系统由地面设备和井下设备两部分组成，地面设备包括：监测主机、KJ70N－J［KJ7ON－J（B）］型数据传输接口、UPS 电源、打印机、交换机、避雷器；井下设备包括：KJ128A－F 型传输分站、KJ128A－F1 型读卡分站、KJ128A－K2（KJ128A－K3）型识别卡、KDW17 型矿用隔爆兼本安电源、KDW28 型矿用隔爆兼本安不间断电源、避雷器、分线盒和通信电缆。

KJ128A 人员管理系统应用示意图以及在环网中的应用示意图分别如图 4－16、图 4－17 所示。

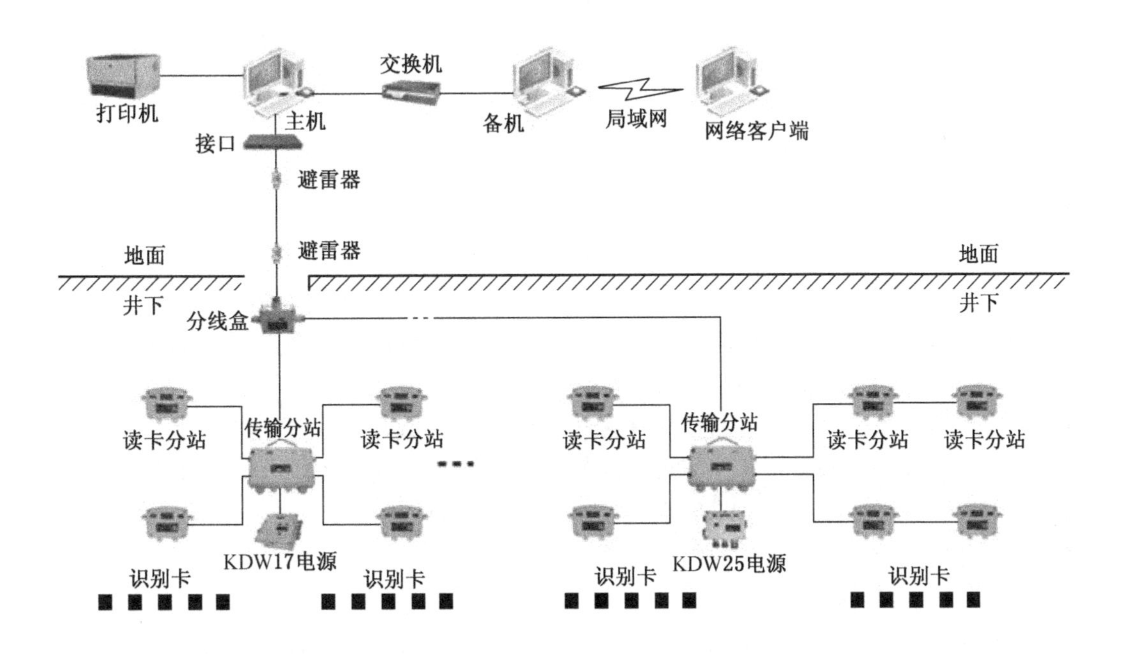

图 4－16　KJ128A 人员管理系统应用示意图

3. 系统主要功能

1）考勤功能

（1）能够准确统计矿月考勤统计报表。

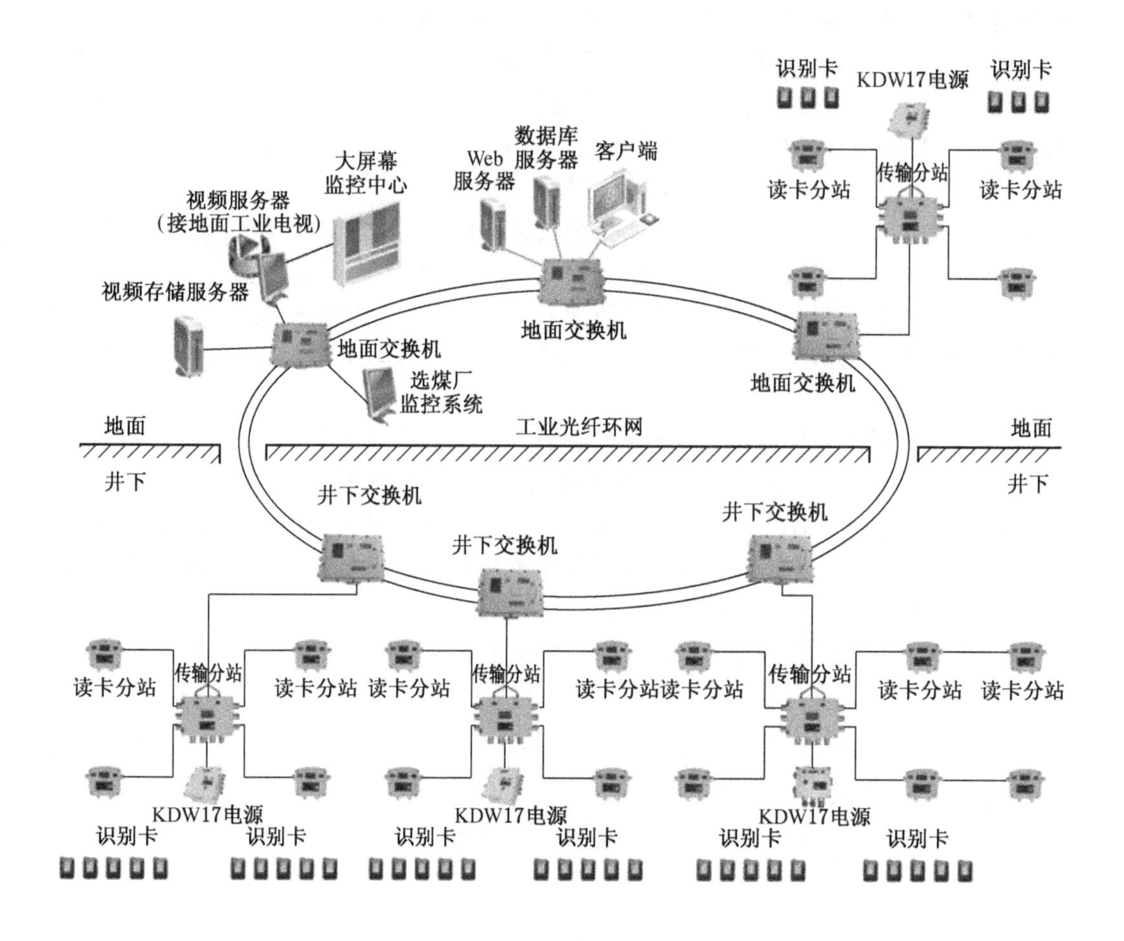

图4-17　KJ128A人员管理系统在环网中的应用示意图

（2）能够对人员统计某段时间的下井次数、下井总时间、平均每次下井时间。

2）定位功能

（1）能够对井下矿工的分布情况分重点、禁止、普通区域进行实时监测。

（2）能够实时监测全矿井井下矿工总数，能够实时监测采煤工作面矿工总数，能够实时监测掘进工作面矿工总数以及井下其他区域矿工总数。

（3）实时监测、查询员工的位置。

3）安全管理功能

（1）干部跟班下井管理功能。系统能对干部下井情况进行统计、监督，领导在办公室通过电脑可在调度室大屏幕就能看到哪些干部在井下、哪些干部已升井、哪些干部未达到指定区域等。

（2）区域超员报警功能。对某个区域的人员数量进行限制，如果超员则报警。

（3）禁区报警（可配套声光报警器）功能。对某些特殊区域进行禁区设置，可以有效管理非相关人员进入。当有非相关人员进入时，禁区读卡分站会以蜂鸣器报警提醒人员离开，监控软件将立刻报警并显示进入禁区的人员身份，禁区读卡分站如果外接语音报警终端，会立刻向闯入禁区者发出如“禁区，请勿进入”的警告。

（4）工作超时报警、超员报警功能。当矿工在井下超出规定时间或者下井人数超过核定下井人数，系统将报警并记录。

（5）识别识别卡好坏功能。在识别卡使用过程中，为了判断识别卡的好坏，系统中提供了识别识别卡的装置。它可以迅速判断识别卡的好坏及输入信息的正确性，输入信息将直接在显示屏上显示，并有声音提示。

4）图形显示功能

（1）系统具有模拟动画显示功能。图形可放大缩小，且操作简单，可以把煤矿用的CAD图纸直接导入系统作为人员行进的参考地图。

（2）可以在矿井巷道图上明确标示出当前井下人员、车辆、设备分布情况，并可以通过点击人员、车辆信息查看当日运动轨迹。

（3）可以根据部门、班次等情况，查看多个人员的历史运动轨迹，能同时在一幅轨迹图显示多个（10个）人员的历史运动轨迹。

（4）可以显示某一历史时刻的人员、车辆信息。

5）打印功能

系统具有汉字报表、初始化参数召唤打印功能，打印功能包括：下井人员总数及人员、重点区域人员总数及人员、超时报警人员总数及人员、超员报警人员总数及人员、限制区域报警人员总数及人员、特种作业人员工作异常报警总数及人员、领导干部每月下井总数及时间统计等。

6）自诊断功能

系统具有自诊断功能。当系统中读卡分站、传输分站、传输接口等设备发生故障时，系统报警并记录故障时间和故障设备，以供查询及打印。

7）联网功能

系统可将多个不同矿井人员监测系统的数据统一传输到局端数据服务器，局端数据服务器通过查数据发布功能，用户可以通过查看网页的形式，查看各矿人员监测系统的数据。系统具有长期稳定运行的可靠性，无论硬件处于什么状态都能反映真实情况。

8）其他功能

（1）软件自监视功能。

（2）软件容错功能。

（3）实时多任务功能。对参数传输、处理、存储和显示等，能周期循环运行而不中断。

（4）双机热备功能。

（5）紧急呼救功能。

4. 主要技术参数

（1）环境条件。系统中用于机房、调度室的设备，应能在下列条件正常工作：

① 环境温度0～40 ℃。

② 相对湿度不大于95%（25 ℃）。

③ 温度变化率小于 10 ℃/h，且不得结露。

④ 大气压力 80 ~ 106 kPa。

⑤《计算机场地通用》(GB/T 2887—2011) 规定的尘埃、照明、噪声、电磁场干扰和接地条件。

(2) 设备正常工作的条件。除有关标准另有规定外，系统中用于煤矿井下的设备应在下列条件正常工作：

① 环境温度 0 ~ 40 ℃。

② 平均相对湿度不大于 95% (25 ℃)。

③ 大气压力 85 ~ 106 kPa。

④ 无显著震动、冲击和淋水的场合。

⑤ 煤矿井下有爆炸性气体混合物，但无破坏绝缘的腐蚀性气体的 I 类场合。

(3) 系统最大监控容量。

① 系统可接传输分站数量 16 台。

② 每个传输分站可接读卡分站数量 1 ~ 4 台。

③ 系统最大可管理识别卡不少于 8000 个。

(4) 数据传输方式。接口与分站 (1200/2400/4800) b/s 异步时分制，半双工 RS485 接口传输。

(5) 最大传输距离。

① 传输接口到传输分站：10 km (采用 MHYVR 通信电缆，截面面积不小于 1.5 mm^2)。

② 传输分站到读卡分站：2 km (采用 MHYVR 通信电缆，截面面积不小于 1.5 mm^2)。

(6) 误码率。中心站到接口、接口到分站、分站到传感器传输误码率均为 10^{-8}。

(7) 最大巡检周期不大于 30 s。

(8) 地面设备交流电源。

① 额定电压：220 V，允许偏差 -10% ~10%。

② 谐波：不大于 5%。

③ 频率：50 Hz，允许偏差 5%。

(9) 井下设备交流电源。

① 额定电压：127 V/380 V/660 V，允许偏差 -25% ~10%。

② 谐波：不大于 5%。

③ 频率：50 Hz，允许偏差 5%。

(10) 识别卡最大位移速度不小于 5 m/s。

(11) 并发识别数量不小于 80 个。

(12) 无线工作频率为 (2.405 ±0.03) GHz。

(13) 识别卡电池寿命。KJ128A - K2、KJ128 - K3 识别卡采用可更换电池，连续工作时间不小于 6 个月。

(14) 画面响应时间。调出整幅画面 85% 的响应时间不大于 2 s，其余画面不大于 5 s。

(15) 存储时间。

① 对携卡出入重点区域总数及人员、出入重点区域时间、进入识别区域时刻、出入

巷道分支时刻和方向、超员、超时、工作异常、卡号、姓名、身份证号、出生日期、职务或工种、所在区队班组、主要工作地点等的记录，主机保存数据时间应大于3个月；主机发生故障时，丢弃数据的时间应不大于5 min。

② 传输分站存储数据时间应不小于2 h。

(16) 双机切换时间。采用双机热备自动切换方式，从工作主机故障到备用主机投入正常工作的时间应不大于5 min。

5. 主要设备

系统主要组成设备见表4-3。

表4-3 系统主要组成设备

序号	名　　称	序号	名　　称
1	工控机 P4 3.0/1G/160G	12	接线式信号保护器（避雷器）
2	人员管理系统软件 KJ128A	13	识别卡 KJ128A-K2
3	避雷针	14	声光识别卡 KJ128A-K3
4	地面后备电源 UPS	15	矿用隔爆兼本安电源 KDW17
5	智能数据传输接口 KJ70N-J	16	隔爆兼本安不间断电源 KDW28
6	智能数据传输接口 KJ70N-J(B)	17	矿用本安型识别卡搜索仪 YHSK20
7	交换机	18	声光报警器 KXH18
8	网络终端	19	本安电路用电缆接线盒 JHH-2
9	传输分站 KJ128A-F	20	本安电路用电缆接线盒 JHH-3
10	读卡分站 KJ128A-F1	21	通信电缆 MHYV 系列
11	电源防雷栅		

6. 维护与故障处理

(1) 严禁带电插拔监控主机、副机与传输接口之间的连接线。

(2) 系统应有单独接地，不允许与其他系统共地，地面设备的外壳和主传输电缆的屏蔽层应接到安全保护地，接地电阻应不大于4 Ω，其他井下设备接地要求应满足《煤矿安全规程》的规定。系统通信电缆干线的屏蔽层仅允许在地面中心站机房或竖井一处可靠接到屏蔽地上，绝不允许多点接地。

(3) 与井下分站连接的所有电路和设备，必须是本质安全型电路或本质安全型电气设备。

(4) 井下电源箱只有断开与分站连接及关闭交流电源后才能开盖。

(5) 井下电源箱只有按规定与配套设备配接，不得配接其他设备。

(6) 严禁在井下更换电源箱的后备电池。

(7) 本安电路部分维修时不得擅自修改本安电路的电气原理，设备在检修时不得改变本安电路及关联电路中元器件的规格、型号和电气参数。

(8) 设备具有一定的防水能力，但绝不能浸泡在水里使用。

（9）系统井下的供电系统执行《煤矿安全规程》相关规定。

（10）维修时应注意防止“失爆”（保护隔爆面，注意紧固件和引入装置里的橡胶密封圈）。

7. 主要设备介绍

1）KJ128A－F型传输分站

KJ128A－F型传输分站与KJ128A－F1型读卡分站、KJ128A－K2（KJ128A－K3）型系列识别卡配套使用。当流动人员携带识别卡经过无线读卡分站的接收天线时，读卡分站接收到识别卡发出的身份号码并上传到传输分站，传输分站对所接收到的信息进行处理、存储，并通过RS485接口自动传输给地面计算机，传输分站带有液晶显示功能，为读卡分站提供DC18 V电源，为各读卡分站校准时间。KJ128A－F型传输分站为本质安全型，适用于具有瓦斯、煤尘爆炸危险的煤矿中使用。

（1）工作原理。

KJ128A－F型传输分站由主CPU、从CPU、存储器、RS485接口等组成。其原理框图如图4－18所示。主CPU用来与上位机进行通信，同时处理、存储来自从CPU的信息。从CPU接收、处理来自读卡分站的信息，用来接收来自读卡分站检测到的人员识别卡信息，并传输给主CPU。存储器用来存储还未向上位机传出的信息，等待上传到地面上位机系统的数据。RS485接口通过传输电缆分别与上位机和读卡分站进行通信。液晶显示功能，可以显示时间、传输分站号和各读卡分站的状况。

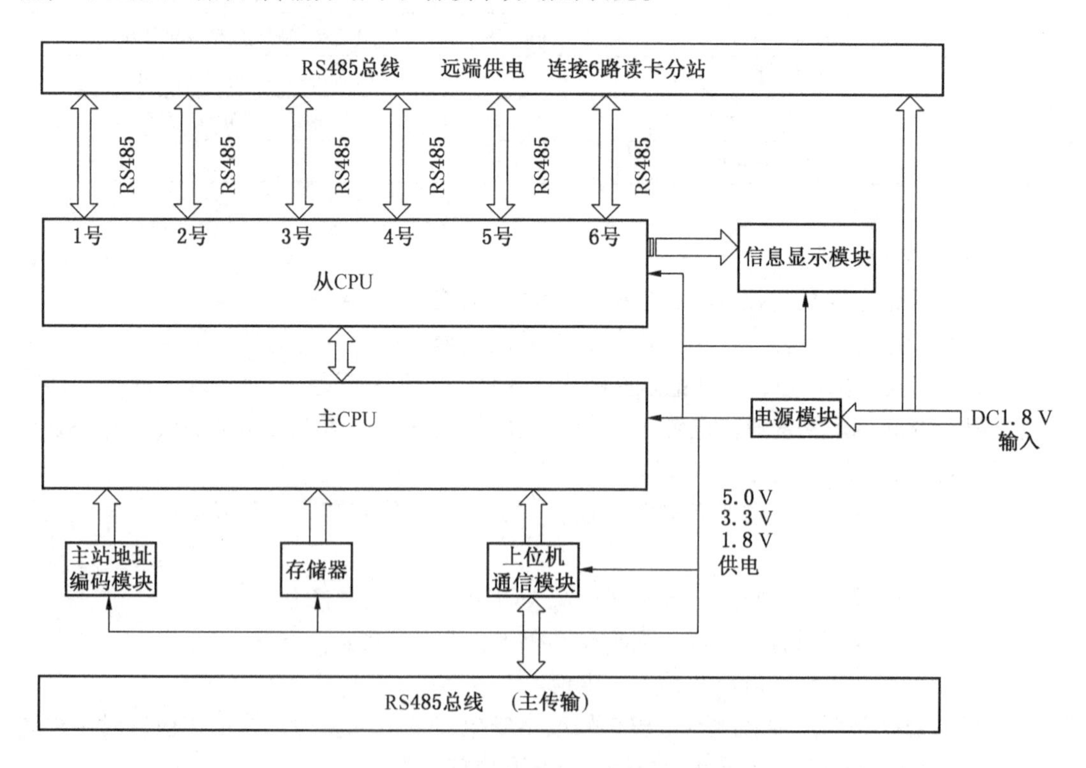

图4－18　KJ128A－F型传输分站原理框图

(2) 主要技术指标。

① 传输分站和数据传输接口的传输速率：1200 b/s。

② 传输分站与数据传输接口的传输距离：不小于 10 km。

③ 传输分站与读卡分站的传输速率：2400 b/s。

④ 传输分站与读卡分站的传输距离：不小于 2 km。

⑤ 供电电源：DC18 V；KDW17 型矿用隔爆兼本安电源或 KDW28 型矿用隔爆兼本安不间断电源。

⑥ 工作电流：不大于 200 mA。

2) KJ128A－F1 型读卡分站

KJ128A－F1 型读卡分站与 KJ128A－F 型传输分站、KJ128A－K2（KJ128A－K3）型识别卡配套使用。当流动人员携带识别卡经过读卡分站天线时，读卡分站接收并记录识别卡身份信息，并用 LED 显示和蜂鸣器提示；接收传输分站的巡检命令后，把存储的识别卡信息上传到传输分站，传输分站把接收到的信息进行处理，通过 RS485 总线自动传输给地面接口，同时传输分站的 LCD 模块上能实时反映各读卡分站的工作状态。KJ128A－F1 型读卡分站为本质安全型，适用于具有瓦斯、煤尘爆炸危险的矿井。

(1) 工作原理。

KJ128A－F1 型读卡分站由无线收发模块和 CPU、RS485 接口等组成。KJ128A－F1 型读卡分站原理框图如图 4－19 所示。

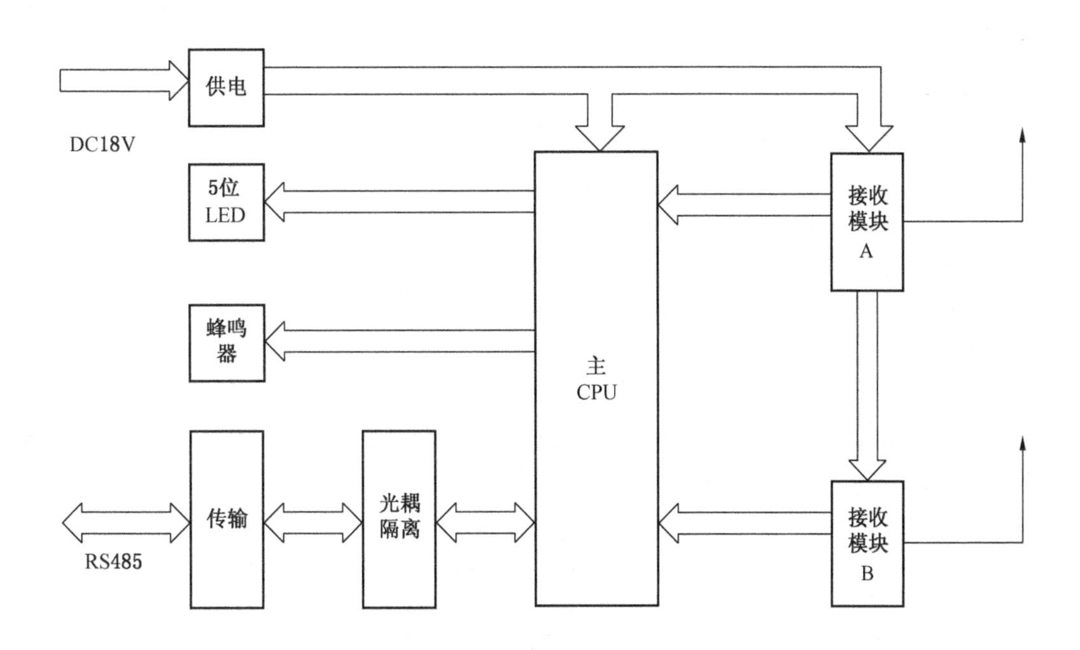

图 4－19　KJ128A－F1 型读卡分站原理框图

CPU 接收、处理接收模块传来的信息，用来识别识别卡的前进方向，并传输给传输分站。存储器用来存储还未向无线传输分站传出的信息。RS485 接口通过传输电缆与传输分站进行通信，LED 显示功能。

（2）主要技术指标。

① 无线频率：(2.405 ±0.03)GHz。

② 无线接收灵敏度：不大于 -80 dBm。

③ 读卡分站和传输分站的数据传输速率：2400 b/s。

④ 读卡分站与传输分站的传输距离：2 km。

⑤ 供电电压：DC 18 V。

⑥ 工作电流：不大于 110 mA。

3）YHSK20 矿用本安型识别卡搜索仪

YHSK20 矿用本安型识别卡搜索仪采用充电电池供电，用来采集携带识别卡的人员信息。当携带识别卡的人员在本搜索仪的覆盖区域时，搜索仪会采集识别卡的信息。采集识别卡信息时，通过不断移动搜索仪大致可以确定识别卡的位置，从而达到搜救的目的。

（1）主要特点。

① 本质安全型的搜索仪是智能化的装置，集无线数据接收、高速数据处理存储、数据传输等功能为一体。

② 搜索仪工作频率为超高频，调制方式为 O - QPSK，采用专门的收发模块、先进的校验技术和算法处理，保证了数据的可靠性，使系统具有较高的抗干扰能力。

（2）主要技术指标。

① 无线发射频率为（2.455 ±0.03)GHz，无线接收频率为（2.405 ±0.03)GHz。

② 无线发射灵敏度大于或等于 5 dBm。

③ 读卡距离：与人员识别卡之间可视距离大于或等于 20 m。

④ 呼叫距离：与人员识别卡之间可视距离大于或等于 20 m。

⑤ 供电电压为 3.0 ~4.2 V，采用充电电池供电。

⑥ 工作电流小于或等于 100 mA。

⑦ 电池工作时间大于或等于 10 h。

⑧ 电池保持时间大于或等于 160 h。

4）KJ128A - K3 型声光识别卡

KJ128A - K3 型声光识别卡每 3 s 向空中发射代表本身数字编码的无线信号，它必须与 KJ128A - F 型传输分站和 KJ128A - F1 型读卡分站配套使用。识别卡本身为矿用本质安全型，适用于具有瓦斯、粉尘爆炸危险的矿井。

（1）工作原理。

KJ128A - K3 型声光识别卡由高频发射器、微控制器、电池及天线组成。KJ128A - K3 型声光识别卡组成框图如图 4 -20 所示。发射器由石英晶体振荡器、锁相环电路 PLL、输出功率放大器和模式逻辑控制所组成。微控器由 16KB FLASH、1KB RAM、SPI 接口连接 802.15.4 调制解调器。天线为印制 F 形天线，尺寸小且受人体影响小。

（2）主要特点。

① 识别卡体积小、重量轻、防潮、安装方便，它由 LR03 电池供电。

② 发射频率为 2.4 GHz，O - QPSK 调制，抗干扰能力强。

③ 采用微功耗器件，功耗低。

④ 软件采取先进的校验和算法处理，保证无线数据高度可靠。

⑤ 当识别卡正常工作时，识别卡上会每 30 ~ 35 s 显示一次绿灯；当电量低时，识别卡上会每 3 s 显示一次红灯；当接收到井上信号时，识别卡蜂鸣器会一直响。

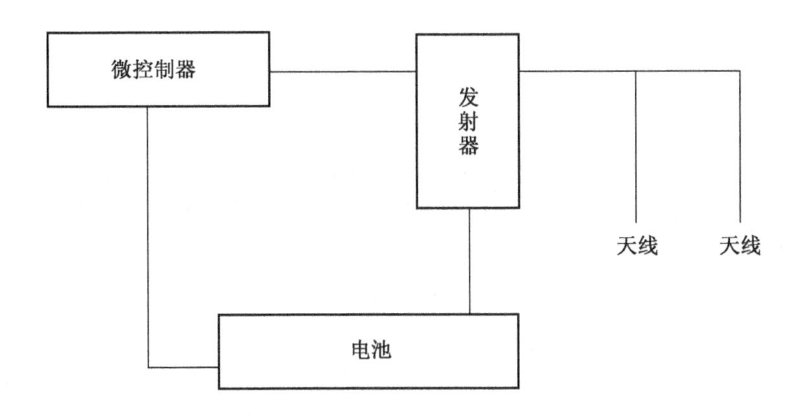

图 4 - 20　KJ128A - K3 型声光识别卡组成框图

5 矿井 IP 广播技术

5.1 概述

矿用广播系统对于预防矿井事故、减少矿井人员伤亡及降低灾害损失，发挥着重要作用。矿用广播系统发挥的作用，主要体现在 3 个方面：首先，矿井突发事故如透水、爆炸等事件发生时，井下人员可利用广播系统发起紧急呼叫。井上值班人员接收报警后，通过广播系统发布事故信息、救援信息、调度指令及撤退指令到井下，力争将灾害损失、人员伤亡降到最低，保障井下人员安全，谨防二次事故的发生。其次，在矿井生产作业情况下。井下开采环境恶劣，需要各工种、机械设备协调工作，可通过广播系统发布生产调度命令，指导矿井开采工作的顺利实施。最后，在矿工上下井情况下，矿井广播系统可播报背景音乐、安全知识及宣传报道，进而提高职工安全意识、丰富职工文化生活、排解职工工作压力，提高开采效率。因此，矿用广播系统是矿井通信系统强有力的保障，对煤矿安全生产、煤矿紧急救援及煤矿信息化建设意义重大。

目前，通用广播技术与音频处理技术已经较为成熟，如基于传统广播技术的无线电台、园区广播、机场广播等地面通用广播系统。但是，鉴于井下环境的特殊性，矿用数字网络广播系统不仅要符合网络语音传输标准，更要符合煤矿本安、防爆、防潮的特殊要求。在现有矿井通信系统中，虽然固定 IP 扩音电话语音信号清晰，但是主机仅限于对某个固话节点发起呼叫，不能将语音内容传送至某一区域的所有语音通信节点，难以实现广播的功能。移动终端（如小灵通）等设备，只能完成一对一的语音传输，且在嘈杂现场环境下音频效果较差。当矿井事故发生时，上述通信系统在有效组织撤离、发布路线规划消息等方面有所欠缺。因此，矿用广播系统的应用是对其他通信系统功能上的补充，既保障了矿井的安全生产与事故预警能力，又是建设和完善矿井安全避险“六大系统”的客观需要。

矿用以太网广播系统在矿用广播系统中占有重要的地位，具有良好的互通性、传输稳定可靠、性价比高等众多优势，在矿井通信领域得到广泛应用。基于工业以太网的传输网络，国内矿用广播研发单位主要有中煤科工集团常州研究院有限公司、重庆梅安森科技股份有限公司、徐州汉翔科技有限公司等，其代表产品分别为 KXT23、KT179、HX－6006。此类广播系统硬件组成有广播主机、麦克风、传输接口装置、本安型广播分站、隔爆兼本安电源；软件方面，由专用管理软件对广播内容、功能进一步细化。

5.2 矿用广播技术

矿用广播系统是公共广播系统在矿井特殊环境下的应用。从广播的发展历程可将公共广播划分为定压广播、调频广播（有线/无线）、以太网广播 3 个阶段。首先，定压广播是将输入端的音频模拟信号升压至 100 V 左右（提高传输功率，减少损耗及干扰），使广播信号可以在较远范围传输。接收端经过变压器降压后，驱动功放音响。此类型广播成本低、结构简单，因其在音质、抗干扰等固有缺陷，已退出市场。其次，无线调频是将需要广播的音频内容调制在固定频率的无线电波上，以无线电波的方式实现音频的传输。该型广播传送距离远、覆盖区域大，但是受地域与电磁干扰影响较大。最后，与无线调频类似，有线调频是将音频信号调制在高频载波上，借助光缆的传输通道完成远距离音频传输，相比于定压广播有诸多改进。频分复用技术对带宽利用率高，失真度与抗干扰较好，但有单端调制、模拟调频带来的固有缺陷。在这一阶段，各个国家均处在从无线电广播向数字技术广播转型的过程。多样化的标准与技术，使得数字广播家族中产生了众多的成员。例如，美国采用高清无线电广播（HD Radio）；欧洲、非洲及亚洲部分地区采用的数字广播（DAB）；韩国采用的数字多媒体广播（DMB）等。

以太网广播系统是继传统定压、调频广播技术后的重要发展。传输原理是将音频数字信号打包封装为 IP 数据包，借助工业以太网的传输通道，根据 IP 地址进行寻址，传送的数据包在具有以太网接口与音频信号解码单元的嵌入式广播终端设备中解码，解码后的音频传送到功放音响进行播放。相比于以往的广播形式，以太网网络广播主要有 3 个鲜明的特点。首先，从信号传输的角度。音频信息经模数转换为数字信号后，在传输路径中不会有噪声的积累及其他因素导致的信号劣化；纠错编码技术的应用，消除了噪声干扰中的模拟量、抗干扰能力强，长距离传输仍能保持良好音质，大幅增加了数据传输范围。其次，从 IP 寻址的角度。以太网中数据包封装有音频数据与接收节点的 IP 地址，是广播的分区播放、分组播放能够实现的前提条件。全双工传输的系统，使得音频终端节点与控制主机、音频节点之间的信息交互成为可能，在此基础上实现语音广播的对讲功能。最后，从系统兼容的角度。采用以太网技术的广播系统在布线模式、传输方式及各类协议应用方面都有相关标准加以约束，使得广播系统本身具有出色的可靠性以及兼容性，大大缩短了广播系统的设计与组建周期。计算机技术对不同音频格式的兼容与转换极大地扩展了音频的种类，使得终端可以播放更多的内容。

目前，应用的矿用广播技术可以简要概括为 IP 网络广播、共缆智能调频广播、IP 扩音电话、CAN 总线广播及定压广播等广播形式。IP 扩音电话模式是利用电话机与广播功能相结合，来实现远程调度、远程广播的功能；CAN 总线模式是以双绞线为传输媒介，由井上工控机与主站设备采集、存取、传输音频数据，在井下 CAN 总线网络布设通信分站，继而实现数据的远距离传输、解码播放。基于 TCP/IP 网络的 IP 广播系统，解决了传统广播系统播放内容单一、传输距离有限且功能较少的问题，实现了数字化广播、点播及直播等多种播放类型的应用。各类矿用广播技术特点比较见表 5－1。

表 5－1　各类矿用广播技术特点比较

矿用广播类型	IP 网络广播	共缆智能调频广播	IP 扩音电话	CAN 总线广播
音质	好	好	差	一般
布线	可用现有	单独布线	星形连接，线量大	单独布线

表5-1（续）

矿用广播类型	IP网络广播	共缆智能调频广播	IP扩音电话	CAN总线广播
紧急广播	可以	可以	可以	可以
分区广播	可以	可以	不可以	不可以
系统维护	方便	复杂	复杂	复杂

由表5-1对4种现有矿用广播系统对比可得，IP扩音电话与CAN总线广播系统不具有分区实时广播的功能且布线复杂，共缆智能调频广播可分区实时广播但是需要单独布线，会增加广播系统预算成本。相比其他广播形式，IP网络广播系统音质好、布线可利用现有，可以紧急广播、可以分区广播且系统维护方便，在上述5个方面有较大的优势。现有广播终端接入矿井现有环网通道，不需要重复敷设主干电缆。综合可知，IP网络广播系统作为一种出色的广播系统是矿井广播系统的发展趋势。

近年来，网络技术的发展推动了工业以太网应用功能的多样化，基于矿井防爆工业以太网、现场总线等网络结构的广播系统也已得到了广泛的应用。煤矿井下传统的模拟广播方式（定压广播）已经被基于以太网的IP网络广播逐步替代，在完善了井下广播系统功能的同时，也给矿井的日常管理带来了极大的方便，并提高了矿井的安全应急能力。但在实际应用过程中基于IP网络的广播系统与基于CAN总线的广播系统逐步暴露出了一些问题，主要体现在以下几点：

（1）当前矿用IP网络广播系统，如KXT23、KT179等系统均以IP局域网为传输平台。采用标准TCP/IP协议进行通信，通过寻址播放模式（即在主控音频服务器与音频终端节点均有独立的网络地址）在实现广播的同时会占用大量的IP地址，造成网络资源的浪费。上述矿用广播系统容量均在255个分支范围内，而广播系统需要布设的地方有主副井口、井底车场、运输调度室、变电所、水泵房、硐室、采掘工作面以及采区等十余处，现有的广播系统在系统容量方面还不足以满足矿井应用的需求，有待进一步技术开发。

（2）现有广播系统多采用单播传输。点对点音频播放时，采用单播网络传输即可。但是，对于音频数据的点对多点播放，若仍然采用单播传输会在网络通道上产生大量的冗余数据，这对于网路发送端与接收端都是沉重的负担，同时数据通道中的二、三层设备的处理能力也会受到影响。

（3）现有广播系统应用中多选用语音压缩编码技术，如AMBE/CVSD等。对话音信号的压缩传输，解码播放具有较好的效果表现，但是对于高码率的MP3文件、WAV文件效果很不理想，故只能用点播的方式。这一趋势，不符合当前主流音频系统的流式播放，且本地播放需占用更多的硬件资源，也增加了音频节点的造价。

（4）矿井有线通信系统带宽相对较高，因此可以在高编码速率下传输音频数据，播放效果出色。但是铺设成本高，因广播站点在工作面消失后光缆基本不会再用，造成光缆资源的浪费；矿井无线通信系统有节点布设方便、不占用线路等优势，但是受带宽限制，承担的任务量极其有限。能否对现有广播系统与无线音频终端（尤其是无线自组网络广播终端）结合实现有线与无线广播终端的优势互补，以此构建适应性强、无盲区、无死角的语音广播是矿井广播通信系统的又一迫切问题。

5.3 矿井 IP 广播系统架构

矿井 IP 网络广播系统的主要技术指标如下：

（1）系统容量。系统终端和接口总数量只要带宽允许，无限制。

（2）最大传输距离。光纤传输距离大于 20 km，网线传输距离为 100 m。

（3）系统参数：

① 以太网光传输采用 TCP/IP 协议，速率为 10/100 Mb/s，系统误码率小于为 10^{-6}；

② 每台广播终端挂接广播副音响数量不少于 20 台（可扩展）；

③ 广播语音延迟时间最大不超过 1 s；

④ 单个广播终端覆盖半径不小于 100 m；

⑤ 广播终端可级联或直接接入以太网。

（4）使用环境。系统中用于机房、调度室的设备，能在下列条件正常工作：

① 环境温度为 -30 ~ 40 ℃；

② 最大相对湿度 95%（25 ℃）；

③ 海拔高度不超过 2000 m；

④ 有爆炸性气体混合物，但无显著振动和冲击、无破坏绝缘的腐蚀性气体。

当前矿用广播系统主要由井上部分与井下部分组成，其中井上部分有管理主机、麦克风、音响、以太网核心交换机，井下部分有井下光纤环网平台、数据主站（交换机机组）、数据分站（音频播放终端、主/副音响、电源）组成。矿用 IP 广播系统组成框图如图 5-1 所示。

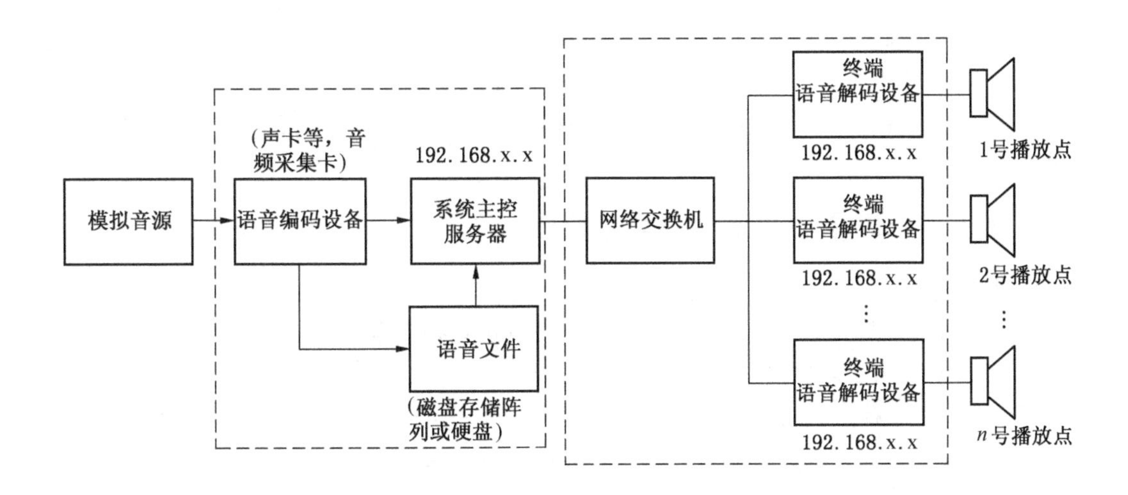

图 5-1 矿用 IP 广播系统组成框图

现有 IP 广播系统常用方案，如中煤科工集团常州研究院有限公司 KXT23、重庆梅安森科技股份有限公司 KT179 等矿用 IP 广播系统多选用以太网为传输通道，除在语音采集端、音响部分采用模拟技术外，系统各个环节均为数据包传输，支持对广播音频终端的IP地址寻址。该型方案的实施需要在每一个主机服务器、音频终端分配一个IP地址，传输层采用TCP/IP协议，通过对相应音频节点寻址播放实现广播功能。IP广播系统是按需设计实现的过程，不限定于图5-1中的某型设备或技术实现，具体如编码设备、主控服务器、文件存储等硬件可以由PC机、服务器等来完成。同样，音源输入转换为语音文件后也可存储在硬盘、磁盘等多种介质上。

IP网络广播控制主机（音频服务器）是矿用IP网络广播系统的控制中心，完成终端管理、音频管理等管理功能，为各网络终端、接口等提供数据交接服务，为各网络终端提供定时播放和实时广播控制服务。根据音频服务器的调度，对即将传输到各广播终端的音频流数据进行非压缩数字音频数据处理，保证音频服务器以CD质量与终端进行数据同步实时处理节目信号。IP网络广播控制主机（音频服务器）可实现以下功能：

（1）全数字化的公共广播主控机，可在基于TCP/IP协议的网络上运行。

（2）多路模拟音频信号输入、输出及TCP/IP网络数字信号输出，兼容任意传统模拟广播设备转换。

（3）终端、接口组成网络广播系统，终端可实现网络化背景音乐播放、定时、分区、寻呼、对讲（包括点对点或点对多点，可定做成多方通话）等强大功能。

（4）完善的实时监听功能，可监听终端的现场环境。

（5）系统可将调度员对终端用户的讲话形成录音文件进行存储，以便查询。

井下矿用本安型IP网络广播终端完成井下的定时广播、扩音对讲以及监听等功能。设备必须具有防爆性，并是矿用本质安全型的设备，标记为"ExibI"。该设备必须具有以太网接口，一般具有2个以太网电口和2个以太网光口。

按照煤矿井下通信联络系统的设计要求，对采煤工作面的广播系统布设需要距两端10~20 m范围内安设广播系统。通常采煤工作面在100~300 m之间，仅一个采煤工作面就需10~30个音频节点。而广播系统需要在井下布设音频节点的地方有掘进工作面、变电所、绞车房、各井口、机电设备硐室等十余处，所需要的音频节点较多，对IP资源占用很大。

5.4 矿用IP广播系统的关键技术

5.4.1 传输方式

当广播系统只对一个区域的某一个音频终端发送音频数据时，用单播传输的方式即可完成。当广播需要在多个区域播放同一内容，即同样的内容需要在网络上重复发送。对此，若仍然采用单播方式对各个音频节点逐一发送同一份内容，会占用大量的带宽，对网络中的各个设备都是一种负担，路由器、交换机等设备会因为处理这些冗余数据，导致处理能力下降，因此，需要解决当前广播系统存在的这一问题。矿用广播系统传输方式在此方面具有不同处理方法，其本质是发送数据包时所采用传输方式的不同。当前广泛使用的互联网协议第四版（即IPv4），将数据包的传输方式划分为3类：单播、广播和组播。

（1）单播。发送方和接收方之间的网络连接是点对点的，即每一个数据包的发送都是由发送方起始，经过网络传输到达终端节点，即使许多节点的播放内容相同（数据包相同)，也要逐一发送。单播是最常见的传输方式，得到了广泛使用。

(2) 广播。同一子网内的设备都会接收到主机发送的数据包，广播的适用范围受到路由器的封锁，仅限于本地子网内的发送。然而，在广播范围内部分接收者并不需要该型广播，这样会浪费接收者的网络开销，因此数据包发送时很少用到广播。

(3) 组播。发送方和接收方之间的网络连接是点对多点的，发送者给多点发送数据不再需要逐一发送，而是将一个数据包发送到一个组，将需要的成员放入该组中，凡在该组内的成员都可以接收到发送方的数据。

5.4.2　语音编码算法

语音编码算法是将模拟信号转换为数字信号，以便在数字信道传输的技术广泛应用于传统电话网络、移动电话网络与 IP 电话等领域。例如，在电话网络编码技术中，G.729 (ADCPM) 编码速率 32 kb/s，同时也有编码速率为 64 kb/s 的 G.711 (PCM)，不同于传统话音编码，IP 电话网络多采用 G.729 a (CS－ACELP)，除去运行占用消耗的带宽，实际每一路的占用带宽可以控制在 6 kb/s 以内。再有 G.721、G.723 以及基于两者基础上提出的 G.726，编码速率更低的线性预测编码 LPC 与 CELP 等，编码形式多样化。

常用编码算法中以 MP3、WMA 最常见，且两种算法的商用均需购买版权。MP3 算法具有较好的灵活性、音频感知性能，在确保音质效果前提下，处理高/低频分别采用可变压缩比。WMA 编码算法在 128 kb/s 以下的低速率时，效果优于 MP3 编码算法，在 64 kb/s 接近无损音质。

与上述两种音频编码算法不同，Ogg Vorbis (OGG) 是一种采样频率 8～192 kHz、多声道（上限 255）的感知音频编码。在可变比特率范围 64～512 kb/s，支持流式播放，且编码算法开源、无专利限制。OGG 编码过程可分为 3 步进行，第一步，分别 PCM 音频信号做快速傅里叶变换与改进的离散余弦变换，将变换得到的频谱系数作为心理声学模型的输入，完成对噪声与音调的掩蔽计算，得到掩蔽曲线。第二步，对掩蔽曲线用分段线性逼近的方法得到基底曲线；对音频频谱系数做相关线性预测，并用线性预测编码（LPC）表示频谱包络。第三步，在改进离散余弦变换的系数中去除多余的频谱包络，得到仅有白化残差的频谱。最后，经过声道耦合及矢量化技术，有效降低冗余度并对残差信号进行矢量化的表示。可将音频数据封装并且打包输出为 OGG 格式音频码流。OGG 算法编码过程如图 5－2 所示。

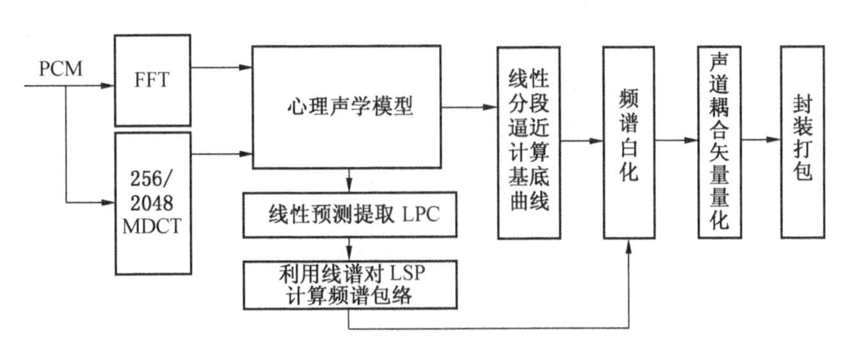

图 5－2　OGG 算法编码过程

相比于 PCM 编码过程，OGG 编码过程较为简单，解码过程首先是对码流的解析和解头信息，对信号基底重建并对残差重建。其次，做信道的逆耦合同时计算频谱曲线。最后，在完成 IMDCT 并加窗后，即可输出 PCM 码流。

表 5－2 是源于 Comsat 实验室从响度、音色及音高 3 个方面对音频质量做出 MOS 平均意见得分（Mean Opinion Score）。满分 5 分制，PCM 的 MOS 值在几种算法中居首位。

表 5－2　语音编码算法的比较

编码算法	编码速率/($kb \cdot s^{-1}$)	算法延时/ms	复杂度	平均意见得分
PCM	64	0.125	0.01	4.3
G.721	32	0.125	2	4.1
G.728	16	0.125	19	4.0+
VSELP/IS-54	8	20	13.6	3.8
G.729a	8	15	20	4.0+
G723.1	5.3	37.5	16	4.0+
AMBE	4.8	20	13	4.0+
CELP/FS1016	4.8	30	16	3.2

相比其他编码算法 PCM 编码速率虽高，但是 PCM 算法拥有较低的延时与较低的复杂度，在优质语音应用方面有很重要的地位，在网络带宽充足的情况下，PCM 编码算法播放流畅、音质出色。

对不同的音频编码算法做的客观评估，采用相同采样率与波特率（采样率为 44 kb/s，波特率为 128 kb/s）。在 Gold Wave 的音频处理软件对多个音频编码算法的音频文件进行分析。可知，WMA 格式在多数频段能量值充足，但是在较高频段处能量值欠缺；MP3 格式在低频段的处理过程良好，但是高频段丢失严重；WAV 格式在所有频段的能量值都较高，其算法原理简单且保真效果好；相比于 MP3 和 WMA，OGG 格式频谱更为优异，在较低码率时其音频的还原性能仍然出色。

因此建议在结合嵌入式广播终端软硬件开发以及音频算法客观评价的基础上，音频编解码算法的选择有：调度主机与广播主站间的音频传输选择 PCM（WAV 格式）编解码，广播主站与分站节点间或其他播放区域的音频传输选择 Ogg Vorbis（OGG 格式）。

5.4.3　音频在以太网中的传输可行性

音频传输在以太网络上已经成熟应用，如在视频会议、在线教育以及即时通信软件（QQ、微信）等方面均有涉及。Ethernet 音频传输采用流式传输协议以及高效的编码算法，在带宽占用、音质效果方面优于早期音频广播。

以太网帧格式数据帧头部前导码与帧起始界定符分别为 7B 和 1B。以太网数据帧是由报头固有与数据负载两部分组成，对音频数据的标准以太网帧格式封装由音频数据报头、UDP 头、校验及以太网底层封装组成。报头固有部分是由音频数据报头（13B）+ UDP 头（8B）+ IP 头（20B）+ 校验（1B）+ 以太网头尾（18B），总共占 68B；而数据负载的取值范围在 4～1458B 之间，因此标准以太网数据帧的范围在 72～1526B，比特数为 576～12208 bit。通过上述分析可得，传送负载为 128B 的标准帧所需时间为 $(68+128)\times 8\times\tau=1568\times\tau$。其中 τ 为传送每比特所用的时间。

在广播服务器或主站上的音频传输的预处理部分可分为两个步骤：首先，对音频的编码，模拟信号离散化的采样、幅值上的量化继而压缩为音频数据的过程。其次，将编码后的音频数据进行封装，加入音频数据的报头与和校验。完成预处理并在 W5500 以太网芯片上封装后，即可在以太网上传输。另一端由专用解码芯片解码播放。

采用 PCM 编码、音频数据大小为 128B，分析对上述过程总耗时：假设音频数据编码总耗时为 T_{ecd}、预处理过程耗时为 T_{pre}、W5500 以太网帧封装耗时为 T_{pac}、路径传输时延为 T_{del}、数据帧发送耗时为 T_{trs}、等待编码完成耗时为 T_{wat}，则有 $T_{ecd}=T_{pre}+T_{pac}+T_{del}+T_{trs}+T_{wat}$，其中 T_{ecd} 由音频编解码速率决定；T_{pre} 和 T_{pac} 由微处理器及相应硬件执行时间决定，由处理器及外围电路等硬件特性决定（W5500 约为 1.8 ms）；T_{del} 由线缆传输延时决定，如工程上计算光缆的传输时延按 5 μs/km，因此 T_{del} 在微秒级别，可忽略不计；T_{trs} 由以太网的网络速度决定；T_{wat} 是处理器在等待下一组音频帧数据耗费的时间，当 $T_{wat}=0$ 时，则以太网网络速度降低至刚好能满足音频还原时的最小值，公式简化为 $T_{ecd}=T_{pre}+T_{pac}+T_{trs}$，其中 $T_{ecd}=128\times 8/V_{aud}$，而 V_{aud} 为音频编解码速率，$T_{pre}+T_{pac}=1.8(\text{ms})$，而 $T_{trs}=1568\times\tau=1568/V_{eth}$，最后可以得到以太网网络速率 V_{eth} 与音频编解码速率 V_{aud} 之间的关系式为

$$V_{eth}=1568/[(1024/V_{aud})-1.8]$$

对上式求极大值可得 $V_{aud}=568.8$ 时，$V_{eth}\to\infty$。当 $V_{aud}=560$ 时，音频编码在 560 范围内均可在以太网传输。通常取 PCM 编码速率为 64 kb/s，理论值需要网络速度为 110 kb/s。

5.4.4　IP 组播技术

矿用 IP 广播系统多采用 IP 组播技术。组播技术的应用有利于系统利用网络带宽、提高数据传输效率、降低网络负载。组播技术实现广播系统点对多点广播，有利于网络资源优化配置。

1. 实现组播的前提条件

在通信网络中实现 IP 组播功能，需要发送端、接收端以及二者的下层网络支持组播技术的应用。主要包括以下几个方面：

（1）主机的网络通信（TCP/IP）支持对组播的发送与接收。

（2）主机的网络接口支持组播。

（3）保障组播加入、查询及离开的组管理协议，常用组管理协议有 IGMP、CGMP。

（4）完整的 IP 地址分配策略，能够实现网络层（IP 组播地址）与数据链路层（MAC 地址）的映射。

（5）支持 IP 组播的应用软件。

（6）在发送端与接收端之间的设备，如交换机、路由器、TCP/IP 协议栈以及防火墙等均需支持组播。

2. 组播地址分配与 MAC 地址

组播通信需要涉及两种组播地址：IP 组播地址与 MAC 组播地址。其中，IP 组播地址

是一类特殊的地址，设置的目的是使加入该组内的用户主机都可以接收到本组播地址内的IP报文。根据IPv4地址方案的划分，将专用于组播的地址规划为D类，地址范围从244.0.0.0到239.255.255.255。其中，D类地址又被划分为局部链接、预留、管理权限3类组播地址。

从以太网应用的角度MAC共有48位，而MAC组播地址是以01－00－5e为首字节段，共占有24位。因此MAC地址中只有剩余的24位供IP组播地址完成对MAC地址的映射，而32位的IP地址中除前4位“1110”外，组播IP地址剩28位。IP组播地址与MAC组播地址间的映射是28位地址对23位地址的映射，即剩余的IP组播地址中的5位会产生32种可能，32个IP组播地址对应1个MAC组播地址，造成地址映射的不确定。因此，还需要在处理器上对每个组播数据包进行再次判断与分析。

3. 组管理协议IGMP

IGMP（即互联网组管理协议）负责IP主机与相邻的路由器之间组播的建立与维护。主机使用IGMP告知路由器要加入某一组播组，路由器通过组播管理协议查询子网中是否存在这些组播组的主机。

（1）加入组播组。每个具有组播功能的主机都会保留一个组员身份的进程表，当某个进程需要加入某个组播组时，主机会将进程信息及请求的组播组信息加入“组员身份进程表”发送到所在子网内的组播路由器，并更新网卡等配置信息，接收组播组发送的数据。

（2）退出组播组。IGMPv1.0的版本中，主机离开某一组播组时自行退出即可，而不会通知子网内的组播路由器。组播路由器周期性地用“成员资格报告”向子网内全部主机查询。对于已经没有成员的组播地址，组播路由器收到“成员资格报告”后将不会向该组转发消息。IGMPv2.0的版本中，主机离开某一组播组会告知子网内组播路由器，此时路由器会对子网内所有组播组查询，可避免因处理停止组播所占用的时间。

6 工业以太网络

6.1 光纤通信的基本概念

1966 年，英籍华裔学者高锟博士（K. C. Kao）发表了一篇十分著名的文章《用于光频的光纤表面波导》，该文从理论上分析证明了“光导纤维长距离传输光波的可能性”；1970 年，美国康宁玻璃公司根据高锟文章的设想，用改进型化学相沉积法（MCVD 法）制造出当时世界上第一根低损耗光纤，从此光纤通信进入了高速发展时期。特别是经历近 30 多年的研究开发，光纤通信正在向着大容量、高速率、长距离方向迅猛发展，已经成为信息高速公路的传输平台。

目前，矿井中骨干传输线路是使用光纤自愈环，无线通信系统的基站通过光口将数据接入光纤环网中从而传输到地面的业务控制服务器或者核心网部件中。所以光纤通信在矿井通信中具有举足轻重的作用。

6.1.1 光在光纤中传输的机理

所谓光纤通信系统，是以光纤为传输媒介、光波为载波的通信系统。光纤通信用的近红外光（波长为 0.7 ~ 1.7 μm）频带宽度约为 200 THz，在常用的 1.31 μm 和 1.55 μm 两个波长窗口频带宽度也在 20 THz 以上。

光在光纤中的传输理论是十分复杂的，要想全面地了解它就需要应用电磁场理论、波动光学理论，甚至量子场论方面的知识。

当光线在均匀介质中传播时是以直线方向进行的，但在到达两种不同介质的分界面时，会发生反射与折射现象。图 6 - 1 所示为光在介质折射率为 n_1 和 n_2 的介质分界面的反射和折射现象。

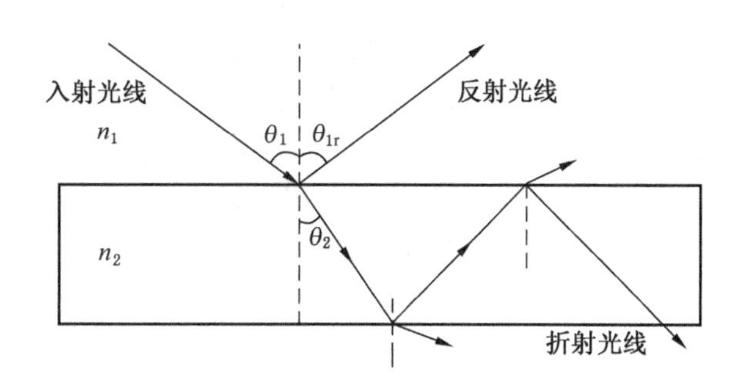

图 6 - 1 光在两种介质界面上的反射和折射

其中，入射角 θ_1 定义为入射光线与分界面垂直线（常称为法线）之间的夹角，反射

角 θ_{1r} 定义为反射光线与分界面垂直线之间的夹角，折射角 θ_2 定义为折射光线与分界面垂直线之间的夹角。依据反射定律和折射定律可得如下关系式：

$$\theta_{1r} = \theta_1 \tag{6-1}$$

$$n_1 \sin\theta_1 = n_2 \sin\theta_2 \tag{6-2}$$

进一步由反射定律可以得到，如果 $n_1 > n_2$，则有 $\theta_2 > \theta_1$。当折射角 $\theta_2 > 90°$时，这意味着发生了全反射。我们称满足 $(n_1\sin\theta_1)/n_2 = 1$ 的入射角 θ_1 为全反射的临界角，记为 θ_c，则有 $\theta_c = \arctan(n_2/n_1)$。可见当光在光纤中发生全反射现象时，由于光线基本上全部在纤芯区进行传播，没有光跑到包层中去，所以可以大大降低光纤的衰耗。早期的阶跃光纤就是按这种思路进行设计的，可见光在阶跃光纤中的传输是由光在纤芯和包层分界面上的全反射导引向前的。光在两种介质界面上的反射和全反射如图 6-2 所示。

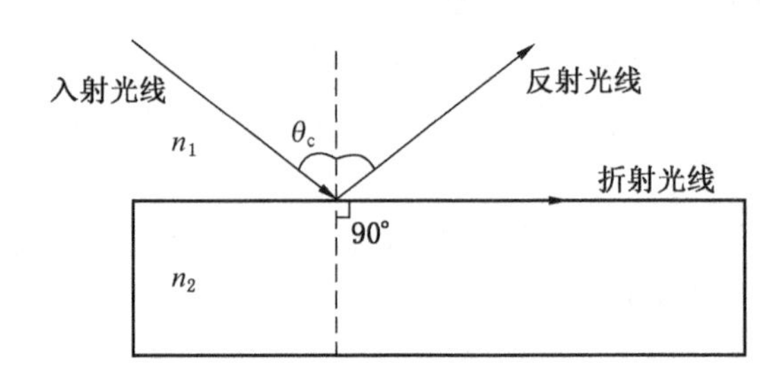

图 6-2 光在两种介质界面上的反射和全反射

虽然几何光学的方法对光线在光纤中的传播可以提供直观的图像，但对光纤的传输特性只能提供近似的结果。光像无线电波、X 射线一样实际上都是电磁波，会产生光的反射、折射、干涉、衍射、吸收、偏振、损耗等。只有通过求解由麦克斯韦方程组导出的波动方程分析电磁场的分布（传输模式）的性质，才能更准确地获得光纤的传输特性。

6.1.2 光纤的分类

光纤是一种工作在光波段的介质波导，可将光波约束在波导内部和表面，并引导光波沿光纤轴传播的介质光波导，一般是双层或多层的同心圆柱体。其中心部分是纤芯，纤芯向外分别是包层和涂敷层，如图 6-3 所示。纤芯的折射率高于包层的折射率，从而构成一种光波导结构，使大部分的光被束缚在纤芯中传输。

光纤的分类有很多种，按折射率分布分类可分为阶跃光纤与渐变光纤，阶跃光纤是指在纤芯与包层区域内，其折射率分布分别是均匀的，其值分别为 n_1 与 n_2，但在纤芯与包层的分界处，其折射率的变化是阶跃的。渐变光纤是指光纤轴芯处的折射率最大（n_1），而沿剖面径向的增加却逐渐变小，其变化规律一般符合抛物线规律，到了纤芯与包层的分界处，正好降到与包层区域的折射率 n_2 相等的数值；在包层区域中其折射率的分布是均匀的即为 n_2。渐变光纤的剖面折射率为何做如此分

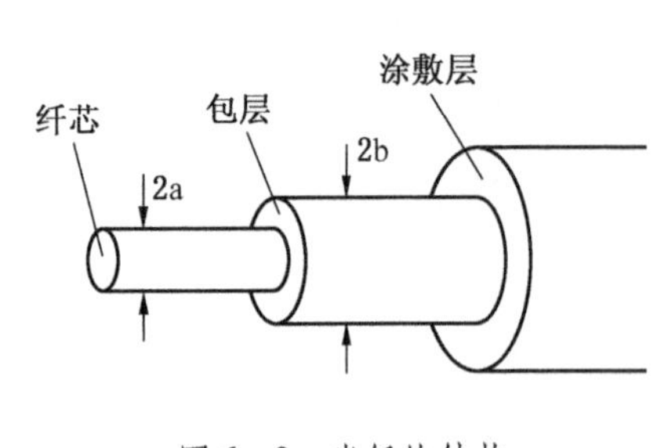

图 6-3 光纤的结构

布，其主要原因是为了降低多模光纤的模式色散，增加光纤的传输容量。

光纤按传播模式分类可分为多模光纤与单模光纤。当光在光纤中传播时，根据波动光学理论和电磁场理论，需要用麦克斯韦方程组来解决其传播方面的问题。求解麦氏方程组之后就会发现，当光纤纤芯的几何尺寸远大于光波波长时，光在光纤中会以几十种乃至几百种传播模式进行传播，如 TMmn 模、TEmn 模、HEmn 模等（m、n 等于 0、1、2、3…），其中 HE_{11} 模被称为基模，其余的皆称为高次模。

多模光纤的几何尺寸（主要是纤芯直径 d_1）远远大于光波波长时（约 1 μm），光纤中会存在几十种乃至几百种传播模式。不同的传播模式具有不同的传播速度与相位，因此经过长距离的传输之后会产生时延，导致光脉冲变宽，这种现象叫作光纤的模式色散（又叫模间色散）。模式色散会使多模光纤的带宽变窄，降低其传输容量，因此多模光纤仅适用于较小容量的光纤通信。多模光纤的折射率分布大都为抛物线分布，即渐变折射率分布，其纤芯直径 d_1 在 50 μm 左右。

单模光纤的几何尺寸（主要是芯径）可以与光波长相比拟时，如芯径 d_1 在 5 ~ 10 μm 范围，光纤只允许一种模式（基模 HE11）在其中传播，其余的高次模全部截止。由于它只允许一种模式在其中传播，从而避免了模式色散的问题，故单模光纤具有极宽的带宽，特别适用于大容量的光纤通信。

光纤也可按工作波长分为短波长光纤与长波长光纤。在光纤通信发展的初期，人们使用的光波的波长在 0. 6 ~ 0. 9 μm 范围内（典型值为 0. 85 μm），习惯上把在此波长范围内呈现低衰耗的光纤称作短波长光纤，而把工作在 1. 0 ~ 2. 0 μm 波长范围的光纤称之为长波长光纤。尤其在波长 1. 31 μm 和 1. 55 μm 附近，石英光纤的衰耗急剧下降，传输特性特别优良。目前广泛使用的是长波光纤，因为其具有衰耗低、带宽宽等优点，特别适用于长距离、大容量的光纤通信。

另外，光纤可按照二次涂覆层结构分为紧套光纤和松套光纤，按照主要原材料分为二氧化硅（SiO_2）光纤、塑料光纤和氟化物光纤。SiO_2 是目前最主要的光纤材料。

按照 ITU - T 关于光纤类型的建议，可以将光纤分为 G. 651 光纤（渐变型多模光纤）、G. 652 光纤（常规单模光纤）、G. 653 光纤（色散位移光纤）、G. 654 光纤（低损耗光纤）和 G. 655 光纤（非零色散位移光纤）。目前，G. 652 光纤是通信网中应用最广泛的一种单模光纤，其中 G. 652A 光纤支持 10 Gb/s 系统传输距离超过 400 km、支持 40 Gb/s 系统传输距离达 2 km；G. 652B 光纤支持 10 Gbit/s 系统传输距离 3000 km 以上、支持 40 Gb/s 系统传输距离 80 km 以上；G. 652C 光纤基本属性同 G. 652A，但在 1550 nm 处衰减系数更低，且消除了 1380 nm 附近的水吸收峰，即系统可以工作在 1360 ~ 1530 nm 波段；G. 652D 光纤属性与 G. 652B 基本相同，衰减系数与 G. 652C 相同，即系统也可以工作在 1360 ~ 1530 nm 波段。

G. 657 光纤是接入网用抗弯损失单模光纤，符合 G. 657 标准的光纤可以以接近铜缆敷设方式在室内进行安装，降低了对施工人员的技术要求，同时有助于提高光纤的抗老化性能。G. 657 光纤被认为是 FTTH 室内光缆应用上的优选，其中 G. 657A 光纤为弯曲提高光纤，要求必须与 G. 652D 规范的标准兼容，最小弯曲半径为 10 mm，已在国内的 FTTH 工程中得到比较好的推广应用。G. 657B 光纤为弯曲冗余光纤，不要求与 G. 652D 规范的标准兼容，最小弯曲半径可降低到7.5 mm。G.657B的技术要求和制造工艺要求更高，也已开始应用。

6.1.3 基本光纤传输系统

基本光纤传输系统由光发射机、光纤线路和光接收机3个部分组成。

1. 光发射机

光发射机的功能是把输入电信号转换为光信号，并用耦合技术把光信号最大限度地注入光纤线路。光发射机由光源、驱动器和调制器组成，光源是光发射机的核心。光发射机的性能基本上取决于光源的特性，对光源的要求是输出光功率足够大、调制频率足够高、谱线宽度和光束发散角尽可能小、输出功率和波长稳定、器件寿命长。目前广泛使用的光源有半导体发光二极管和半导体激光二极管或称激光器，以及谱线宽度很小的动态单纵模分布反馈激光器。有些场合也使用固体激光器，如大功率的掺钕钇铝石榴石激光器。

光发射机把电信号转换为光信号的过程（常简称为电/光或E/O转换），是通过电信号对光的调制而实现的。目前，有直接调制和间接调制或称外调制两种调制方案，如图6-4所示。

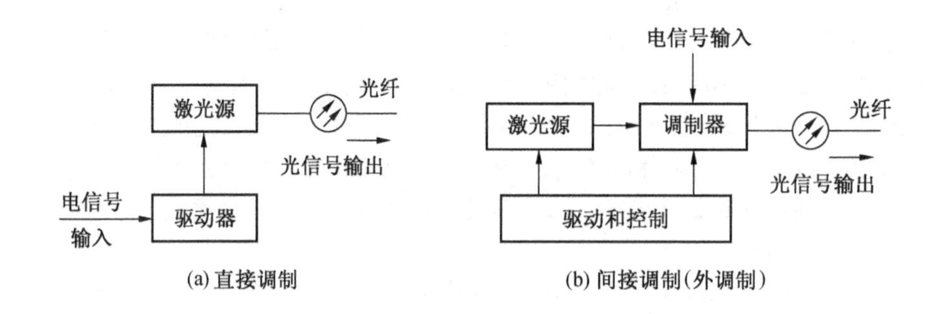

图6-4 两种调制方案

直接调制是用电信号直接调制半导体激光器或发光二极管的驱动电流，使输出光随电信号变化而实现的。这种方案技术简单、成本较低、容易实现，但调制速率受激光器的频率特性所限制。外调制是把激光的产生和调制分开，用独立的调制器调制激光器的输出光而实现的。目前，有多种调制器可供选择，最常用的是电光调制器，这种调制器是利用电信号改变电光晶体的折射率，使通过调制器的光参数随电信号变化而实现调制。外调制的优点是调制速率高，缺点是技术复杂、成本较高，因此只有在大容量的波分复用和相干光通信系统中使用。

对光参数的调制，原理上可以是光强（功率）、幅度、频率或相位调制，但实际上目前大多数光纤通信系统都采用直接光强调制。因为幅度、频率或相位调制需要幅度和频率非常稳定，相位和偏振方向可以控制，谱线宽度很窄的单模激光源可采用外调制方案，所以这些调制方式只在新技术系统中使用。

2. 光纤线路

光纤线路的功能是把来自光发射机的光信号，以尽可能小的畸变（失真）和衰减传输到光接收机。光纤线路由光纤、光纤接头和光纤连接器组成，光纤是光纤线路的主体，接头和连接器是不可缺少的器件。实际工程中使用的是容纳许多根光纤的光缆。

光纤线路的性能主要由缆内光纤的传输特性决定。对光纤的基本要求是损耗和色散这两个传输特性参数都尽可能地小，而且有足够好的机械特性和环境特性。例如，在不可避免的外力作用下和环境温度改变时，能保持传输特性稳定。

目前，使用的石英光纤有多模光纤和单模光纤，单模光纤的传输特性比多模光纤好，价格比多模光纤便宜，因而得到更广泛的应用。单模光纤配合半导体激光器，适合大容量、长距离光纤传输系统，而小容量、短距离系统用多模光纤配合半导体发光二极管更加合适。为适应不同通信系统的需要，已经设计了多种结构不同、特性优良的单模光纤，并成功地投入实际应用。

石英光纤在近红外波段，除杂质吸收峰外，其损耗随波长的增大而减小，在0.85 μm、1.31 μm和1.55 μm有3个损耗很小的波长窗口，在这3个波长窗口损耗分别小于2 dB/km、0.4 dB/km和0.2 dB/km。石英光纤在波长1.31 μm色散为零，带宽极大值高达每千米几十吉赫兹。通过光纤设计，可以使零色散波长移到1.55 μm，实现损耗和色散都最小的色散移位单模光纤；或者设计在1.31 μm和1.55 μm之间色散变化不大的色散平坦单模光纤等。根据光纤传输特性的特点，光纤通信系统的工作波长都选择在0.85 μm、1.31 μm或1.55 μm，特别是1.31 μm和1.55 μm应用更加广泛。

因此，作为光源的激光器的发射波长和作为光检测器的光电二极管的波长响应，都要和光纤这三个波长窗口相一致。目前在实验室条件下，1.55 μm的损耗已达到0.154 dB/km，接近石英光纤损耗的理论极限，因此人们开始研究新的光纤材料。光纤是光纤通信的基础、光纤的技术进步，它有力地推动着光纤通信向前发展。

3. 光接收机

光接收机的功能是把从光纤线路输出、产生畸变和衰减的微弱光信号转换为电信号，并经放大和处理后恢复成发射前的电信号。光接收机由光检测器、放大器和相关电路组成，光检测器是光接收机的核心，对光检测器的要求是响应度高、噪声低和响应速度快。目前，广泛使用的光检测器有两种类型：在半导体PN结中加入本征层的PIN光电二极管（PIN-PD）和雪崩光电二极管（APD）。

光接收机把光信号转换为电信号的过程（常简称为光/电或O/E转换），是通过光检测器的检测实现的。检测方式有直接检测和外差检测两种，直接检测是用检测器直接把光信号转换为电信号，这种检测方式设备简单、经济实用，是当前光纤通信系统普遍采用的方式。外差检测要设置一个本地振荡器和一个光混频器，使本地振荡光和光纤输出的信号光在混频器中产生差拍而输出中频光信号，再由光检测器把中频光信号转换为电信号。外差检测方式的难点是需要频率非常稳定、相位和偏振方向可控制、谱线宽度很窄的单模激光源，优点是有很高的接收灵敏度。

目前，实用光纤通信系统普遍采用直接调制（直接检测）方式。外调制（外差检测）方式虽然技术复杂，但是传输速率和接收灵敏度很高，是很有发展前途的通信方式。

光接收机最重要的特性参数是灵敏度，灵敏度是衡量光接收机质量的综合指标，它反映接收机调整到最佳状态时，接收微弱光信号的能力。灵敏度主要取决于组成光接收机的光电二极管和放大器的噪声，并受传输速率、光发射机的参数和光纤线路的色散的影响，还与系统要求的误码率或信噪比有密切关系。所以灵敏度也是反映光纤通信系统质量的重要指标。

6.1.4 光纤通信优点

（1）通信容量大。单芯光纤的最高通信容量的实验室水平已达 7.04 Tb/s（176 ×40 Gb/s、50 km）。这些系统都是采用密集波分复用（DWDM）和光纤放大器（EDFA）技术的成果。1990 年发明的掺铒光纤放大器使 DWDM 系统成为可能，充分开发了光纤巨大的通信带宽。

（2）中继距离长。由于光纤具有极低的衰耗系数（目前商用化石英光纤已达 0.19 dB/km 以下），若配以适当的光发送与光接收设备，可使其中继距离达数百公里以上。这是传统的电缆（1.5 km）、微波（50 km）等无法与之相比拟的，因此光纤通信特别适用于长途一、二级干线通信。目前，超长距离系统的最好水平是 Corvis 公司在芝加哥到西雅图 3200 km（2.5 Gb/s）的实验系统、Alcate 公司 4000 km（10 Gb/s）的实验系统等。单芯光纤的最高通信容量的实验室水平已达 7.04 Tb/s（176 ×40 Gb/s、50 km）。

（3）保密性能好。对通信系统的重要要求之一是保密性好，然而，随着科学技术的发展，电通信方式很容易被人窃听，只要在明线或电缆附近（甚至几千米以外）设置一个特别的接收装置，就可以获取明线或电缆中传送的信息。而光波在光纤中传输时只在其纤芯区进行，基本上没有光“泄漏”出去，因此其保密性能极好。

（4）适应能力强。适应能力强是指不怕外界强电磁场的干扰、耐腐蚀、抗弯性强（弯曲半径大于 25 cm 时其性能不受影响）等。

（5）体积小、重量轻，便于施工维护。光纤重量很轻、直径很小，即使做成光缆，在芯数相同的条件下其重量还是比电缆轻得多，体积也小得多。另外光缆的敷设方式方便灵活，既可以直埋、管道敷设，又可采用水底和架空方式敷设。

（6）原材料资源丰富、节约有色金属和能源，潜在价格低廉。制造石英光纤的最基本原材料是二氧化硅，即砂子，而砂子在大自然界中几乎是取之不尽、用之不竭的，因此其潜在价格是十分低廉的。

总之，光纤通信不仅在技术上具有很大的优越性，而且在经济上也具有巨大的竞争能力，因此其在信息社会中将发挥越来越重要的作用。

6.2 SDH 传输制式

6.2.1 SDH 的产生及特点

SDH 传输体制是由 PDH 传输体制进化而来的，因此它具有 PDH 体制所无可比拟的优点，它是不同于 PDH 体制的全新的一代传输体制，与 PDH 相比在技术体制上进行了根本的变革。

最初提出这个概念的是美国贝尔通信研究所。SONET 于 1986 年成为美国新的数字体系标准。1988 年，CCITT 接受了 SONET 的概念并重新命名为同步数字体系 SDH（Synchronous Digital Hierarchy）。

SDH后来又经过修改和完善，成为涉及比特率、网络节点接口、复用结构、复用设备、网络管理、线路系统、光接口、信息模型、网络结构等的一系列标准，成为不仅适用于光纤，也适用于微波和卫星传输的通信技术体制。

SDH网中的信号是以同步传输模块（STM）的形式来传输的。STM具有一套标准化的信息结构等级STM－N（N=1、4、16、64）。根据ITU－T的建议，SDH的最低的等级也就是最基本的模块称为STM－1，传输速率为155.520 Mb/s；4个STM－1同步复接组成STM－4，传输速率为4×155.52 Mb/s＝622.080 Mb/s；16个STM－1组成STM－16，传输速率为2488.320 Mb/s，64个STM－1组成STM－64，传输速率为9953.280 Mb/s，另外Sub STM－1传输速率为51.84 Mb/s用于微波和卫星传输。

与PDH相比较，SDH的主要特点如下：

（1）SDH有一套标准的信息等级结构，称之为同步传送模块STM－N，其中第一级为STM－1，速率为155.520 Mb/s。PDH互不兼容的3套体系可以在SDH的STM－1上进行兼容，实现了高速数字传输的世界统一标准。

（2）SDH的帧结构是矩形块状结构，低速率支路的分布规律性极强，可以利用指针（PTR）指出其位置，一次性地直接从高速信号中取出，而不必逐级分接，这使得上下话路变得极为简单。

（3）SDH帧结构中拥有丰富的开销比特，使得网络的运行、管理、维护（OAM&P）能力大大增强，通过远程控制可实现对各网络单元/节点设备的分布式管理，同时也便于新功能和新特性的及时开发和升级，而且又促进了更完善的网络管理和智能化设备的发展。

（4）SDH具有统一的网络节点接口，对各网络单元的光接口有严格的规范要求，从而使得不同厂家的设备，只要应用类别相同就可以实现光路上的互通。

（5）SDH采用同步和灵活的复用方式，大大简化了数字交叉连接（DXC）设备和分插复用器（ADM）的实现，增强了网络的自愈功能，并可根据用户的要求进行动态组网，便于网络调度。

（6）SDH不但实现了PDH向SDH的过渡，还支持异步转移模式（ATM）和宽带综合业务数字网（ISDN）业务。

SDH有上述种种优点，但SDH也有不足：SDH的频带利用率比起PDH有所下降；SDH网络采用指针调整技术来完成不同SDH网之间的同步，使得设备复杂，同时字节调整所带来的输出抖动也大于PDH；软件控制并支配了网络中的交叉连接和复用设备，一旦出现软件操作错误或病毒，就容易造成网络全面故障。尽管如此，SDH的良好性能已经得到了公认，成为未来传输网发展的主流。

6.2.2 SDH帧结构

SDH帧结构是实现数字同步时分复用、保证网络可靠有效运行的关键。它是以字节为基础的矩形块状帧结构，这种结构便于实现支路的同步复用、交叉连接和上下话路。图6－5所示为SDH帧的一般结构。一个STM－N帧有9行，每行由270×N个字节组成。这样每帧共有9×270×N个字节，每字节为8 bit。帧周期为125 μs，即每秒传输8000帧。对于STM－1而言，传输速率为9×270×8×8000＝155.520（Mb/s）。字节发送顺序为：

由上往下逐行发送，每行先左后右。

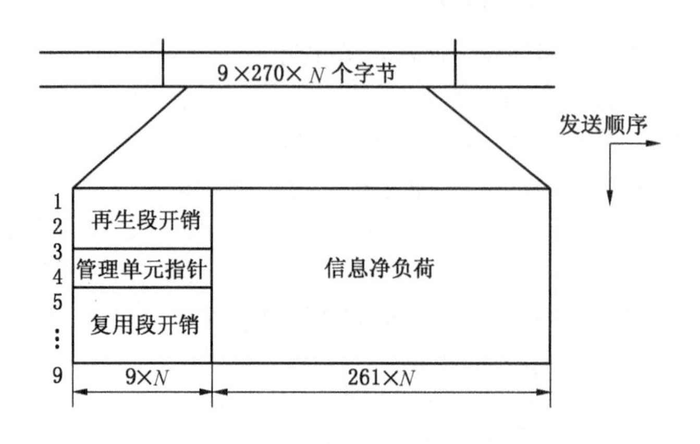

图 6-5　SDH 帧的一般结构

SDH 帧是由信息净负荷（Payload）、段开销（SOH）和管理单元指针 3 个主要区域组成。

（1）信息净负荷（Payload）。信息净负荷域是 SDH 帧内用于承载各种业务信息的部分。在 Payload 中包含少量字节用于通道的运行、维护和管理，这些字节称为通道开销（POH）。POH 通常作为净负荷的一部分与信息码块一起在网络中传输。对于 STM-1 而言，Payload 有 9×261=2349（字节），相当于 2349×8×8000=150.336 Mb/s 的容量。

（2）段开销（SOH）。段开销是在 SDH 帧中为保证信息正常传输所必需的附加字节（每字节含 64 kb/s 的容量），主要用于运行、维护和管理，如帧定位、误码检测、公务通信、自动保护倒换以及网管信息传输。对于 STM-1 而言，SOH 共使用 9×8（第 4 行除外）=72（字节）(相当于 576 bit)。由于每秒传输 8000 帧,所以 SOH 的容量为 576×8000=4.608（Mb/s）。

段开销又细分为再生段开销（RSOH）和复用段开销（MSOH）。再生段开销在 STM-N 帧中的位置是第一到第三行的第一到第 9×N 列，共 3×9×N 个字节；复用段开销在 STM-N 帧中的位置是第 5 到第 9 行的第一到第 9×N 列，共 5×9×N 个字节。与 PDH 信号的帧结构相比较，段开销丰富是 SDH 信号帧结构的一个重要的特点。

（3）管理单元指针（AU-PTR）。管理单元指针是用来指示信息净负荷第一字节在 STM-N 帧内的准确位置的指示符，以便在收信端正确分离信息净负荷。对于 STM-1 而言，AU-PTR 有 9 个字节（第 4 行），相当于 9×8×8000=0.576（Mb/s）。

采用指针技术是 SDH 的创新，结合虚容器（VC）的概念，解决了低速信号复接成高速信号时，由于小的频率误差所造成的载荷相对位置漂移的问题。

6.2.3　SDH 的复用原理

SDH 的复用包括两种情况：一种是低阶的 SDH 信号复用成高阶 SDH 信号；另一种是低速支路信号（如 2 Mb/s、34 Mb/s、140 Mb/s）复用成 SDH 信号 STM-N。

第一种情况复用主要通过字节间插复用方式来完成的，复用的个数是四合一，即 4×

STM－1→STM－4、4×STM－4→STM－16。在复用过程中保持帧频不变（8000帧/s），这就意味着高一级的STM－N信号速率是低一级的STM－N信号速率的4倍。

第二种情况用得最多的就是将PDH信号复用进STM－N信号中去。传统的将低速信号复用成高速信号的方法有两种：码速调整法和固定位置映射法。

码速调整法（又叫作比特塞入法）是利用固定位置的比特塞入指示来显示塞入的比特是否载有信号数据，允许被复用的净负荷有较大的频率差异（异步复用）。它的缺点是因为存在一个比特塞入和去塞入的过程（码速调整），而不能将支路信号直接接入高速复用信号或从高速信号中分出低速支路信号，也就是说不能直接从高速信号中上/下低速支路信号，要一级一级地进行。这种比特塞入法就是PDH的复用方式。

固定位置映射法是利用低速信号在高速信号中的相对固定的位置来携带低速同步信号，要求低速信号与高速信号同步，也就是说帧频相一致。它的特点在于可方便地从高速信号中直接上/下低速支路信号，但当高速信号和低速信号间出现频差和相差（不同步）时，要用125 μs（8000帧/s）缓存器来进行频率校正和相位对准，会导致信号较大延时和滑动损伤。

从以上可看出这两种复用方式都有一些缺陷，码速调整法无法直接从高速信号中上/下低速支路信号；固定位置映射法引入的信号时延过大。

SDH网的兼容性要求SDH的复用方式既能满足异步复用（如将PDH信号复用进STM－N），又能满足同步复用（例如STM－1→STM－4），而且又能方便地由高速STM－N信号分/插出低速信号，同时不造成较大的信号时延和滑动损伤，这就要求SDH需采用自己独特的一套复用步骤和复用结构。在这种复用结构中，通过指针调整定位技术来取代125 μs缓存器用以校准支路信号频差和实现相位对准，各种业务信号复用进STM－N帧的过程都要经历映射（相当于信号打包）、定位（相当于指针调整）、复用（相当于字节间插复用）3个步骤。

ITU－T规定了SDH的一般复用映射结构。所谓映射结构，是指把支路信号适配装入虚容器的过程，其实质是使支路信号与传送的载荷同步。这种结构可以把目前PDH的绝大多数标准速率信号装入SDH帧。图6－6所示为SDH的一般复用映射结构，SDH的复用结构是由一系列的基本复用单元组成，而复用单元实际上是一种信息结构，不同的复用单元在复用过程中所起到的作用各不相同。

（1）SDH的基本复用单元包括：容器C、虚容器VC、支路单元TU、支路单元组TUG、管理单元AU、管理单元组AUG、同步转移模块STM。

容器C：用来装载各种速率业务信号的信息结构，即现有PDH的各支路信号，如C12、C3和C4分别装载2048 kb/s、34368 kb/s、和139264 kb/s的支路信号，并完成PDH信号与VC之间的适配功能。

虚容器VC：用来支持SDH的通道层连接的信息结构，它是由容器的输出和通道的开销POH组成。能容纳高阶容器的VC称为高阶虚容器，能容纳低阶容器的VC称为低阶虚容器。VC的包络与网络同步，但其内部则可装载各种不同容量和不同格式的支路信号，使得不必了解支路信号的内容便可以对装载不同支路信号的VC进行同步复用、交叉连接和交换处理，实现大容量传输。

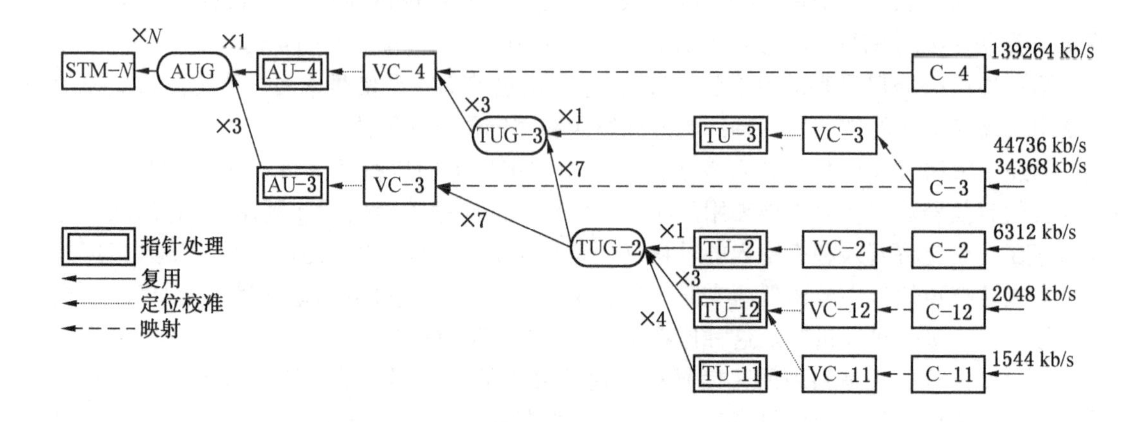

图 6-6 SDH 的一般复用映射结构

支路单元 TU：是提供低阶通道层与高阶通道层之间适配功能的一种信息结构，它由一个低阶 VC 和指示高阶 VC 中初始字节位置的支路单元指针（TU-PTR）组成。

支路单元组 TUG：在高阶 VC 净负荷中占有固定位置的一个或多个 TU 的集合。

管理单元 AU：是提供高阶通道层与复用段层之间适配的一种信息结构，它由高阶 VC 和指示高阶 VC 在 STM-N 中的起始字节位置的管理单元指针（AU-PTR）构成。同样，高阶 VC 在 STM-N 中的位置也是浮动的，但 AU 指针在 STM-N 帧结构中的位置是确定的。

管理单元组 AUG：在 STM 帧中占有固定位置的一个或多个 AU 的集合。

同步转移模块 STM：在 N 个 AUG 的基础上，加上用来运行、维护和管理的段开销，便形成了 STM-N 信号。

（2）SDH 复用映射原理。

所谓映射结构，是指把支路信号适配装入虚容器的过程，其实质是使支路信号与传送的载荷同步。STM-N 的复用映射都要经过 3 个过程：映射、定位和复用。其工作原理如下：

各种不同速率的业务信号首先进入相应的不同接口容器 C 中，在那里完成码速调整等适配功能。由容器出来的数字流加上通道开销（POH）后就构成了所谓的虚容器 VC，这个过程称为映射。VC 在 SDH 网中传输时可以作为一个独立的实体在通道中任意位置取出或插入，以便进行同步复接和交叉连接处理。由 VC 出来的数字流进入管理单元（AU）或支路单元（TU），并在 AU 或 TU 中进行速率调整。

在调整过程中，低一级的数字流在高一级的数字流中的起始点是不定的，在此，设置了指针（AU PTR 和 TU PTR）来指出相应的帧中净负荷的位置，这个过程叫作定位。最后在 N 个 AUG 的基础上，再附加段开销 SOH，便形成了 STM-N 的帧结构，从 TU 到高阶 VC 或从 AU 到 STM-N 的过程称为复用。

6.2.4 SDH 网元设备

SDH 不仅适合于点对点传输，而且还适合于多点之间的网络传输。图 6-7 所示为

SDH传输网的典型拓扑结构，它由SDH终端设备TM、分插复用设备ADM、数字交叉连接设备DXC等网络单元以及连接它们的（光纤）物理链路构成。

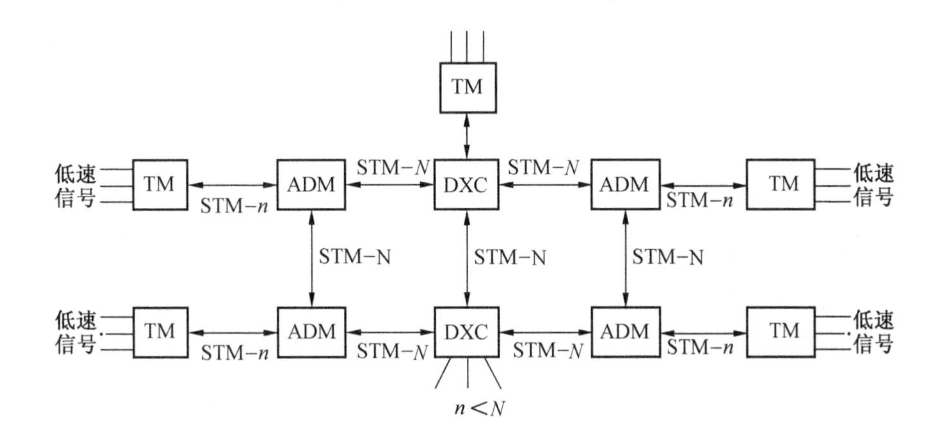

图6-7 SDH传输网的典型拓扑结构

SDH终端设备TM的主要功能是复接/分接和提供业务适配，如将多路E1信号复接成STM-1信号及完成其逆过程，或者实现与非SDH网络业务的适配。

ADM是一种特殊的复用器，它利用分接功能将输入信号所承载的信息分成两部分：一部分直接转发，另一部分卸下给本地用户。然后信息又通过复接功能将转发部分和本地上送的部分合成输出。分插复用器可灵活地完成上下话路功能。

SDH传输网络单元框图如图6-8所示。

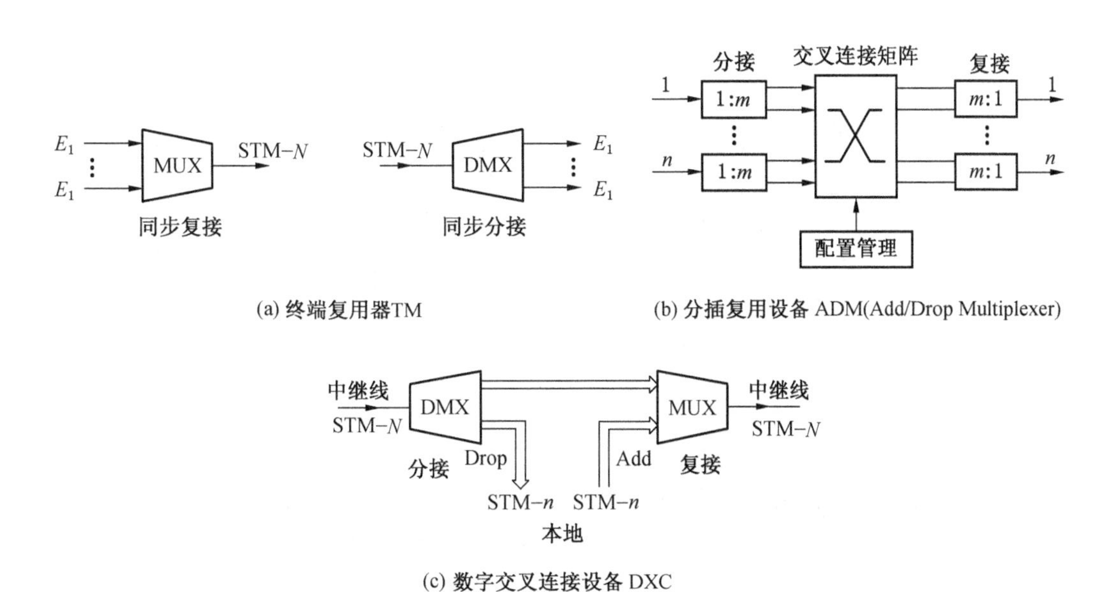

图6-8 SDH传输网络单元框图

DXC类似于交换机，它一般有多个输入和多个输出，通过适当配置可提供不同的端到端连接。其核心部分是可控的交叉连接开关（空分或时分）矩阵。参与交叉连接的基本电路速率可以等于或小于端口速率，它取决于信道容量分配的基本单位。一般每个输入信号被分接为 m 个并行支路信号，然后通过时分或空分交换网络，按照预先存放的交叉连接图或动态计算的交叉连接图对这些电路进行重新编排，最后将重新编排的信号复接成高速信号输出。

6.3 光纤自愈环网

6.3.1 基本的网络拓扑结构

SDH网是由SDH网元设备通过光缆互连而成的，网络节点（网元）和传输线路的几何排列就构成了网络的拓扑结构。网络的有效性（信道的利用率）、可靠性和经济性在很大程度上与其拓扑结构有关。网络拓扑的基本结构有链形、星形、树形、环形和网孔形，如图6－9所示。

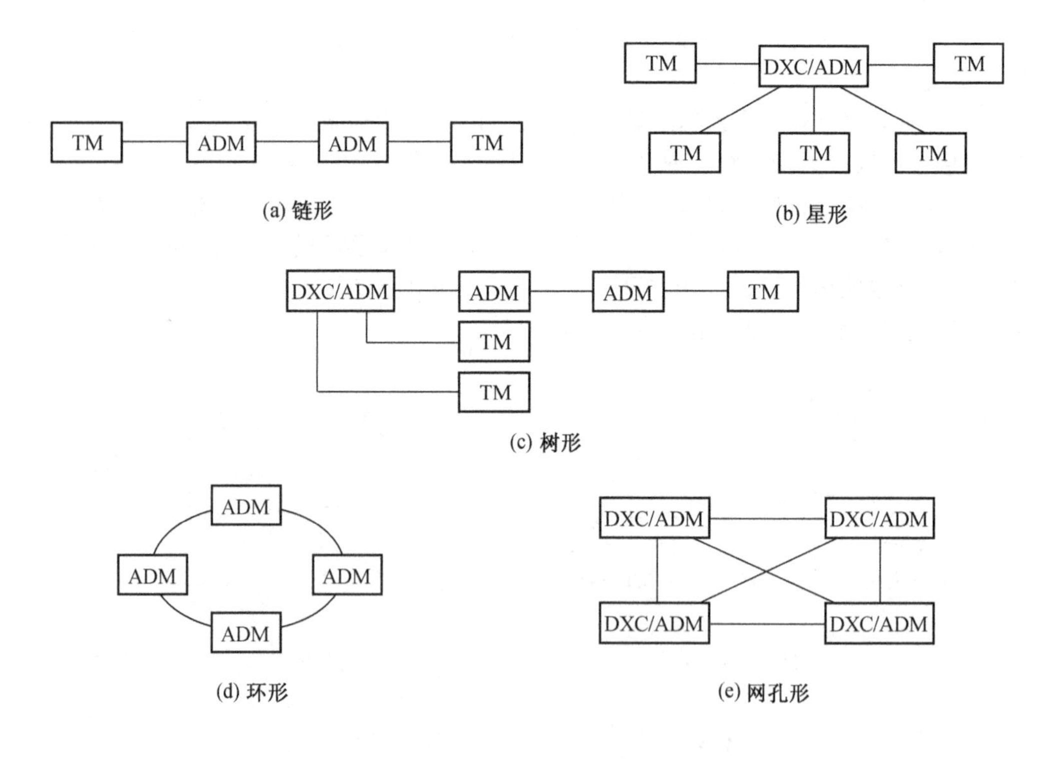

图6－9 基本网络拓扑图

（1）链形网。此种网络拓扑是将网中的所有节点一一串联，而首尾两端开放。这种拓扑的特点是较经济，在SDH网的早期用得较多，主要用于专网（如铁路网）中。

（2）星形网。此种网络拓扑是将网中一网元作为特殊节点与其他各网元节点相连，其他各网元节点互不相连，网元节点的业务都要经过这个特殊节点转接。这种网络拓扑的特点是可通过特殊节点来统一管理其他网络节点，此特点利于分配带宽，节约成本，但存在特殊节点的安全保障和处理能力的潜在瓶颈问题。特殊节点的作用类似交换网的汇接局，此种拓扑多用于本地网（如接入网和用户网）。

（3）树形网。此种网络拓扑可看成是链形拓扑和星形拓扑的结合，也存在特殊节点的安全保障和处理能力的潜在瓶颈。

（4）环形网。环形拓扑是将链形拓扑首尾相连，从而使网上任何一个网元节点都不对外开放的网络拓扑形式。这是当前使用最多的网络拓扑形式，主要是因为它具有很强的生存性，即自愈功能较强。环形网常用于本地网（如接入网和用户网）、局间中继网。

（5）网孔形网。将所有网元节点两两相连，就形成了网孔形网络拓扑。这种网络拓扑为两网元节点间提供多个传输路由，使网络的可靠性更强，不存在瓶颈问题和失效问题。但是由于系统的冗余度高，必会使系统有效性降低，且成本高、结构复杂。网孔形网主要用于长途网中，以提供网络的高可靠性。

当前用得最多的网络拓扑是链形和环形，通过它们的灵活组合可构成更加复杂的网络。

6.3.2 链网和自愈环

传输网的业务按流向可分为单向业务和双向业务。环形网的单向业务和双向业务的区别为：若A和C之间互通业务，A到C的业务路由假定是A→B→C，若此时C到A的业务路由是C→B→A，则业务从A到C和从C到A的路由相同，称为一致路由。若此时C到A的路由是C→D→A，那么业务从A到C和业务从C到A的路由不同，称为分离路由。我们称一致路由的业务为双向业务，分离路由的业务为单向业务（图6－10）。

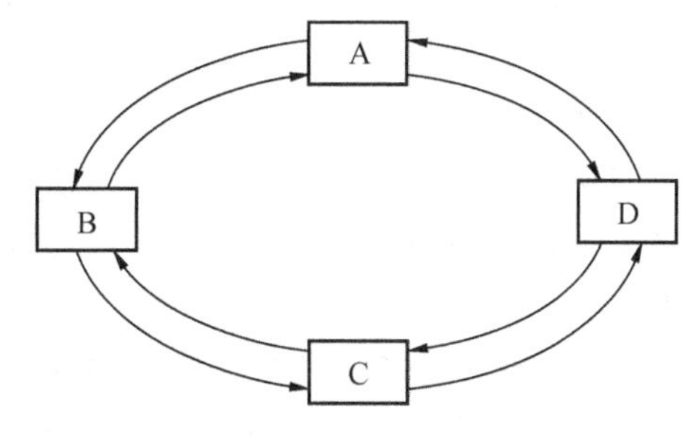

图6－10 环形网的业务

常见组网的业务方向和路由见表6－1。

表6－1 常见组网的业务方向和路由

组网类型		路由	业务方向
链形网		一致路由	双向
环形网	双向通道环	一致路由	双向
	双向复用段环	一致路由	双向
	单向通道环	分离路由	单向
	单向复用段环	分离路由	单向

1. 链形网的功能

典型的链形网络图如图6－11所示。

链形网的特点是具有时隙复用功能，即线路STM－*N*信号中某一序号的VC可在不同的传输光缆段上重复利用。图6－11中A—B、B—C、C—D以及A—D之间通有业务，

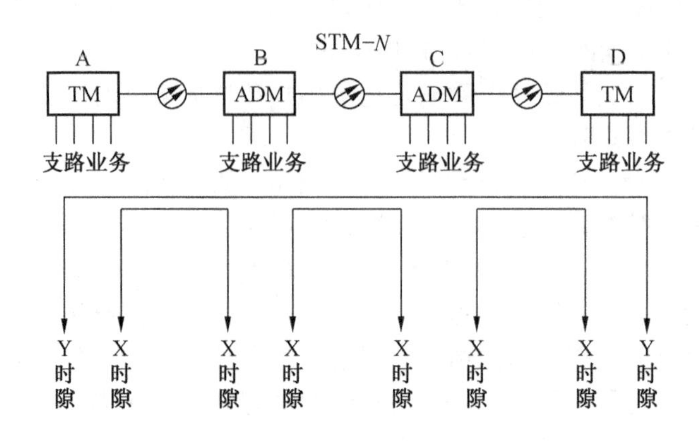

图 6-11　典型的链形网络图

这时可将 A—B 之间的业务占用 A—B 光缆段的 X 时隙（序号为 X 的 VC，如 3VC4 的第 48 个 VC12），将 B—C 的业务占用 B—C 光缆段的 X 时隙（第 3VC4 的第 48 个 VC12），将 C—D 的业务占用 C—D 光缆段的 X 时隙（第 3VC4 的第 48 个 VC12），这种情况就是时隙重复利用。这时 A—D 的业务因为光缆的 X 时隙已被占用，所以只能占用光路上的其他时隙 Y 时隙，如第 3VC4 的第 49VC12 或者第 7VC4 的第 48 个 VC12。

链网的这种时隙重复利用功能，使网络的业务容量较大。网络的业务容量是指能在网上传输的业务总量，网络的业务容量和网络拓扑与网络的自愈方式和网元节点间业务分布关系有关。

链网的最小业务量发生在链网的端站为业务主站的情况下，所谓业务主站是指各网元都与主站互通业务，其余网元间无业务互通。图 6-11 中若 A 为业务主站，那么 B、C、D 之间无业务互通。此时，C、B、D 分别与网元 A 通信。这时由于 A—B 光缆段上的最大容量为 STM-N（因系统的速率级别为 STM-N），则网络的业务容量为 STM-N。

链网达到业务容量最大的条件是链网中只存在相邻网元间的业务。图 6-11 网络中只有 A—B、B—C、C—D 的业务，不存在 A—D 的业务。这时可时隙重复利用，那么在每一个光缆段上业务都可占用整个 STM-N 的所有时隙，若链网有 M 个网元，此时网上的业务最大容量为（$M-1$）×STM-N，$M-1$ 为光缆段数。

常见的链网有二纤链：不提供业务的保护功能（不提供自愈功能）；四纤链：一般提供业务的 1+1 或 1∶1 保护。四纤链中两根光纤收/发做主用信道，另外两根收/发做备用信道。1∶n 保护方式中 n 最大只能到 14，这是由 K1 字节的 b5—b8 限定的，K1 的 b5—b8 的 0001～1110（1～14）指示要求倒换的主用信道编号。

2. 自愈环的概念

所谓自愈是指在网络发生故障（如光纤断了）时，无须人为干预，网络自动地在极短的时间内（ITU-T 规定为 50 ms 以内），让业务自动从故障中恢复传输，让用户几乎感觉不到网络出现故障。其基本原理是网络要具备发现替代传输路由并重新建立通信的能力。替代路由可采用备用设备或利用现有设备中的冗余能力，以满足全部或指定优先级业务的恢复。由上可知网络具有自愈能力的先决条件是有冗余的路由、网元强大的交叉能力以及网元一定的智能。自愈仅是通过备用信道将失效的业务恢复，而不涉及具体故障的部件和线路的修复或更换，所以故障点的修复仍需人工干预才能完成，就像断了的光缆还需人工接好。

目前，环形网络的拓扑结构用得最多，因为环形网具有较强的自愈功能。自愈环的分类可按保护的业务级别、环上业务的方向、网元节点间光纤数来划分。按环上业务的方向可将自愈环分为单向环和双向环两大类；按网元节点间的光纤数可将自愈环划分为双纤环（一对收/发光纤）和四纤环（两对收发光纤）；按保护的业务级别可将自愈环划分为通道保护环和复用段保护环两大类。

对于通道保护环，业务的保护是以通道为基础的，也就是保护 STM－N 信号中的某个 VC（某一路 PDH 信号），倒换与否是按环上的某一个别通道信号的传输质量来决定的，通常利用收端是否收到简单的 TU－AIS 信号来决定该通道是否应进行倒换。如在 STM－16 环上，若收端收到第 4VC4 的第 48 个 TU－12 有 TU－AIS，那么就仅将该通道切换到备用信道上。

复用段倒换环是以复用段为基础的，倒换与否是根据环上传输的复用段信号的质量决定的。倒换是由 K1、K2（b1—b5）字节所携带的 APS 协议来启动的，当复用段出现问题时，环上整个 STM－N 或 1/2STM－N 的业务信号都切换到备用信道上。复用段保护倒换的条件是 LOF、LOS、MS－AIS、MS－EXC 告警信号。

3. 二纤单向通道保护环

二纤通道保护环由两根光纤组成两个环，其中一个为主环 S1；一个为备环 P1。两环的业务流向一定要相反，通道保护环的保护功能是通过网元支路板的“并发选收”功能来实现的，也就是支路板将支路上环业务并发到主环 S1、备环 P1 上，两环上业务完全一样且流向相反，平时网元支路板选收主环下支路的业务，如图 6－12a 所示。

若环网中网元 A 与 C 互通业务，网元 A 和 C 都将上环的支路业务并发到主环 S1 和备环 P1 上，此时 S1 和 P1 上的所传业务相同且流向相反（S1 为逆时针、P1 为顺时针）。在网络正常时，网元 A 和 C 都选收主环 S1 上的业务。那么 A 与 C 业务互通的方式是 A 到 C 的业务经过网元 D 穿通，由 S1 光纤传到 C（主环业务）；由 P1 光纤经过网元 B 穿通传到 C（备环业务）。在网元 C 支路板选收主环 S1 上的 A→C 业务，完成网元 A 到网元 C 的业务传输。网元 C 到网元 A 的业务传输与此类似。

当 BC 光缆段的光纤同时被切断，注意此时网元支路板的并发功能没有改变，也就是此时 S1 环和 P1 环上的业务还是一样的。如图 6－12b 所示。

网元 A 到网元 C 的业务由网元 A 的支路板并发到 S1 和 P1 光纤上，其中 S1 业务经光纤由网元 D 穿通传至网元 C，P1 光纤的业务经网元 B 穿通，由于 B—C 间光缆断了，所以光纤 P1 上的业务无法传到网元 C，不过由于网元 C 默认选收主环 S1 上的业务，这时网元 A 到网 C 的业务并未中断，网元 C 的支路板不进行保护倒换。

网元 C 的支路板将到网元 A 的业务并发到 S1 环和 P1 环上，其中 P1 环上的 C 到 A 业务经网元 D 穿通传到网元 A，S1 环上的 C 到 A 业务由于 B—C 间光纤断了所以无法传到网元 A，网元 A 默认是选收主环 S1 上的业务，此时由于 S1 环上的 C→A 的业务传不过

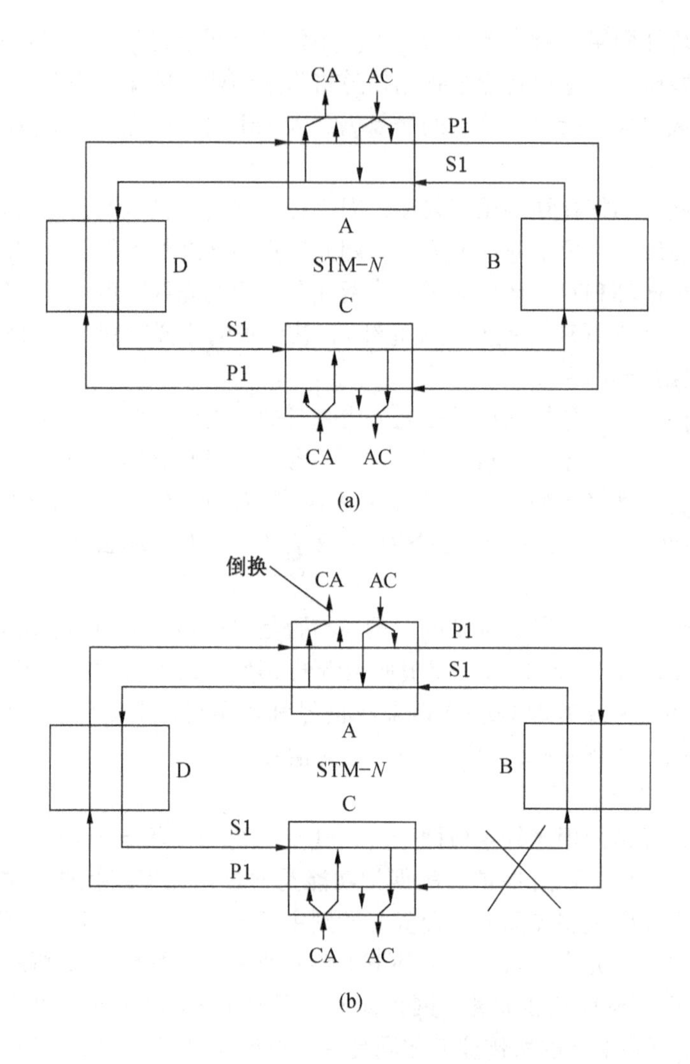

图 6-12　二纤单向通道保护倒换环

来，网元 A 的支路板就会收到 S1 环上 TU-AIS 告警信号，这时支路板立即切换到选收备环 P1 光纤上的 C 到 A 的业务，于是 C→A 的业务得以恢复，完成环上业务的通道保护，此时网元 A 的支路板处于通道保护倒换状态（切换到选收备环方式）。

网元发生了通道保护倒换后，支路板同时监测主环 S1 上业务的状态，当连续一段时间（华为公司的设备是 10 min 左右）未发现 TU-AIS 时，发生切换网元的支路板将选收切回到选收主环业务，恢复成正常时的默认状态。

二纤单向通道保护倒换环由于上环业务是并发选收，所以通道业务的保护实际上是 1+1 保护。其优点是倒换速度快（华为公司的设备倒换速度≤15 ms），业务流向简捷明了，便于配置维护；缺点是网络的业务容量不大。二纤单向保护环的业务容量恒定是 STM-N，与环上的节点数和网元间业务分布无关。如，当网元 A 和网元 D 之间有一业务占用 X 时隙，由于业务是单向业务，那么 A→D 的业务就占用主环的 A—D 光缆段的 X 时隙（占用备环的 A—B、B—C、C—D 光缆段的 X 时隙）；D—A 的业务占用主环的 D—C、C—B、B—A 的 X 时隙（备环的 D—A 光缆段的 X 时隙）。也就是说 A—D 间占 X 时隙的业务会将环上全部光缆的（主环、备环）X 时隙占用，其他业务将不能再使用该时隙（没有时隙重复利用功能）。这样，当 A—D 之间的业务为 STM－*N* 时，其他网元将不能再互通业务，即环上无法再增加业务，因为环上整个 STM－*N* 的时隙资源都已被占用，所以单向通道保护环的最大业务容量是 STM－*N*。

二纤单向通道环多用于环上有一站点是业务主站（业务集中站）的情况，华为公司设备在目前组网中，二纤单向通道环多用于 155、622 系统。

4. 二纤单向复用段环

复用段环保护的业务单位是复用段级别的业务，需通过 STM－*N* 信号中 K1、K2 字节承载的 APS 协议来控制倒换的完成。由于倒换要通过运行 APS 协议，所以倒换速度不如通道保护环快，华为 SDH 设备的复用段倒换速度为≤25 ms。

二纤单向复用段倒换环，如图 6－13 所示。

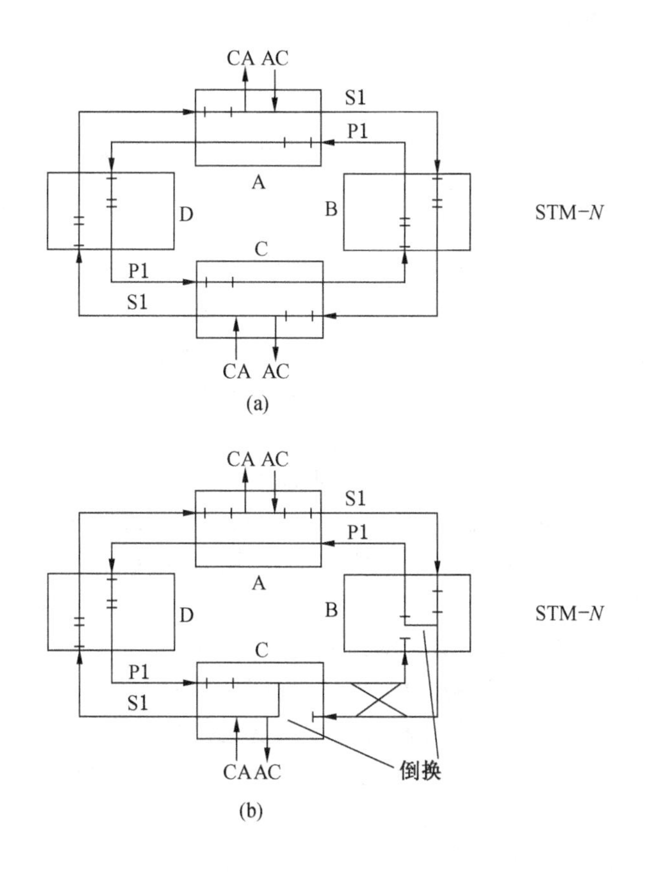

图 6－13 二纤单向复用段倒换环

图 6－13 中若环上网元 A 与网元 C 互通业务，构成环的两根光纤 S1、P1 分别称之为主环和备环，上面传送的业务不是 1＋1 的业务而是 1：1 的业务——主环 S1 上传主用业

务，备环 P1 上传备用业务；因此复用段保护环上业务的保护方式为 1∶1 保护，有别于通道保护环。

在环路正常时，网元 A 往主纤 S1 上发送到网元 C 的主用业务，往备纤 P1 上发送到网元 C 的备用业务，网元 C 从主纤上选收主纤 S1 上来的网元 A 发来的主用业务，从备纤 P1 上收网元 A 发来的备用业务（额外业务）。

在 C—B 光缆段间的光纤都被切断时，在故障端点的两网元 C、B 产生一个环回功能。网元 A 到网元 C 的主用业务先由网元 A 发到 S1 光纤上，到故障端点站 B 处环回到 P1 光纤上，这时 P1 光纤上的额外业务被清掉，改传网元 A 到网元 C 的主用业务，经 A、D 网元穿通由 P1 光纤传到网元 C，由于网元 C 只从主纤 S1 上提取主用业务，所以这时 P1 光纤上的网元 A 到网元 C 的主用业务在 C 点处（故障端点站）环回到 S1 光纤上，网元 C 从 S1 光纤上下载网元 A 到网元 C 的主用业务。网元 C 到网元 A 的主用业务因为 C→D→A 的主用业务路由中断，所以 C 到 A 的主用业务的传输与正常时无异，只不过备用业务此时被清除。通过这种方式，故障段的业务被恢复，完成业务自愈功能。

二纤单向复用段环的最大业务容量的推算方法与二纤单向通道环类似，只不过是环上的业务是 1∶1 保护，在正常时备环 P1 上可传额外业务，因此二纤单向复用段保护环的最大业务容量在正常时为 2 × STM − N（包括额外业务），发生保护倒换时为 1 × STM − N。二纤单向复用段保护环由于业务容量与二纤单向通道保护环相差不大，倒换速率比二纤单向通道环慢，所以优势不明显，在组网时应用不多。

5. 二纤双向复用段保护环

在二纤双向复用段保护环上无专门的主、备用光纤，每一条光纤的前半个时隙是主用信道，后半个时隙是备用信道，两根光纤上业务流向相反。

在网络正常情况下，网元 A 到网元 C 的主用业务放在 S1/P2 光纤的 S1 时隙［对于 STM − 16 系统，主用业务只能放在 STM − N 的前 8 个时隙 1—8 号 STM − 1（VC4）中］，备用业务放于 P2 时隙［对于 STM − 16 系统只能放于 9—16 号 STM − 1（VC4）中］，沿光纤 S1/P2 由网元 B 穿通传到网元 C，网元 C 从 S1/P2 光纤上的 S1、P2 时隙分别提取出主用、额外业务。网元 C 到网元 A 的主用业务放于 S2/P1 光纤的 S2 时隙，额外业务放于 S2/P1 光纤的 P1 时隙，经网元 B 穿通传到网元 A，网元 A 从 S2/P1 光纤上提取相应的业务（图 6 − 14a）。

在环网 B—C 间光缆段被切断时，网元 A 到网元 C 的主用业务沿 S1/P2 光纤传到网元 B，在网元 B 处进行环回（故障端点处环回），环回是将 S1/P2 光纤上 S1 时隙的业务全部环到 S2/P1 光纤上的 P1 时隙上［如 STM − 16 系统是将 S1/P2 光纤上的 1—8 号 STM − 1（VC4）全部环到 S2/P1 光纤上的 9—16 号 STM − 1（VC4）］，此时 S2/P1 光纤 P1 时隙上的额外业务被中断。然后沿 S2/P1 光纤经网元 A、网元 D 穿通传到网元 C，在网元 C 执行环回功能（故障端点站），即将 S2/P1 光纤上的 P1 时隙所载的网元 A 到网元 C 的主用业务环回到 S1/P2 的 S1 时隙，此时网元 C 提取该时隙的业务，完成接收网元 A 到网元 C 的主用业务（图 6 − 14b）。

网元 C 到网元 A 的业务先由网元 C 将网元 C 到网元 A 的主用业务 S2 环回到 S1/P2 光纤的 P2 时隙上，这时 P2 时隙上的额外业务中断。然后沿 S1/P2 光纤经网元 D、网元 A 穿

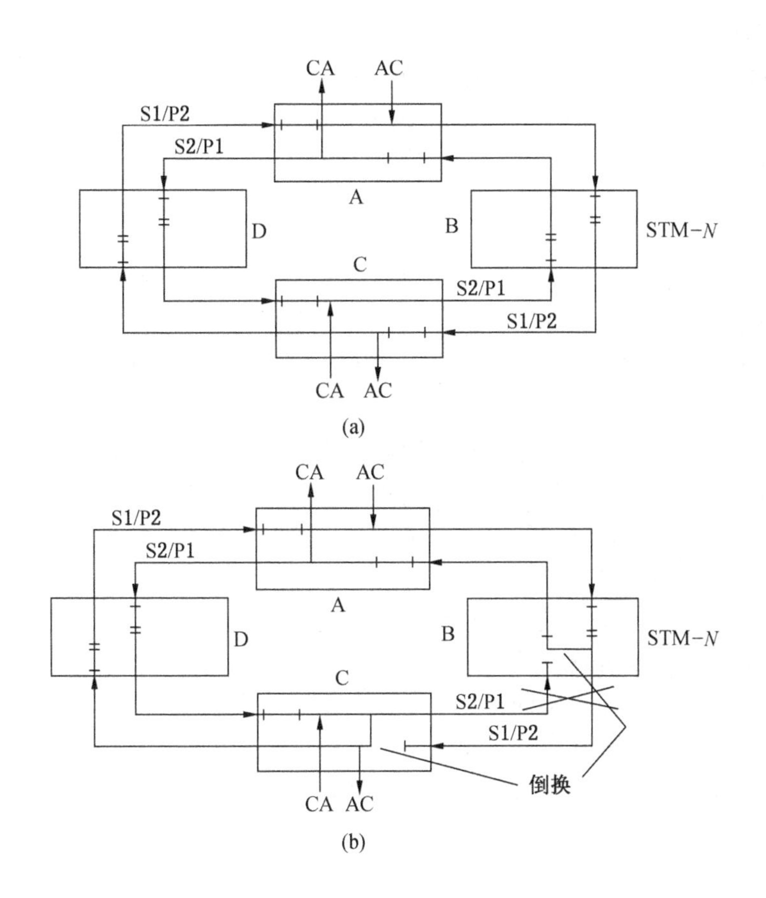

图6-14 二纤双向复用段保护环

通到达网元 B，在网元 B 处执行环回功能——将 S1/P2 光纤的 P2 时隙业务环到 S2/P1 光纤的 S2 时隙上，经 S2/P1 光纤传到网元 A 落地。通过以上方式完成了环网在故障时业务的自愈。

二纤双向复用段保护环的业务容量为四纤双向复用段保护环的 1/2，即 $M/2$（STM－N）或 $M\times$STM－N（包括额外业务），其中 M 是节点数。二纤双向复用段保护环在组网中使用得较多，主要用于 622 和 2500 系统，也是适用于业务分散的网络。

6. 二纤单向通道和二纤双向复用段自愈环的比较

1）业务容量（仅考虑主用业务）

单向通道保护环的最大业务容量是 STM－N，二纤双向复用段保护环的业务容量为 M/2×STM－N（M 是环上节点数）。

2）复杂性

二纤单向通道保护环无论从控制协议的复杂性，还是操作的复杂性来说，都是各种倒换环中最简单的，由于不涉及 APS 的协议处理过程，因而业务倒换时间也最短。二纤双向复用段保护环的控制逻辑则是各种倒换环中最复杂的。

3）兼容性

二纤单向通道保护环仅使用已经完全规定好的通道 AIS 信号来决定是否需要倒换，与现行 SDH 标准完全相容，因而也容易满足多厂家产品兼容性要求。

二纤双向复用段保护环使用 APS 协议决定倒换，而 APS 协议尚未标准化，所以复用段倒换环目前都不能满足多厂家产品兼容性的要求。

6.4 矿用以太环网

矿井配备了能够满足各种应用场合和实际需要的监测和监控系统，这些系统是由自身的通信电缆传输到地面的，这样就可能在矿井中造成重复布线、资源浪费以及维护工作比较重等情况，而通信方式采用传统的窄带主从式，当通信设备数量不断增加时，通信的技术缺陷就会凸现出来。

使用光纤以太网来建设煤矿工业环网能够有效地解决系统遇到的技术缺陷，同时煤矿工业环网系统运行的可靠性、稳定性、安全性、通信抗干扰性、环境适应性以及实时性等都得到比较明显的提高。在煤炭行业中采用以太网冗余技术和多主并发通信技术的煤矿工业环网系统能够让矿井的各项监控数据更加及时准确。

煤矿工业环网主要是由 12 芯矿用光缆中的 2 芯单模光纤连接井下和地面的以太网交换机的千兆光纤端口，这样就有效地形成了一个主干传输网络，这个主干传输网络具有自愈功能、千兆带宽以及环形结构的特点，当主干传输网络中的任何一处节点或者线路出现问题而断开的时候，它都能够在非常短的时间内自动恢复数据传输，这样系统在进行信息传输的过程中，安全性和可靠性就能够得到有效的提高。

煤矿井下环网分为管理层、控制层和设备层 3 层结构。其中，管理层为煤矿地面局域网、控制层采用高速工业以太环网、设备层采用现场总线，它们保证了现场子系统的实时性和可靠性。在管理层，管理网服务器系统负责收集全矿的生产、管理、经营等方面的信息，并为管理网与国际互联网的连接提供服务；在管理网的各 PC 终端，可以在统一的界面下根据权限和等级查看全矿的所有信息。控制层分为过程控制和集中监控层，在过程控制层，PLC 分站、电机智能控制器、其他智能监控分站等对现场设备实现运行参数的采集，并负责传达集中控制信息至现场设备；各子系统通过其现场总线采集各自所控制设备的运行参数，并实现对整个子系统设备的集中控制。设备层主要包括：传感器、执行器、开关柜等现场设备。

煤矿以太环网主要由核心交换机、地面光纤环网交换机、井下环网交换机、防火墙、UPS 电源、打印机等组成。全网交换机连接均可基于单、多模光纤或铜介质，可按需要任意选择；光纤网络中的任何位置发生一个断点事故均可在瞬间内完成链路通信的恢复；全网基于统一、简捷的网络管理。其他主要技术要求如下：

（1）整个自动化综合控制网采用赫斯曼工业级的设备，实现井下高温、高湿等恶劣环境的稳定运行。

（2）系统支持光纤冗余环网工作模式，接节故障不影响整个系统性能，故障自恢复时间短（0.05 s），通信更加可靠；所有交换机采用高性能的赫斯曼模块化千兆交换机，避免网络中部分节点故障，同时满足以后的扩容和升级。

（3）矿井工业以太环网光纤冗余环网传输平台运行稳定、可靠性好、线路机械强度高，矿井工业以太环网光纤冗余环网传输平台通信协议采用标准的 TCP/IP 网络协议。

（4）平台传输速率高、带宽容量大、传输距离远、抗干扰和雷击能力加强。为数据、视频、语音三网合一提供了足够的带宽。

（5）整个网管系统可对所有的综合自动化网的网络设备进行实时监控，出现故障实时报警。

（6）在矿信息网与监控网中采用防火墙连接，实现监控网的安全隔离。

（7）采用先进的多主并发通信模式，系统检测速度快、实时性强。核心交换机提供 OPC 协议，支持监控软件的集成。

（8）整个宽带传输网彻底突破了低速总线下的技术瓶颈，系统节点容量大大增加，稳定性提高。

（9）由于以 internet/intranet/infranet 为整体构架，具有开放的传输接入平台，系统集成能力显著提高，今后矿井各种自动化监测监控系统均可方便就近接入，且易于扩展，无须重复布线，节约投资。

（10）平台同时支持光纤多模、单模、超五类双绞线传输介质，结构灵活；可方便与局域网企业综合管理信息系统连接，实现信息共享。

（11）井下交换机经过防爆认证，具有 MA 认证标志，同时增加 UPS 电源保护，在市电停电后，可运行 4 h 以上。

（12）支持多种网络拓扑结构和多重冗余方式，如（单）环网冗余、单环双节点冗余、双总线冗余、双环网冗余和环间冗余。

（13）环网核心交换机是具有路由功能的卡轨式模块交换机。核心交换机有相对独立的模块插槽，每个模块插槽能够配置一块引擎模块，引擎模块上的子卡插槽可以配置不同种类的网络接口卡。

（14）环网交换机支持多光口、电口混合连接，支持 Web 管理，支持 SNTP 简单网络时间协议，准确记录故障时间。

（15）交换机管理软件要求能够统一配置、管理、监视所有交换机，可监视所有具有 SNMP（简单网络管理协议）功能的设备；支持通信故障自诊断、定位、报警；在更改设备配置时只要在网管工作站对相关设备进行合适配置，通过网管工作站对网络设备进行日常管理、流量统计、故障分析等。

（16）交换机支持流量控制功能，防止广播风暴；支持端口的优先级划分和 vlan 划分；支持端口和 MAC 地址的绑定，提高系统安全性。

7 矿山物联网

7.1 概述

7.1.1 矿山信息系统发展历程

矿产是现代社会发展必不可少的一类重要资源，所有矿产资源都需要进行开采才能获得，但由于我国地质环境复杂、矿业生产体系庞大、采掘环境多变，在实际开采的过程中往往面临较大的难度。近年来，我国经济发展迅速，对矿物原料需求不断扩大，矿业开发规模也不断扩大，但生产效率不高、安全问题已经成为社会关注的热点。而随着智慧化成为继工业化、电气化、信息化之后，世界科技革命又一次新的突破，建设绿色、智能和可持续发展的智慧矿山成为矿业发展新趋势。

矿山的发展历程大致经历了4个阶段：第一阶段为原始阶段，通过手工和简单的挖掘工具进行矿产采掘活动，这种活动无规划、低效率、资源浪费极大。第二阶段为机械化阶段，通过大量采用机械设备进行的矿产生产活动，这种活动机械化程度较高，但生产较粗放、资源浪费比较严重，由于受技术和器件限制，只能用庞大继电器实现简单开停和闭锁控制，简易的煤矿自动化设备和防爆磁电电话机是仅有的信息化设备。第三阶段为数字矿山，采用自动化生产设备和信息化系统作为经营管理工具，实现数字化整合、数据共享，但仍面临系统集成、信息融合等诸多问题，而且核心是围绕扩大开采量，对绿色开采、人文关怀、可持续发展等方面仍不够重视。第四阶段为智慧矿山，通过智能信息技术的应用，使矿山具有人类般的思考、反应和行动能力，实现物物、物人、人人的全面信息集成和响应能力，主动感知、分析并快速做出正确处理的矿山系统。智慧矿山已成为矿业发展新趋势，它的建设涉及现代信息、自动控制、可视化和虚拟现实技术，以及采矿、地质、测绘、系统工程等多学科，是一项复杂的系统工程。在相关技术方面，智慧矿山也成为矿业发展新趋势。随着以工业以太网为代表的信息网络技术的崛起，用高速信息网络来传输煤矿各专用监控系统之间的信息将变成现实，各专用监控系统内部之间的信息传输也逐渐为总线传输方式所代替，为煤矿各专用监控子系统的集成及过程实时监控提供了可能，矿井IP调度通信系统和矿井移动通信技术开始不断研究探索，煤矿信息化系统的水平跃上了一个新台阶。

实现矿产资源的安全开采，一直都是采矿者所关心的问题，而近几年兴起的矿山物联网技术恰能有效解决这一问题。矿山物联网是通信网和互联网在矿山行业的拓展应用和网络延伸，它利用感知技术和智能装置对矿山物理世界进行感知识别，通过网络传输互联进行计算、处理和知识挖掘，实现矿山人与物、物与物信息交互和无缝连接，达到对矿山物理世界实时控制、精确管理和科学决策的目的。近年来我国逐渐加大了对矿山物联网方面的研究，提出了以“感知矿山物联网模型”为代表的多个理论，研发了多个产品，为指导矿山物联网的建设打好了基础。

物联网概念的出现，打破了之前的传统思维，过去的思路一直是将物理基础设施和信息基础设施分开。对物联网时代的煤矿安全生产而言，芯片、宽带能将瓦斯、一氧化碳等各类传感器、电缆、电气机械设备、钢筋混凝土整合为统一的基础设施。物联网络可以对煤矿复杂环境下生产系统内的人员、机器、设备和基础设施，实施更加实时有效的协同管理和控制。

物联网概念为建立煤矿安全生产与预警救援体系提出了新的思路和方法，因此，为解决我国煤矿安全生产的重大问题，有必要对煤矿复杂环境下物联协同网络关键技术开展研究。通过物联网络在矿井中的应用，融合宽带无线技术和传感器技术，基于煤矿光纤冗余、无线工业以太环网骨干网络，构建有线/无线混合结构的物联网系统，实现复杂环境下生产网络内的人员、机器、设备和基础设施的协同管理和控制，可解决安全生产高效综采面的协同、煤矿井下重大灾害的预警和矿井灾害的有效搜索等迫切问题。

7.1.2 需求及可行性

1. 需求

（1）安全需求。保障人员本质安全，必须对人员进行精准定位来知道确切位置；保障设备本质安全，对设备运行状态及隐患进行排查，监测设备寿命；保障环境本质安全，对煤矿井下生产环境监测。

（2）高效生产。自动化促生产，包括自动装车系统、输送带集控系统、综采系统、水泵房监控系统；管理流程促生产，内部市场化机制促进管理流程优化；设备管理促生产，设备自动化监控提高设备平均运行时间，降低设备维修费。

（3）优化经营。持续改进，对设备管理、计划管理、生产管理、质量管理、跟踪管理、维护管理进行不断改进；降耗节能，在厂房设计节能设备。

（4）异构融合与无缝连接。能够对现有安全生产和自动化系统及其设备实现异构网络的互联互通与无缝连接，实现各业务子系统之间的数据共享、信息融合和联动控制，简化控制和调度操作。

（5）云计算技术的存储处理。依托高速互联网和云平台支撑，建立云数据库系统，解决多个矿山综合监控管理调度指挥软件平台的数据交互与共享，进一步形成多矿山物联网的云平台。

（6）管理需求。利用虚拟化技术，实现身份认证、访问控制等管理功能，对云平台的共享数据进行安全加密防护和数据隐私保护，增强系统冗余能力、纠错能力以保障整个系统的安全稳定。

（7）设备健康状态感知、灾害预警。分析处理实时数据与历史存盘数据，对井上、井下关键生产设备进行状态监测、故障诊断，感知设备工作健康状况，实现预知维修；对环境状态与地质信息进行综合分析与趋势判断，实现灾害预警。

（8）方便直观的应急救援决策指挥。在灾害突发时，通过 3D – GIS 界面直观表示灾害位置、智能动态的计算和指示应急撤离路线，方便决策指挥。保障在突发事件中各类应急资源的合理调配和及时到位，调高救援效率。

（9）减少大量的重复投资建设。在系统建设中，比较注重硬件设备的购买，不考虑数据存储量的多少，只要有存储要求都要单独购买存储设备及数据库管理软件，缺乏统一的数据存储与管理平台，数据存储处理能力不足。存储设备和管理软件的品牌、型号性能等也各不相同，致使有些存储容量严重不够、有些大量闲置的负载却不均衡的现象，造成重复投资，难以有效管理。

（10）后台数据的分析、处理、存储和实施调用。后台可对生产信息（出煤量、用电量、井下风量等），瓦斯、CO、温湿度等传感器的检测信息，人员考勤信息、安全与生产设备综合自动化系统运行状态，井上、下视频监控图像等信息数据进行处理和调用，并可对以上数据进行存档、分析和报表打印。

2. 可行性

井下环境恶劣、安全隐患较多及通信困难是现实中存在的问题，特别是井下的许多机械化和自动化设备，还没有实现与井下其他设备及井上监控设备之间信息的交换和共享，这不仅对矿山生产效率带来较大的影响，也对矿山生产安全带来较大的隐患。因此将矿山物联网技术引用到矿山建设中来，可有效提高矿山物联网应用水平，为矿山企业生产管理信息化和现代化目标的实现奠定良好的基础。

现在虽然没有完全实现矿山物联网，但已经具备了基础的硬件设施和一些可行条件。将物联网应用到矿山中有如下功能：①定位功能。井下人员和车辆向系统发送位置信息，系统上位机可以得知矿工和井下矿车的位置；②环境参数监测功能。井下甲烷、氧气、二氧化碳、温度、湿度等环境参数，会严重影响整个矿井的生产安全、工人工作环境，因此，需要对井下的每个巷道进行环境监测，并把采集的数据上传至上位机进行分析记录；③数据传输功能。若矿井有一处发生矿难，井下矿工可及时知道信息，并规划逃生路线，同时还可与其他矿工和井上人员发送消息，相互交流；④系统需要有良好的扩展性和兼容性，便于增添新功能，如网络电话、网络监控摄像头等设备。

矿山物联网应用模型是中国矿业大学物联网研究中心结合“综合自动化”架构，它是一个开放性模型，并与矿山综合自动化一脉相承，主要表现在：①完整的物联网体系；②可伸缩的结构；③完全兼容综合自动化系统和煤矿信息化系统；④完善的感知层网络。其中，利用宽带无线网络建立的覆盖煤矿井下，并与1000 M工业以太网相结合的感知层网络，可实现包括无线数据、无线语音、无线视频等无线多媒体的统一传输。通过将无线网络覆盖到主要大巷、采煤工作面、掘进工作面、车场以及井上重点工作区域等地点，并根据地质、巷道结构特点以及矿区生产带来的巷道结构改变自适应优化，即可满足无线覆盖和网络动态拓扑要求。智能矿灯作为一种可佩戴设备，通过矿工随身携带可实时帮助矿工了解自身所处环境特征。通过所安装的相关传感器，可采集环境温度、甲烷浓度、井下人员的健康状况等信息，并可将采集的信息通过无线网络传输给中央调度室。智能矿灯可以通过短消息与调度室进行通信，并具有人员实时定位功能。在紧急情况下，调度室也可通过此终端下达人员撤离等重大指令。通过智能矿灯在矿山的使用，可将安全信息实时通知到每个矿工，实现了井下人员对周围环境信息的感知，以及煤矿井下人、机和环境的有效融合。

建立基于物联网的地下矿山安全避险“六大系统”，如图7－1所示。可以实现矿山的井上和井下的语音通信、人员、设备跟踪定位、井下关键设备（如风机等）的远程监控、井下关键位置的图像视频监测监控以及各种环境参数的监测监控等。在此基础上实现统一生产指挥调度和事故预防、预警。管理和指挥调度人员无须下井，根据井下反馈到主控室的实时数据，统一进行生产调度指挥，便可提高生产效率、及时排除安全隐患并及时预警；根据系统长期积累的数据及图像就可总结经验、统计规律、事故回顾，为安全事故的提前预防提供了重要依据。

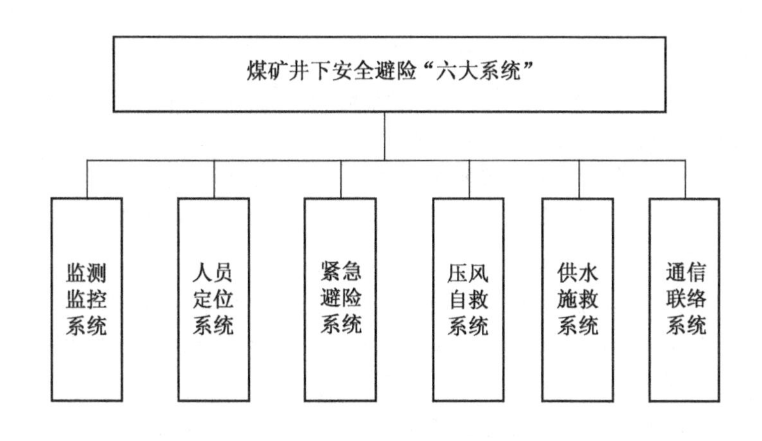

图7-1 矿山安全避险“六大系统”

(1) 监测监控系统。主要用来监测甲烷浓度、一氧化碳浓度、二氧化碳浓度、氧气浓度、硫化氢浓度、风速、温度、湿度、风门状态、主要风机开停等。紧急情况下及时断电撤人，并指导人员安全逃生。

(2) 人员定位系统。煤矿井下人员位置监测系统具有人员位置、重点区域出入时刻、工作时间、井下和重点区域人员数量、井下活动人员路线监测等功能，为加强人员安全管理、人员安全避险、应急救援和应急指挥创造条件。

(3) 紧急避险系统。当井下发生突发紧急情况时，在逃生路径被阻和逃生不能的情况下，为无法及时撤离的遇险人员提供一个安全的密闭空间，对外能够抵御高温烟气，隔绝有毒有害气体；对内能为遇险人员提供氧气、食物、水，去除有毒有害气体，创造人员生存的基本条件；为应急救援创造条件，赢得时间。

(4) 压风自救系统。满足井下生产需求，在井下突发紧急情况时为遇险人员供应充足的氧气，为逃生、避险创造支撑条件。

(5) 供水施救系统。满足井下生产和灾害防治需求，在突发紧急情况时为遇险人员提供清洁水源或必要的营养液。

(6) 通信联络系统。保证井上/下和各个作业地点通信畅通，为人员安全逃生、安全避险提供快速准确的信息服务。

7.1.3 关键技术

物联网技术主要应用于矿山的以下系统：井下人员环境感知系统、设备状态感知系统、矿山灾害感知系统、骨干传输及无线传输网络、感知矿山信息集成交换平台、感知矿山信息联动系统、基于GIS的井下移动目标连续定位及管理系统、基于虚拟现实的感知矿山三维展示平台以及感知矿山物联网运行维护管理系统等。矿山物联网技术分为如下3层：

（1）感知层技术。感知层包括数据采集子层和传感器网络组网与协同信息处理子层。数据采集子层包括 RFID、监控传感器、手机、控制器、传感器网络和传感器网关等设备。传感器网络组网与协同信息处理子层包括：低速及中高速近距离传输技术、自组织技术、协同信息处理技术、传感器中间件技术。本层的核心技术是无线传感网（WSN）及 NFC 技术。该层在智慧矿山中的应用主要表现为信息的监测和采集，在智慧矿山中，通过射频识别标签实现对物体静态属性的标识，可以精确定位物体；各类现场传感器可以对现场工况环境和设备进行实时监测和信息传输等。

（2）网络层技术。网络层具有多种关键性技术：①互联网。互联网是物联网最主要的信息传输网络之一，要实现物联网就需要互联网适应更大的数据量，来提供更多的终端。而要满足一些要求，就必须从技术上进行突破。目前，IPv6 技术是攻克这种难题的关键技术，这是因为，IPv6 拥有接近无限的地址空间，可以存储和传输海量的数据。利用互联网的 IPv6 技术，不仅可以为人提供服务，还能为所有硬件设备提供服务。②移动通信网。核心网、骨干网以及无线接入网共同构成了移动通信网，其中，无线接入网的主要作用是连接移动通信网和移动终端，而利用核心网和骨干网可以实现信息的互交和传递。由此可见，移动通信网的基础技术包括两类：一类是信息互交技术，另一类是信息传递技术。移动通信网可以实现任何形式的传播，因此它具有开放性；移动通信网可以在多种复杂环境下进行工作，因此它又具有复杂性。另外，移动通信网还具有随机移动性。③无线传感器网络（WSN）。即在众多传感器之间建立一种无线自组织网络，并利用这种无线自组织网络实现这些传感器之间的信息传输。在这个传输过程中，无线传输网络会对传感器所采集的数据进行汇总。该技术可以使区域内物品的物理信息和周围环境信息全部以数据的形式存储在无线传感器中，有利于人们对目标物品和任务环境进行实时的监控，也有利于分析和处理有关信息，便于对物品进行有效的管理。无线传感器网络包含了多种技术，其中包括现代网络技术、无线通信技术、嵌入式计算技术、分布式信息处理技术以及传感器技术等。网关节点（汇聚节点）、传输网络、传感器节点和远程监控共同构成了无线传感器网络，它兼顾了无线通信、信息监控、事务控制等功能。

（3）应用层技术。将物联网技术与煤炭行业领域相结合，实现广泛智能化应用的解决方案，利用现有的手机、个人计算机、掌上电脑等终端实现应用。根据物联网的概念和结构层次，该层是物联网技术具有专业应用的关键步骤，主要承担的任务是智能计算和分析，服务煤矿安全生产调度，然后向感知层和其他终端设备发布信息。应用层包括数据资源子层、应用平台子层、应用系统子层。应用层的展现主要是通过综合服务系统表现。

7.2 矿山物联网体系结构

矿山物联网的体系结构通常分为3层，即感知层、网络层、应用层，如图7-2所示。感知层是整个矿山物联网建设的基础和核心，主要负责对煤矿生产运营过程中的各类信息进行采集，并通过传感设备将这些信息集中在网络层，为矿山物联网做准备。网络层主要是保证感知层采集的信息能够得到有效及时的传输，它通过把数据、电视和电信网络相结合，综合运用到传输过程中，最终达到数字、图像及视频等信号的有效传输。应用层是整个矿山物联网建设的最终体现，综合体现了煤炭生产的自动化、数字化和信息化。它通过综合运用原有的、独立的、无联系的子系统，最终形成一个完整的、综合的应用系统；通过对资源层的数据进行云计算研发新的应用体系，同时引进可视化管理，建设综合管理控制的可视化平台。

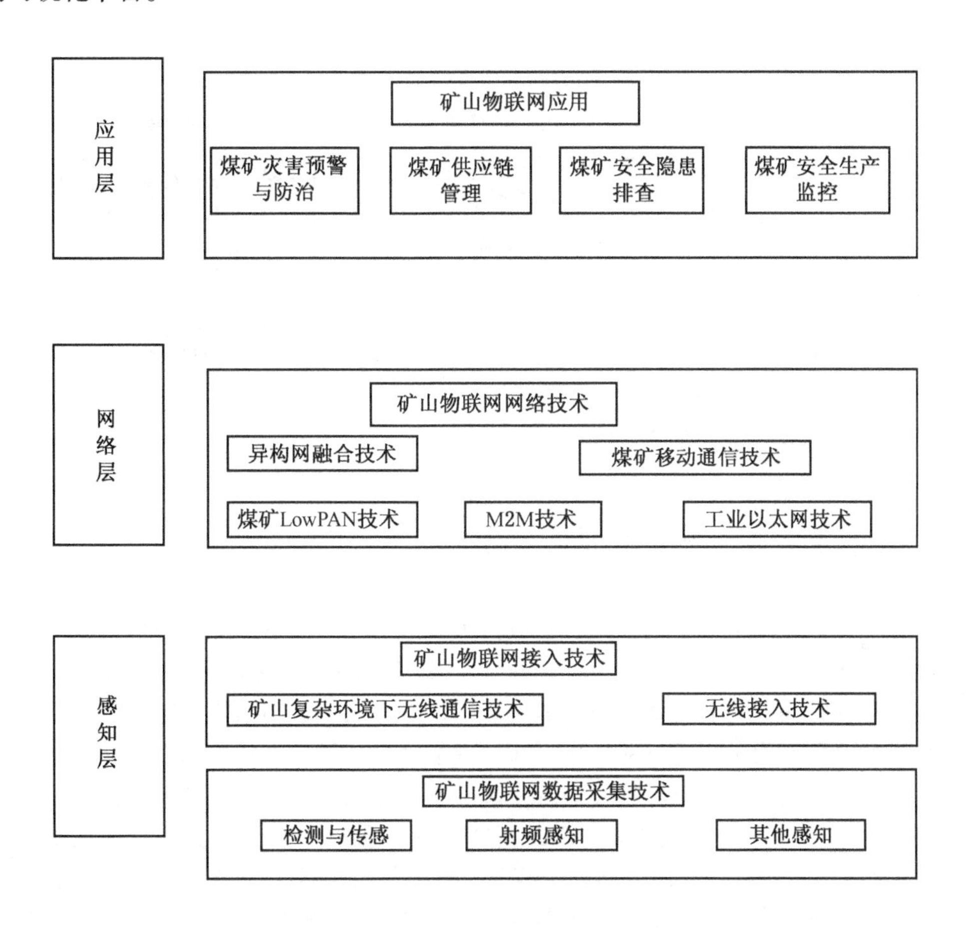

图 7－2 矿山物联网体系结构

7.2.1 感知层

矿山物联网的感知层包括数据采集技术与接入技术两个部分。它首先通过二氧化碳浓度传感器、温度传感器、摄像头等设备采集外部物理世界的数据，再通过蓝牙、红外、ZigBee、工业现场总线等短距离有线或无线传输技术协同工作传递数据到网关设备。它还包括 RFID 与 RFID 读写技术、传感器与传感器网络、遥测遥感技术以及 IC 卡与条形码识读技术等。

RFID 即射频识别技术，通过射频信号自动识别目标对象，并对其信息进行标志、登记、储存和管理。RFID 对象识别技术的工作原理如图 7－3 所示，读写器将要发送的信息经编码后加载到高频载波信号上再经天线向外发送。进入读写器工作区域的电子标签接收此信号，卡内芯片的有关电路再对此信号进行倍压整流、调制、解码、解密，然后对命令请求、密码、权限等进行判断。若为读命令，控制逻辑电路则从存储器中读取有关信息，经加密、编码、调制后通过芯片上天线再发送给阅读器，阅读器对接收到的信号进行解调、解码、解密后送至信息系统进行处理。若为修改信息的写命令，有关控制逻辑引起电子标签内部电荷泵提升工作电压，提供电压擦写 E2PROM。若经判断其对应密码和权限不符，则返回出错信息。

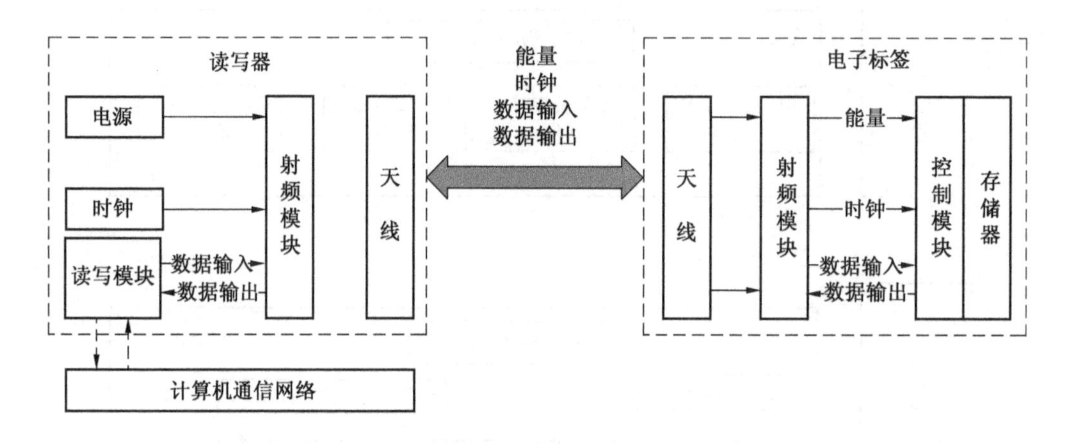

图 7-3　RFID 射频识别技术的工作原理

蓝牙是一种近距离无线通信标准，它以内置电池的小型设备为主要应用对象，整合了超低功耗的蓝牙低能耗（Bluetooth Low Energy，BLE）技术。根据设备的结构不同，它甚至可以实现靠一枚纽扣电池运行数年。除了一对一通信，BLE 还能实现一对多通信，通信机器只要在物联网设备附近且能使用 BLE，就能通过广播发送任何消息了。

ZigBee 是一种使用 2.4 GHz 频段的近距离无线通信标准。其特征是虽然传输速率低，但是与 WiFi 相比，其耗电量较少。ZigBee 可以采用多种网络形式，其中网状网更是 ZigBee 的一大特征，它能在局部信号断开的情况下继续进行通信。只要采用这个办法，就能通过组合大量传感器来简单地搭建传感器网络。ZigBee 技术的特点：①省电。两节五号电池支持长达 6 个月到 2 年的使用时间。②可靠。采用了碰撞避免机制，同时为需要固定带宽的通信业务预留了专用时隙，避免了发送数据时的竞争和冲突；节点模块之间具有自动动态组网的功能，信息在整个 ZigBee 网络中通过自动路由的方式进行传输，从而保证了信息传输的可靠性。③时延短。针对时延敏感的应用做了优化，通信时延和从休眠状态激活的时延都非常短。④网络容量大。可支持 65000 个节点。⑤安全。ZigBee 提供了数据完整性检查和鉴权功能，加密算法采用通用的 AES-128。⑥高保密性。64 位出厂编号和支持 AES-128 加密。

感知层中的接入技术主要是为各种分布式、移动传感器、RFID 以及其他生产与安全设备提供接入主干网的环境，主要分为有线接入和无线接入两种方式。有线接入可以是综合自动化系统采用的通过子系统接入方式，也可以是分布式接入方式。无线接入基本上是分布式接入。

目前，煤矿井下无线信道有移动通信的 WiFi 网络、PHS 网络，还有 WSN 网络、人员定位的 RFID 网络等。这些网络存在的主要问题为：覆盖区域有限，存在监测盲点，不利于安全与减灾信息的监测；信道容量低，不利于多种信息的宽带综合应用；种类单一、重复建设，通常无线通信、人员定位、工况与环境监测分别使用不同的覆盖网络，不能形成一个统一的感知网络，这不符合物联网统一应用的要求。

7.2.2 网络层

网络层由各种私有网络、互联网、有线和无线通信网、网络管理系统和云计算平台等组成，负责传递和处理感知层获取的信息。网络层技术包括 M2M 技术、工业以太网技术、煤矿移动通信技术、煤矿 6LowPAN 技术等。

1. M2M 技术

M2M 技术为机器对机器通信的简称，它是物联网实现的关键，也是无线通信和信息技术的整合，用于双向通信，且适用范围较广，可以结合 GSM/GPRS/UMTS 等远距离传输技术，也可以结合 WiFi、BlueTooth、ZigBee、RFID 和 UWB 等近距离连接技术，应用在各种领域。M2M 将多种不同类型的通信技术有机地结合在一起，将数据从一台终端传送到另一台终端，也就是机器与机器的对话。M2M 技术的目标就是使所有机器设备都具备联网和通信能力。

2. 工业以太网技术

工业以太网 TCP/IP 技术能在同一传输平台上运行不同的传输协议，从而建立企业的公共网络平台或基础构架；支持交互式和开放的数据存取技术；沿用多年，已为众多的技术人员所熟悉，市场上能提供广泛的设置、维护和诊断工具，成为事实上的统一标准；允许使用不同的物理介质和构成不同的拓扑结构，实现不同距离的传输。其软硬件资源丰富、成本低，可持续发展潜力大。易与 Internet 连接，能实现办公自动化网络。

3. 煤矿移动通信技术

移动通信网由无线接入网、核心网和骨干网 3 部分组成。无线接入网主要为移动终端提供接入网络服务，核心网和骨干网主要为各种业务提供交换和传输服务。移动通信网为人与人之间的通信、人与网络之间的通信、物与物之间的通信提供服务。其中用到了有线通信技术和无线通信技术。有线通信应用范围广、受干扰较小、可靠性高、保密性强，但有线网络的建设费用较大，材料资源消耗较多，线路的保护与维修也需要投入大量的人力、财力。无线通信是利用电磁波信号在自由空间中传播的特性进行信息交换的一种通信方式。无线通信系统的主要功能是：①全双工通话可实现本系统与调度通信系统并网，解决系统部井上、下点对点的全双向通话。②井上人员定位监视井下携带手机人员的动态位置，突发事件时可判断险区人员、数量、位置、身份。③统计报表、考勤可提供监视区域内的人数、身份、工作区间历史记录和实时记录。④短消息、语音信箱系统，具备向携带手机人员发送短信指令功能和实现语音信箱、语音留言查询功能。⑤系统能根据实际需要覆盖井下巷道。

目前，煤矿使用的无线通信系统主要有如下几种技术：

（1）泄漏通信。对讲机通信，采用泄漏电缆延长对讲机的信号范围，目前有很小部分煤矿作为局部通信使用，随着煤矿信息化的发展，泄漏通信会逐步被市场淘汰。

（2）PHS技术的矿用无线通信。主要是采用地面成熟的PHS技术移植到煤矿井下，满足煤矿移动通信的相关需求，从2003年UT斯达康拿到第一个以PHS技术的矿用无线通信系统后，相关厂家开始采用PHS技术应用于煤矿井下无线通信系统，目前PHS技术应用于煤矿无线通信的市场占有率较高；PHS技术作为煤矿行业最早应用的井下移动通信技术，在煤矿行业得到了很好的应用，由于受国家行业政策的影响，不会有很大的发展。

（3）3G技术的矿用无线通信系统。3G移动通信技术，是公网3G移动通信技术在矿山的应用，也是专用的移动通信技术，在公网已经得到了较好的应用，在煤炭行业的应用处于起步阶段。由于专业移动通信特点，在扩展其他用途方面有局限性和技术难度；3G技术煤矿井下无线通信已有部分厂家取得安标证书，随着中兴、华为、大唐电信等专网业务的推动，3G在煤炭行业应用开始增多；3G专网投资大、地面设备多，部分不能接入环网，故不能实现有线无线的一体化调度。

为了既满足井下语音、视频数据的采集和传输，又满足拥有众多传感器节点的无线传感器网络的构建，感知网络的建设采用基于技术的综合无线传输方案，其中无线网络覆盖井下主要的巷道，满足井下语音、视频数据的采集和传输，以及无线传感器网络数据的汇集向上传输；无线传感器网络满足分散的众多的传感器节点的信息采集和数据传输。

（4）WiFi技术的矿用无线通信系统。2007年底开始有厂家取得WiFi技术矿用无线通信系统的安标认证，此后WiFi技术开始在井下应用，由于WiFi技术本身的局限性刚开始应用很不理想，随着2011年公网小灵通清频要求的临近和WiFi手机技术的发展，WiFi在2011年取得巨大发展，目前已经有了一部分的市场占有率；煤矿WiFi移动通信系统，是移动互联网在矿山移动通信上的应用，其不仅仅能作为语音通信，更能直接作为移动互联网的使用，还可作为两化融合或物联网建设的一部分。由于其最初不是作为专门的语音通信使用，前12年其在煤矿的应用并不成功，但近年来随着移动互联网技术的发展和WiFi芯片技术的发展与推广，WiFi矿用通信系统已经在煤矿有了很多成功的应用，并且伴随着移动互联网技术的发展，WiFi矿用通信技术必将在煤矿信息化建设中得到更广阔的应用和发展。

几种近距离无线通信技术的特性对比见表7-1，通过对比可以看出：NFC技术和红外技术传输距离过短，且只能实现点对点的传输，对于传输角度和障碍物的影响较为敏感，不适合于矿井复杂环境下的应用；UWB技术在传输距离上有一定的限制，且其收发电路易造成干扰；蓝牙技术同样存在传输距离过于短的问题，且蓝牙网络最多只有8个节点，不适合井下含有大量节点的感知网络；WiFi技术在没有能耗限制的情况下，因其具有良好的数据传输速率、稳定可靠的性能以及成熟的技术应用，是一种各方面都十分优越的无线通信技术，由于在井下直流电源不易获取，感知网络众多的分散的网络节点需求阻碍了技术的大范围应用，但可用于井下语音、视频数据等的传输；RFID技术，尤其是主动式RFID具有良好的数据读取速率、较低的功耗、响应时间快等优越的性能，使其在人机等识别定位上具有很强的优势，但其设备具有的高成本和RFID技术自身不能自组网的缺陷，致使其难以广泛应用于无线感知网络中；ZigBee技术具有功耗低、成本低、覆盖范围相对较大（左右、响应时间短、网络节点容量大且具有自组网功能、工作在2.4 GHz频段内、具备20 ~250 kb/s 的数据传输速率，在网络节点多、数据传输速率要求不高的无线传感器网络中具有良好的适用性）。

表7-1 常见的几种近距离无线通信技术特性对比

特性	数据速率	覆盖范围	连接时间	网络拓扑	网络节点	工作频率	功耗/mW
NFC	106/212/424 kb/s	约10 cm	<0.1 ms	点对点	2个	13.56 MHz	约10
红外	115.2 kb/s 4/16 Mb/s	约5 m	约0.5 s	点对点	2个	红外 (820 nm)	1 ~10
UWB	最高达1 Gb/s	3 ~10 m	约2 s	点对多点	127 +1个	3.1 ~10.6 GHz	<1
蓝牙	1/2/3 Mb/s	≤10 m	约6 s	点对多点	7 +1个	2.4 GHz	1 ~100
WiFi	2/11/54/300 Mb/s	约100 m	约3 s	点对多点	255个	2.4/5.2 GHz	>1000
被动式RFID	<10 kb/s	0.01 ~3 m	约0.1 s/读取	多点对一点，单向	1 Tag/次	860 ~960/13.5 MHz	—
主动式RFID	10 Mb/s	0.01 ~100 m	<1 ms/读取	多点对一点，双向	1000 + Tag/次	433 MHz	约1
ZigBee	20/40/250 kb/s	约100 m	30 ms	Mesh，点对多点	65000个	868/915 MHz/2.4 GHz	1 ~3

4. 煤矿6LowPAN技术

将6LowPAN技术应用到矿山物联网系统中具有以下特点：

（1）可覆盖性强。系统采用无线节点，易于布置在井下环境恶劣的地区，使井下传感器网络不存在盲区，实现网络的全面覆盖，从而实现传感器数据的全局采集，避免安全隐患。

（2）接入方式灵活。6LowPAN网络节点具有自动加入网络的功能，带有6LowPAN功能的传感器节点也可自动加入井下6LowPAN网络，且传感器网络还可实现自动配置功能。

（3）数据汇聚方式变化。井下多种传感器或继电器均作为数据传输系统中的一个节点，还可作为信息集中处理的核心部分。由于井下6LowPAN网络的连通性，系统采用多汇聚节点，多个数据汇聚节点均可向数据采集节点发送信号，提高了井下数据传输的可靠性。系统中的传感器、执行器、控制器均朝无线化方向发展，并将逐步替代井下网关的功能。

7.2.3 应用层

物联网的应用层被称为其核心价值所在，这一层主要是对获取的海量数据进行更加深入的智能化处理，使物联网的发展从而更进一步地推动了数据智能处理技术的研究和拓展。此外，物联网的中间件也是应用层比较关键的服务程序，具有较强的封装能力。应用层应用经过分析处理的感知数据，用于矿山安全生产形势评估、矿灾害预警与防治、安全生产监控、矿安全隐患排查、矿山资源环境控制及评价、煤矿供应链管理、大型设备故障诊断、实现对整个矿山的优化管理与安全动态跟踪等。

应用层的主要功能是把感知和传输的信息进行分析和处理，做出正确的控制和决策，实现智能化的管理、应用和服务。这一层解决的是信息处理和人机界面的问题。应用层相关技术：应用层主要是基于软件技术和计算机技术实现，应用层的关键技术主要是基于软件的各种数据处理技术，此外云计算技术作为海量数据的存储、分析平台，也是物联网应用层的重要组成部分。应用是物联网的发展的目标，各种行业和家庭应用的开发是物联网普及的原动力，给整个物联网产业带来巨大的利润。支撑技术是指应用于物联网数据处理和利用的技术，它包括云计算与高性能计算技术、智能技术、GIS/GPS 技术、通信技术以及微电子技术。

煤炭企业云计算平台的特点：①数据的高度可管、可控性。云计算提供了最可靠、最安全的数据管理中心，所有数据统一存储在前端云服务器中，所有的用户投权信息、业务数据都将存储在高度设防的服务器群里面。煤炭行业用户只需安排专业的服务器维护人员进行更新和保护，即可在前端实现所有业务系统的管理。②终端设备投入成本最小化。在当前数据中心管理中，不同地域、不同品牌的终端设备之间不具有良好的互通性，烦冗的系统集成及升级工作增加了运营维护的成本。云计算的超强计算能力可将终端设备的部分功能前移，从而可以将终端的设备要求降至最低。在云计算充分发展的情况下，所有的功能模块集成软件升级，全部在“云端”由专门的服务器组完成，用户用最简单的操作、最低的成本便可完成协同办公任务。③适合业务的发展需求。终端用户不必携带专用的设备，在任何一个连接云计算服务的客户端设备（如 PC、智能手机等），都可以通过浏览器进行登录，来延续中途暂停的未完成的办公业务。云计算的这些特性，使煤炭企业解决业务资源整合问题成为可能，在技术不断进步的背景下，煤矿云计算平台具有无限的发展空间。

M2M 是现阶段物联网普遍的应用形式，也是实现物联网的第一步。M2M 将多种不同类型的通信技术有机地结合在一起，将数据从一台终端传送到另一台终端，也就是机器与机器的对话。M2M 技术的目标就是使所有机器设备都具备联网和通信能力，其核心理念就是网络一切。人工智能是探索研究使各种机器模拟人的某些思维过程和智能行为（如学习、推理、思考、规划等），使人类的智能得以物化与延伸的一门学科。

7.3 矿山物联网系统设计

7.3.1 设计原则

设计矿山物联网系统时，主要的设计原则分为以下几个方面：

（1）立足现在、着眼未来，设计开放的矿山物联网信息系统。在制订和执行信息规划时，应始终坚持信息系统总体规划和矿山企业中长期战略发展之间协调一致。

（2）总体设计，分步实施。矿山的信息化建设应从企业的发展及运行实际出发，根据不同的阶段制订可行的建设方案。

（3）充分集成现有资源，降低系统开发成本。制订信息化总体规划应当高起点，强调信息的高度集成。在充分考虑现有系统和设备的利用上，应当掌握合适的度，以避免总体规划本身缺乏集成度和完整性。

(4) 预留系统接口，提升系统扩展性。总体规划不是一次性的、一成不变的，应当随着信息技术的发展及企业内外部环境的变化而相应调整。要求总体规划具备较好的扩展性，可以根据需要增加或减少子系统而对整体不会产生负面影响。

(5) 以实际需求进行设计规划。制订信息化总体规划，应处理好信息技术先进性和实用性之间的关系，在充分调研了解矿山企业实际需求的基础上完善信息化建设方案。

(6) 可用性原则。为保证系统的可用性，在系统设计过程中充分考虑需求，从系统使用的角度，面向最终用户分别提供不同类型的人性化服务，包括矿山、选场、电厂、机关，并与相关组织具有多层级纵横交错的组织结构、各类应用相互交织。系统设计从平台设计、定制技术以及实现的组件技术等方面来适应复杂的应用需求。

(7) 安全性原则。系统的安全性是设计考虑的重点，系统设计提供多层级全方位的安全保障体系，其中既包括操作系统、数据库系统、应用服务器、业务系统的安全策略和病毒与攻击的防范，也从身份认证权限管理以及建立严格和合理的管理制度等方面来考虑系统的安全性。

(8) 可靠性原则。高效稳定的系统，能提供全年 365 天，一天 24 h 的不停顿运作。对于安装的服务器、终端设备、网络设备、控制设备与布线系统，必须能适应严格的工作环境，特别考虑要适应煤矿井下恶劣的客观环境，以确保系统稳定。

(9) 可扩展性原则。从两方面考虑可扩展性：一是应用系统设计采用支持可扩展性的系统平台和中间件技术以及开发工具，采用基于组件的设计与开发模式实现系统扩展，以满足不断增加的性能要求；二是在应用软件结构上采用多层平台设计和定制技术，分别支持应用系统的集成与横向扩展，同时也支持业务系统的功能变化的扩展。

7.3.2 设计方法及过程

该系统的设计以矿井综合自动化信息平台为主体，采用矿用光纤工业以太环网和工业现场总线等技术共同构建矿山物联网系统。整个系统的设计借鉴了物联网感知层、网络层、应用层的 3 层模型结构思想，如图 7－4 所示。

感知层设备由大量感知环境、机电、人员等的传感器构成，例如，风速、风量、温度、转速、振动、电压、电流、功率等传感器，甲烷、CO、CO_2、O_2、锚杆压力、钻孔应力、顶板离层环境等传感器，堆煤、烟雾、输送带打滑等传感器，煤仓料位计、水位计等传感器以及摄像机、RFID 人员定位等。矿山物联网在井下布置了庞大的传感器网络，红外甲烷传感器是针对监测管道内甲烷气体浓度而研制的一种甲烷气体检测仪。

网络层设备主要有铺设在地面、井下的吉比特光环网及网络交换机设备、光电转换设备、路由器、防火墙、服务器等，以及用来实现无线覆盖的 PHS 网络或 WiFi 网络，共同构建了覆盖整个矿区的数据网络。煤矿现场生产环境复杂，因此对设备的安全性能要求较高，选用安全性较高的工业以太网传输系统作为主干生产网络传输平台。在工业以太网中，大型控制系统大多为分布式控制系统。为了进一步提高网络的可靠性，可以采用星形、环形、双环形等组网技术。矿山物联网监控网络中均采用单行环网络的防暑组网，以保证整个网络的可靠性及在突发情况下的自愈能力。

应用层是矿区综合信息化系统，包含矿区 3DGIS 系统、综合自动化系统、人员管理

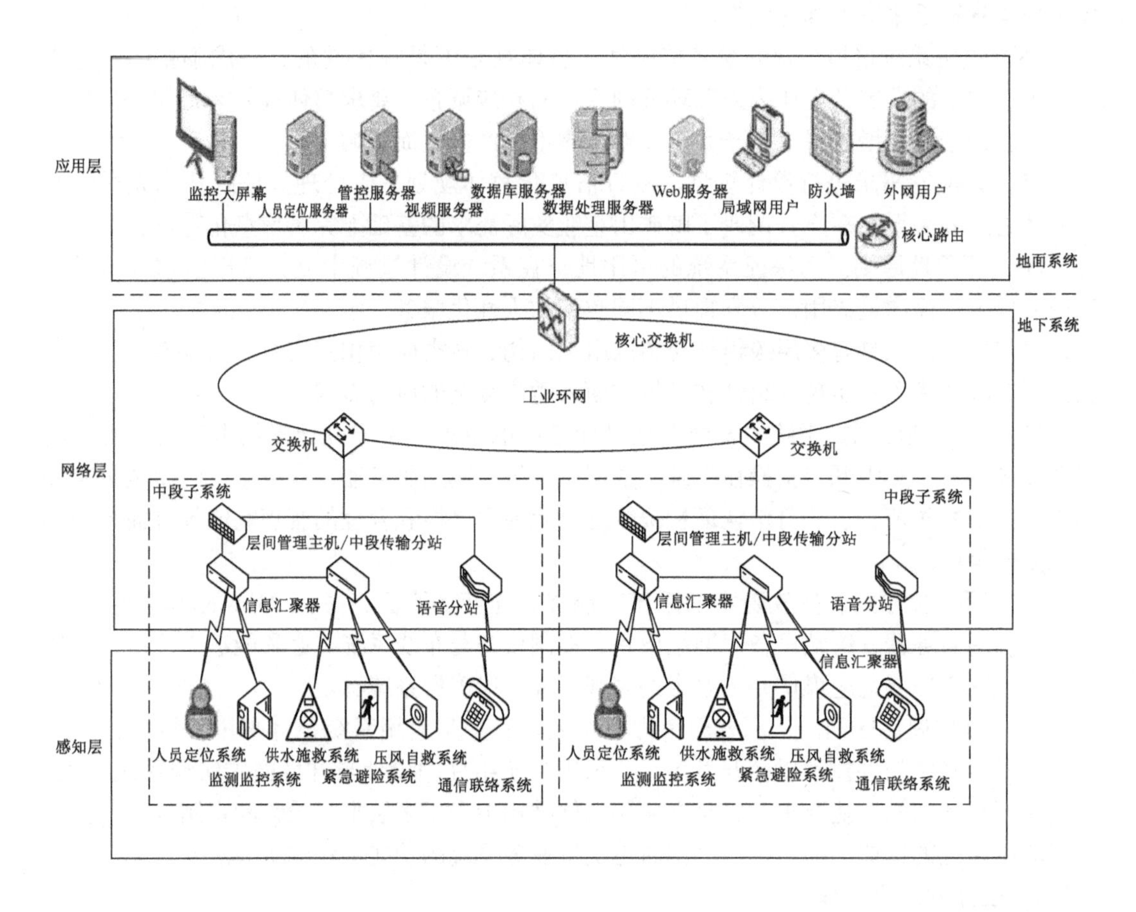

图7-4 矿山物联网系统

系统、视频监控系统、短信管理平台、矿区应急指挥系统、调度系统等。应用层软件提供各种通用的数据接口，在此之上，可以方便地将提升机监控系统、安全监控系统、矿井通信系统、应急救援通信系统、视频监控系统、井下调度无线通信系统、大巷运输系统、选煤厂计算机控制系统、主通风机监控系统、压风机监控系统、中央泵房监控系统、工业电视系统等进行无缝连接，最后经过工业以太网平台统一传输到应用层上进行统一的管理。真正实现矿井“采、掘、运、风、水、电、安全”等生产环节的信息化和自动化，从而优化生产和管理。

物联网系统整体主干通信系统由信息汇聚器、层间管理主机、交换机、光纤、监控主机等组成，采用工业环网结构，主干通信系统采用“四网合一”的数据传输方式，即传感器数据、人员定位数据、视频数据、语音通信数据采用同一条主干网络传输。主干通信系统带宽为千兆级别，为设备增容和技术改造留有较大空间。针对矿井采掘特点设计了层间管理主机，方便安装在矿井的每个中段，对数据传输进行分层管理，既能有效控制本中段的数据传输，又能管理配置本中段内的各信息汇聚器，还能提高系统的健壮性；各传感器、人员定位节点与信息汇聚器之间通过无线方式进行数据交互，信息汇聚器之间的数据传输过程为有线方式，信息汇聚器通过有线方式将数据传送至各中段的层间管理主机，层间管理主机经光纤收发器与通向地面的光纤连接，光纤最终将数据送往地表指挥中心进行处理。物联网组成示意图如图7－5所示。

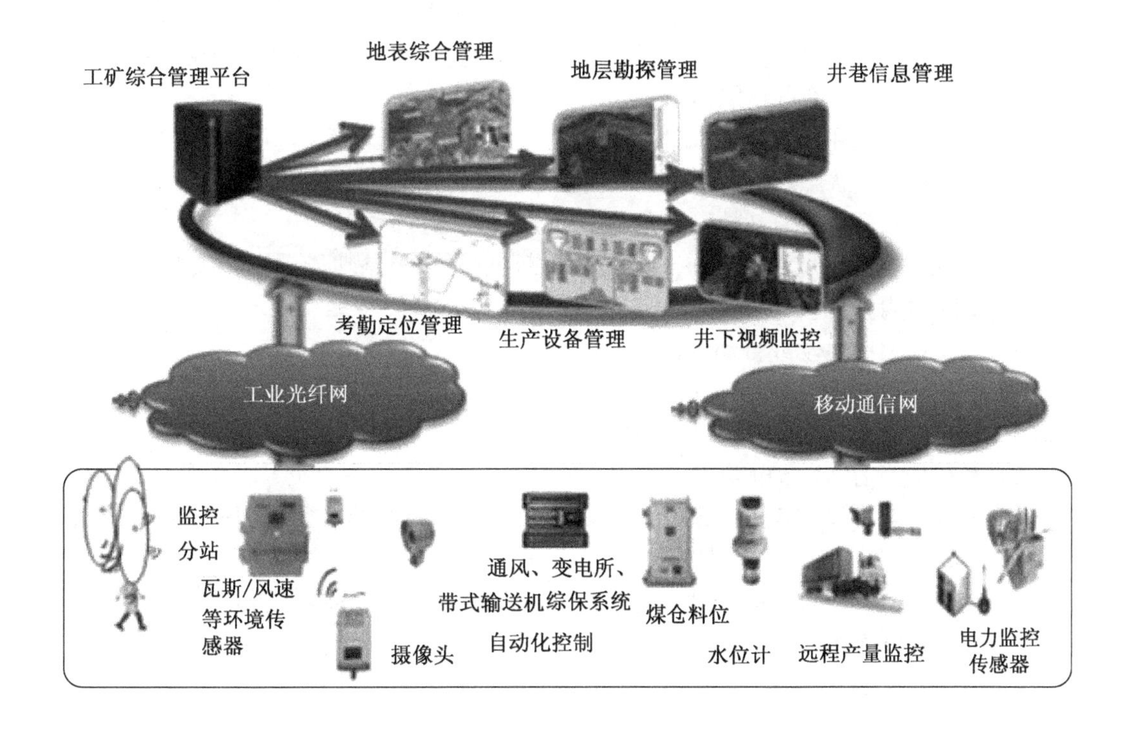

图7－5　物联网组成示意图

为了满足井下各种数据的可靠、无拥塞传输，网络采用环网冗余设计。地面及井下两个光纤环网，通过中心机房高性能的工业级网关交换机连接起来。工业电视系统将井下或地面的各个监测点等要害部位、生产场地等进行图像监视，再通过传输线进入视频服务器进行图像处理。生产调度集控指挥中心是整个煤矿生产、调度、预警的集中管控中心，是一线生产系统与上层集团公司管理信息系统紧密联系的纽带。

层间管理主机也叫中段传输分站，部署于矿下每个采矿中段，负责中段数据转发和汇聚，并集成了视频编码服务器，可将摄像机的模拟信号转为数字信号。另外，层间管理主机还承担对中段数据通信的管理功能，并且具备对在其下面连接的各个信息汇聚器的配置管理功能，即对各信息汇聚器进行地址分配和数据传输管理。

监控主机是一个泛称，它包含地面接收主机、管理软件及数据库等其他配套设备。监控主机完成数据接收、分析处理、存储的各项功能，并能显示各环境信息数据及控制井下各监控设备等。监控主机具有对传回的无线传感节点采集的数据进行接收、处理、储存、报表生成、报警及远程控制等功能。

7.3.3　评估

在数字矿山总体解决方案设计的基础上，企业信息化建设的总目标为：以实现企业发展战略为目标，以信息化建设规划总体蓝图为导向，综合运用现代信息技术及科学的企业管理思想，逐步提高企业信息化程度和企业管理水平，建立一个集成企业过程控制系统、三维可视化管控系统、生产制造执行系统、ERP 系统及企业决策支持系统的现代、科学的综合信息系统平台，真正实现企业“集成一体、管控衔接、三流合”，从而满足企业的可持续发展，提高企业核心竞争力的要求，帮助企业更快、更好地实现发展战略目标。矿山物联网系统设计应具有的功能如下：

（1）系统应具有甲烷浓度、风速、风压、一氧化碳、温度等模拟量的采集、显示和报警功能，具有馈电状态、风机开停、风筒状态、风门开关、烟雾等开关量的采集、显示及报警功能，具有瓦斯抽采（放）量的检测、显示功能。

（2）系统应具有甲烷浓度超限声光报警和断电/复电控制功能，具有风电瓦斯闭锁，故障断电闭锁功能。

（3）系统应具有手动或自动双机切换功能。

（4）系统应具有图表显示功能。

（5）系统应具备中断取数，数据掉电保持功能。

（6）系统应具有 2 h 备电功能。

（7）软件应具有操作权限管理功能，对参数设置、控制等必须使用密码操作，并有操作记录。

（8）系统应具有多种诊断功能，并能提供故障统计，包括系统的传输校验、误码率测试、传感器故障统计、分站故障统计等自身诊断，还可以通过 Modem 或 GPRS 网络进行远程诊断，并根据情况进行修复或提供更新的软件版本升级。

7.4 应用举例

7.4.1 案例一

河南平宝煤业有限公司（以下简称平宝公司）位于平顶山市东北部，距平顶山市约 25 km，行政区隶属襄城县管辖。平宝公司综合自动化平台由宝信公司建设，目前已经实现了对井上/下主煤流运输系统、排水系统、供电系统、压风系统等自动化系统的集成，实现了一机三屏的自动化控制。综合自动化平台采用的是宝信一体化监控指挥平台，平台已经集成了地面生产系统、主副井提升系统、井下输送带运输系统、配电系统（井上/下配电）、排水系统、压风监控、主要通风机、综采系统、架空行人、人员定位、安全监测、输送带称重、汽车装车、信集闭、束管监测、应急管理等 43 个子系统，实现了数据的历史查询、报警查询、事件查询、网络监测、报警联动，实现了调度室远程监测监控（未达到二期信息化建设的要求）。

目前，平宝公司实施的软件系统相对独立，数据难以进行有效的综合利用，很难形成有效的数据为矿决策层提供安全、生产、经营方面的支持；信息化平台因各子系统之间数据不共享，因此非常不完善。现综合自动化平台与管理信息平台信息没有互通，只是两个平台平行运行。为了达到智慧矿山建设目的，我们拟建设综合自动化平台和智慧矿山平台。综合自动化平台以宝信自动化平台为主体，将所有管控自动化子系统接入该平台，通过该平台对所有自动化子系统进行控制。智慧矿山平台需要新建，内容以三维一张图为基础，将矿山设计系统、生产管理系统、综合自动化平台的数据统一整合，统一展现在“一张图”上，这样可以在一张图上展示各个子系统数据的关系，便于充分整合采、掘、机、运、通等各类矿山数据资源，紧紧围绕矿山三维空间结构，建立统一的数字化、智能化的矿山空间数据仓库。同时，充分利用现代空间分析、数据采矿、知识挖掘、虚拟现实、云计算、人工智能、物联网和可视化技术，无缝融合专业设计、设备在线监控、通信联络、调度指挥、人员定位、视频监控等子系统数据，打造一个以数据为核心、各子系统相互关联的矿井“一张图”综合平台，实现在“一张图”上的统一数据联动、统一调度指挥、统一监测监控，为矿山规划、地测等各部门设计、生产安全和应急救援等提供基础平台和决策支持，为进一步提高劳动效率，实现矿山可持续开采、少人（无人）开采奠定坚实基础。

平宝公司综合自动化平台可划分为3个层次：管理决策层、信息集成处理层和信息采集及控制层，如图7－6所示。

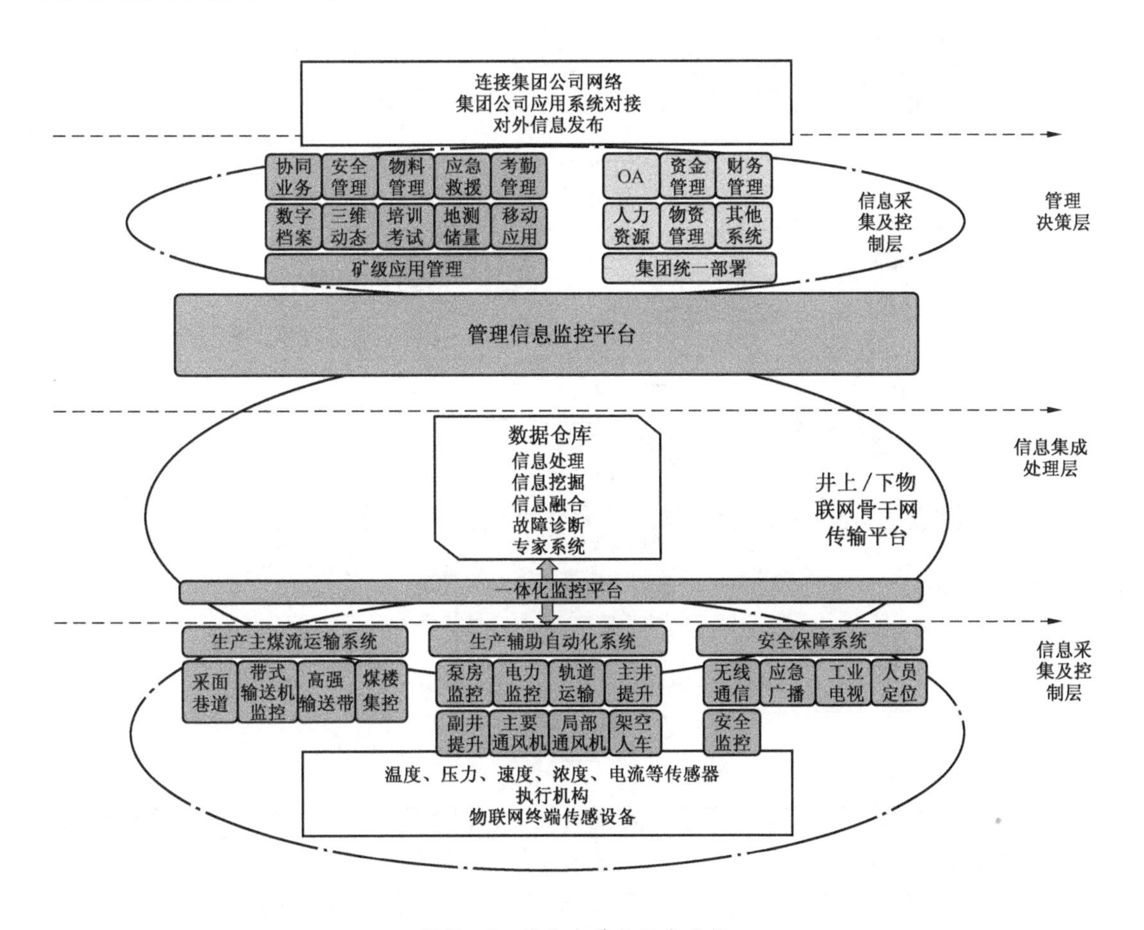

图7－6 综合自动化平台分层

综合自动化平台是智慧矿山的基础，没有自动化就没有智慧矿山，智慧矿山带动自动化。矿山综合自动化部分，即信息的采集与处理层，平宝公司采用现场总线与井下工业环网相结合的模式，构建综合传输网络平台，各种监测与控制系统的信息均进入同一传输网络进行传输。中间为信息集成层，主要是矿山的网络基础，各种信息处理与集成应用软件，如数据库、专家知识库等。由它们完成信息的融合和信息可用度的提升，充分挖掘出各种信息采集系统获得的信息的作用，并将处理的结果提供给管理决策层或直接施用于受控设备。

此次综合自动化建设的内容主要是以矿井井上/下工业以太环网为统一的网络传输平台，将矿井的各个控制系统及各工业现场的视频监控汇聚到一体化监控平台，充分考虑子系统的接入与整合，可节省投资、资源共享，提高系统功能，并可与矿信息管理网实现无缝连接，从而实现矿井综合自动化与信息化平台统一。综合自动化系统构成图如图7-7所示。

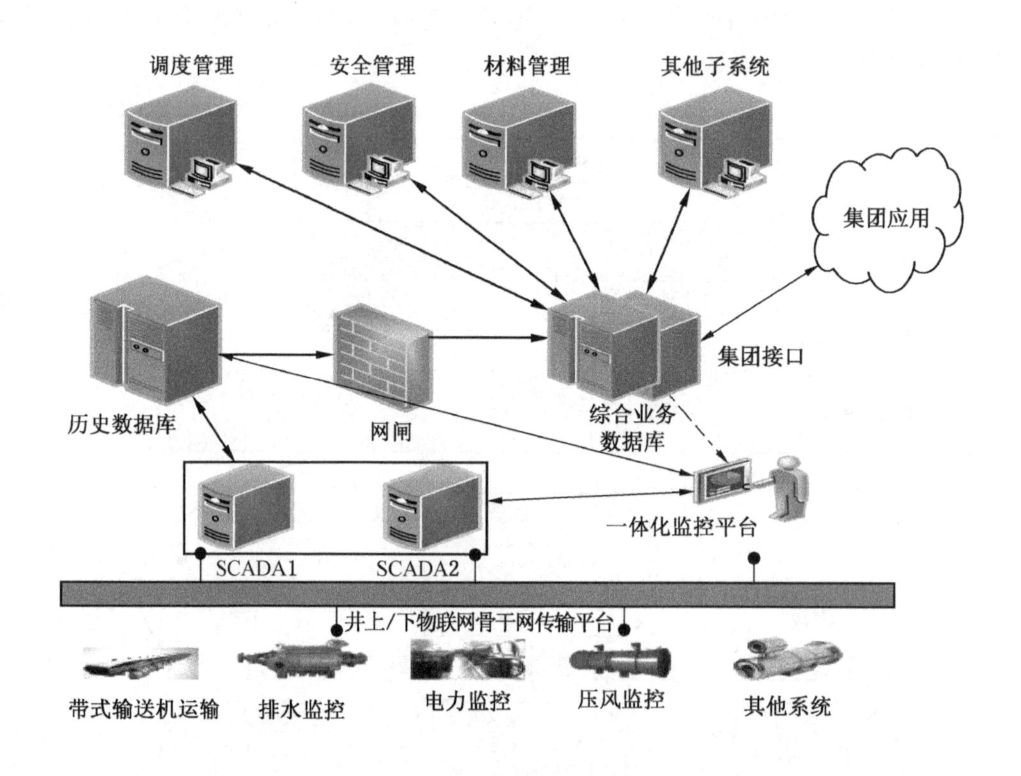

图7-7　系统构成图

综合自动化平台具有高效、可靠、高度集成化、智能化的一体化监控软件系统特点，该一体化监控平台是集数据通信、处理、采集、控制、协调、综合智能判断、图文显示为一体的综合数据应用软件系统，能在各种情况下准确、可靠、迅速地做出反应，及时处理、协调各系统工作，达到实时、合理监控的目的。

人机界面系统直观、便利地使用在设备监控画面中可以同时监视相关系统的组态画面，并通过一机三（多）屏技术，同时监视视频、GIS监控画面。一体化人机操作界面可以通过简易、方便的组态实现。

7.4.2 案例二

大恒煤业信息管理系统的建设，就是充分利用和整合煤矿现有的各类系统搭建一个煤矿管控一体化平台，实现全矿安全生产相关各系统的集中控制与信息共享，为全矿的各级管理者和各职能部门提供一个信息共享的办公平台，实现对煤矿生产现场的全面监控与管理。建设煤矿安全生产管理系统，利用信息化技术实现对煤矿生产与安全的全面管理，是管理现代化新型矿井的必然要求。煤矿安全生产管理系统的建设主要有以下几个方面：

（1）建设先进的矿调度指挥中心。大恒煤业建设安全生产综合调度中心，安装了大屏幕投影墙、工业电视、LED 显示屏组成的大屏监视系统。大屏幕显示系统中间由 12 块 DLP 大屏幕拼接而成，大屏幕的两边分别设计一组电视墙显示系统，每组电视墙由多台专业监视器组合而成，显示墙的顶部设有 LED 显示屏。

（2）建设数字化煤矿系统运行环境。建设全矿的局域网系统，实现煤矿安全生产管理信息的应用与共享，各级管理者与职能科室通过矿局域网即可实现煤矿安全生产的监控与管理。建设现代化的矿计算机机房系统，配置相应的服务器与网络设备，搭建数字化煤矿系统运行的硬件设备环境。

（3）建立统一的数字化煤矿系统应用平台。通过数字化煤矿系统的建设，建立涵盖矿调度室和各职能科室的统一的矿级安全生产管理应用平台，为各级矿领导、矿调度人员、各职能科室人员提供一个统一、便捷的计算机桌面办公平台。该应用平台集成了煤矿企业安全生产管理的各种应用功能，并以简单易用的方式便于煤矿各级安全生产管理人员的使用。煤矿各级安全生产管理人员根据不同权限，登录该应用平台进行日常安全生产管理和应用辅助决策。

建立统一的数字化煤矿系统应用平台，有利于应用范围和用户范围的扩展。该平台配置灵活、扩充容易，未来新增的应用模块可以非常方便地插接在该应用平台上，可满足未来应用功能扩展的需要。同时，通过对不同使用者的授权，相关部门和人员便可通过企业局域网登录该应用平台，使用其授权范围内的各种应用模块，可实现“一次投入、多级使用”，并满足公司领导和相关部门对煤矿安全生产管理的需要。

（4）建立统一的数字化煤矿管理数据库。建立统一数字化煤矿管理数据库，整合分散在煤矿企业中的与安全生产管理相关的各种无序、多介质的信息和多种工业监控数据，为各级矿领导、矿调度室和相关部门提供充分的数据支持。同时，通过建立统一的数字化煤矿管理数据库，构建数据共享与交换机制，既满足随着业务发展的其他系统与数字化煤矿系统集成的需要，又便于未来信息系统以及矿相关信息系统的集成。

（5）建设矿级煤矿安全生产管理计算机应用系统。建设以煤矿安全生产管理为核心，包括日常调度管理、调度辅助决策、调度办公管理、工业安全监控、通风安全管理、煤炭运销管理、矿设备管理、物资供应管理、生产成本控制、应急救援辅助、统计分析等功能的矿级安全生产管理计算机应用系统，以满足各级矿领导对全矿安全生产掌控的需要，满足矿调度室日常生产调度管理和应急指挥的需要，满足各职能部门安全生产管理的需要，满足未来上级公司和部门对生产调度与安全监控管理的需要。

（6）完善信息系统建设技术框架和技术标准。充分吸收国内外煤矿企业信息化建设的成功经验，参照先进的煤矿企业信息化建设的各项标准规范，通过数字化煤矿系统的建设，完善煤矿信息系统建设的技术框架和技术标准，形成管理体系，使该煤矿信息系统的建设逐步走向规范化、标准化，确保信息资源共享和系统的成功实施与应用。

大恒煤业信息管理系统是从生产现场的各种自动化系统中获取实时数据，形成安全生产数据库，实现对现场生产的实时监控与管理，同时为企业的 ERP 系统提供相关的生产管理各种信息数据，为企业的经营管理提供数据基础。

大恒煤业信息管理系统作为数字化煤矿的核心业务系统，起着十分关键的作用：一方面需要整合全矿现有各个系统有关生产、安全、日常管理方面的信息，特别是实现对井下安全监控、人员定位、输送带、供电、提升等工业自动化系统的全面整合；另一方面需要在整合的数据基础上建设各个业务应用子系统；另外，为了满足国家煤矿安全监察局关于矿井安全监测监控系统联网的要求，井下安全监控系统以及井下设备的运行状况需要上传到上级公司，因此本系统起着承上启下的作用，通过本系统将各种生产调度与安全监控数据上传给上级，并负责上级公司各种生产调度指令的上传下达。

本系统利用工业数据集成平台整合井下安全监控、工业视频、井下供电、排水、输送带传输、选煤厂等系统数据，经整合后的全矿安全生产相关数据可直接在可视化应用门户中进行实时显示与报警，以实现对全矿安全生产工况的实时监控与掌握，同时还可将安全生产相关数据存储在实时型数据库及关系型数据库中，建设全矿统一的安全生产综合数据库，以实现对全矿安全生产历史状况的查询与分析。系统结构图如图 7 - 8 所示。

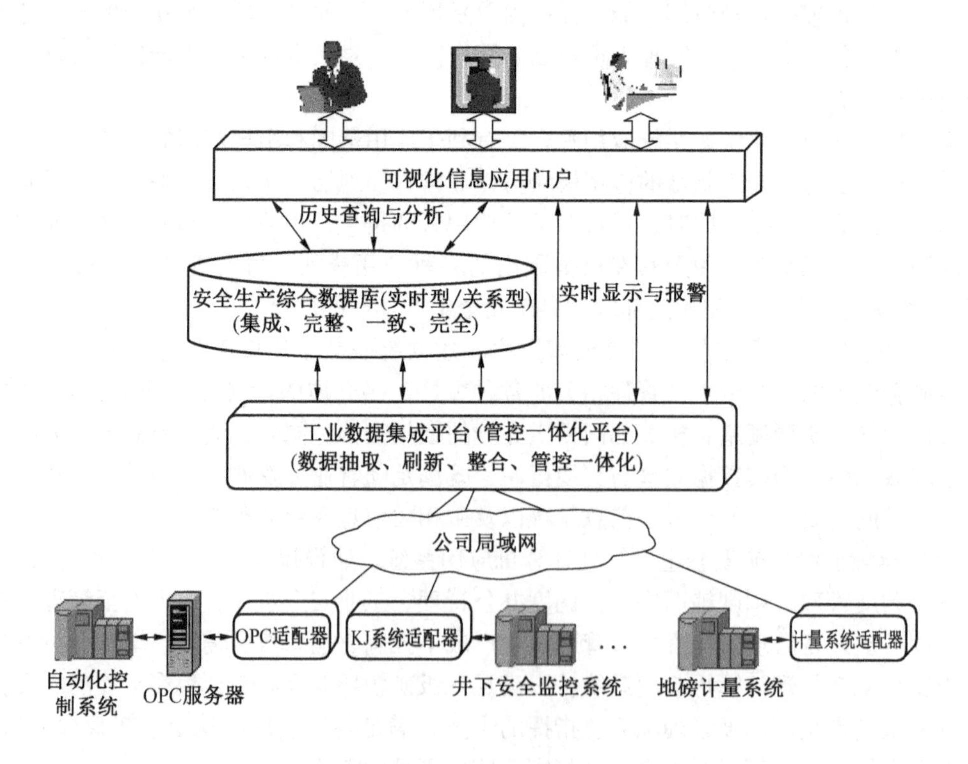

图 7 - 8 系统结构图

8 矿山监测监控技术

8.1 概述

在我国，煤炭产业是支柱性产业，在国民经济中占有重要的地位。而矿井安全生产是煤炭产业健康有序发展的重要保证，由于煤炭资源特殊的生产环境（容易发生瓦斯爆炸、火灾、透水等重大灾害）导致其严重地制约着矿井安全生产。因此，国家有关安全生产监督管理部门专门制定了“先抽后采、监测监控、以风定采”的十二字指导方针，要求矿井建立“通风可靠、抽采达标、监控有效、管理到位”的十六字工作体系。

矿井监控系统是煤炭高产高效安全生产的重要保障，也是矿井生产实现现代化管理的一个重要标志。结合矿井“六大系统”监测监控系统、人员定位系统、通信联络系统、紧急避险系统、压风自救系统、供水施救系统的指标与要求，为了能够把矿井事故降到最低的程度，应准确、及时地测定井下工矿环境参数，达到预防事故的发生和保障矿井安全生产的目的。

在矿井安全生产中影响矿井安全生产的因素有很多，但归结起来主要包括矿井环境参数和用电设备的运行参数两种，其中矿井环境参数包括瓦斯、一氧化碳、风量、温度、顶板压力及其位移、井下粉尘、带式输送机机头烟雾、水仓水位、风机的负压和风门墙两边的风压等。用电设备的运行参数主要包括转载机、带式输送机、割煤机、乳化泵等。无论环境参数或用电设备的运行参数任何一个出现异常，都将影响到矿井的安全生产。

8.1.1 矿山生产监测参数的特性要求

为了保证矿井监控系统能够长期、安全、稳定、可靠、高效的运行，矿井监测监控系统应该满足以下几种性能的需求：

（1）监测与监控信息的完备性。矿井监控系统应具有如下主要特性：

① 具有对甲烷、风速、压差、一氧化碳、温度等模拟量监测，对馈电状态、设备开停、风筒开关、烟雾等开关量监测和累计量监测功能；

② 具有甲烷浓度超限声光报警和断电/复电控制功能；

③ 具有风、瓦斯、电闭锁功能，具有断电状态监测功能；

④ 具有中心站手动遥控断电/复电功能，且断电/复电响应时间应不大于系统巡检周期；

⑤ 具有异地断电/复电功能；

⑥ 具有备用电源和自检功能。

（2）系统处理的准确性和及时性。监控系统应准确、及时地对所监测的信息进行处理。在监控系统设计和开发过程中，要充分考虑系统当前和将来可能承受的压力，使系统的处理能力和响应时间能够满足矿井对信息处理的需求。

(3) 系统的开放性和可扩充性。矿井安全监控系统在开发过程中，应该充分考虑系统的开放性和可扩充性要求，以便于系统的更新、升级以及与其他监控系统兼容。

(4) 系统的易用性和易维护性。矿井安全监控系统是面对用户的，因此要求监控系统易学习、提示信息准确、术语规范、有较强的管理性和易操作性，使系统管理人员能熟练地掌握操作管理技术，保证系统安全可靠的运行。

(5) 系统的标准性。系统在设计开发使用过程中涉及计算机硬件、软件，这些都要符合国际主流国家和行业标准。同时，在开发系统时要进行良好的设计工作，制定行之有效的工程规范。

(6) 系统的先进性。在系统的生命周期内应保证系统的先进性，完成企业信息处理的要求。系统的先进性可通过在系统设计和开发过程中，采用主流且有良好发展前途的开发环境来实现。

(7) 数据自动备份。矿井监控系统中涉及的数据是矿井企业中相当重要的信息，系统要提供方便的手段进行数据备份，以便于系统维护人员进行日常安全管理和系统意外崩溃时数据的恢复工作。

(8) 系统的响应速度。矿井安全监控系统的响应速度应达到实时要求，并能够及时反馈信息。

8.1.2 矿山监测监控技术发展历程

1. 国外矿山监测监控技术的发展历程

国外安全监测监控系统应用于煤矿生产过程，是集环境安全、生产控制、调度运输等各方面功能于一体的复合系统。安全监测监控系统按信息传输特征，可以将其分为如下几代产品：

第一代产品。其信息传输采用空分制方式，这是国外最早应用于煤矿安全监测监控的信息传输方法。在20世纪60年代，最具有代表性的是法国的CCT63/40矿井环境监测系统，它可以检测瓦斯、一氧化碳等多种参数，布置40多个测点。到了20世纪70年代末，波兰从法国引进这一技术后，推出了可测128个测点的CMC-1系统。

第二代产品。其主要技术特征是信道的频分制技术的应用，它大大减少传输信道电缆芯数目，于是很快取代了空分制系统。英、美、德等国家的煤矿在20世纪60年代后期就大量采用频分制技术，其中最具代表性的是德国Siemens公司的TST系统和F+H公司的TF200系统，这些音频传输系统的信息传输技术以晶体管电路为主，它比空分制信息传输前进了一大步。

第三代产品。集成电路技术出现以后，推动了时分制信息传输技术的发展。其中发展较快的是英国，英国煤炭研究院于1976年推出了轰动一时的以时分制为基础的MINOS煤矿监控系统。到了20世纪80年代初，MINOS煤矿监控系统已相当成熟，在英国国内得到大量推广，并向美国和印度出售。这一系统的成功应用，开创了煤矿自动化技术和安全监测监控技术发展的新局面。

第四代产品。其是以分布式微处理机为基础的安全监测监控系统。近年来，计算机技术、大规模集成电路技术、数据通信技术以及计算机网络技术等现代高新科技应用于煤矿监控系统，使得矿井安全监测监控技术跻身于高科技之列。最具代表性的是美国 MSA 公司的 DAN6400 系统，其信息传输方式虽然仍属于时分制范畴，但用原来的一般时分制的概念已经不足以反映这一高新技术的应用特点。

第五代产品。其是以光纤通信技术为基础的安全监测监控系统。采用光纤通信技术是国外煤矿监测监控系统近年来发展的特点之一，如德国 AEG - TELEFUNKEE 公司将光纤通信用于 GEAMATIC2900i 矿井监控系统中；英国在 MINOS 煤矿监控系统中也开发了 64 kb/s 光纤通信装置。日本采矿研究中心，利用局域网络技术构成了宽带传输线，具有高传输速率等特点，提出并开发了双回路环形系统。

2. 国内矿山监测监控技术的发展历程

我国的煤矿安全监测监控系统是以“自力更生”方针为起点，在引进、消化、吸收国外先进的煤矿安全监测监控技术的基础上逐步发展起来的。我国自行设计的第一套煤矿安全监测监控系统是煤炭科学研究总院常州自动化研究所研制的 KJ1 系统。我国在 20 世纪 80 年代初，先后从法国引进了两套 CCT63/40 矿井环境监测系统，分别装备在阳泉一矿和兖州东滩矿。到了 80 年代中期，又从波兰引进了两套 CMC - 20 型系统装备在抚顺龙凤矿和开滦赵各庄矿，并由抚顺煤矿安全仪器厂引进 CMC - 20 制造技术。这是第一代安全监测监控系统在我国的应用情况。

1984 年，原煤炭部从西德 F + H 公司引进一套 TF200 系统，装备在兖州兴隆庄煤矿。同一年，我国从美国引进两套 MSA 公司的 DAN6400 系统，分别装备在淮南潘一矿和鸡西的小恒山矿。

在 20 世纪 80 年代初，原煤炭部组织了对国外煤矿安全监测监控技术进行大规模考察和引进的工作，大大促进了国内安全监测监控技术的发展。如常州自动化研究所研制的 KJ2 系统于 1988 年通过鉴定；镇江煤矿专用设备厂生产的 A - 1 系统于 1988 年通过鉴定；海南煤矿安全仪器厂于 1989 年生产出了 KJ10 系统；常州自动化研究所的 KJ22 经济型煤矿监控系统于 1991 年通过鉴定。这标志着我国煤矿安全监测监控系统进入了国产化的轨道。

进入 20 世纪 90 年代，我国在安全监测监控技术方面的研制得到了进一步的发展，研制开发了一批具有世界先进水平的监测监控系统。如北京仙岛新技术研究所和抚顺煤矿安全仪器厂联合开发的 KJ66 系统，煤炭科学研究总院重庆分院的 KJ90 系统，上海嘉利矿山电子公司的 KJ92 系统，煤炭科学研究总院常州自动化研究所的 KJ95 系统等。其主要特点是，测控分站的智能化水平进一步提高，具有网络连接功能；管理器系统软件普遍采用了 Windows 操作系统。

3. 我国近十年来煤矿安全监测监控技术发展特点

（1）煤矿安全监测技术标准化工作逐步完善。为了规范管理煤矿安全监测系统，在原煤炭部的组织下相继制定了《煤矿监控系统总体设计规范》《煤矿安全生产监控系统软件通用技术要求》以及甲烷、一氧化碳、风速等传感器行业标准。这些技术规范和标准对监测系统的技术规格、实时性、可靠性、精度、软件功能、关联设备等级技术指标和试验方法做出了明确规定。这对我国煤矿安全监测系统的研究、设计及产品质量监督检验起到了指导和积极的推动作用。

（2）开发新型传输技术，系统容量扩大。我国现有的煤矿监测系统的数据传输信道基本上采用电信号传输，既有模拟传输系统也有数字传输系统。随着矿井监控技术容量的增加，以及矿井调度通信功能的综合一体，现有监测监控系统的网络结构和传输方式难以满足要求，为此，中国矿业大学、煤炭科学研究总院常州自动化研究所等单位相继开发了光纤传输系统。如 KJ95 就是集矿井调度通信、监测于一体的综合性系统，该系统的主干线是光纤高速通道，系统在透明传输监测数据的同时，可以传输微机调度通信系统的 28 路话音信号。

（3）应用软件丰富，系统功能增强。目前，矿井监测监控系统大部分采用应 Intel 系列 CPU 的工业控制机，硬件配置增强，配有实时、多任务操作系统。系统软件多运行在 Microsoft Windows XP 或 NT4.0 中文操作平台上，不仅可以充分利用多进程、多线程技术实时并发处理多任务，还具有丰富多彩的用户界面，使监测监控软件的前后台处理能力增强。随着煤矿计算机应用水平的不断提高和煤矿企业管理要求的不断更新，需要将矿井监测监控系统与其他计算机构成网络，如现有的 KJ110N、KJ95N、KJF2000N 等监测监控系统都具备联网功能。

（4）矿井专业化安全监测系统不断涌现。矿井安装安全监测系统的目的是要防止瓦斯、火灾等重大灾害事故的发生。煤炭科学研究总院重庆分院开发的 KJ54 型矿井安全监测系统在现有监测系统的基础上，根据我国煤矿生产的实际情况和多年来与自然灾害斗争的实际经验，以多种自然灾害的预报（如矿压显现规律）为目标，与一般的环境监测系统不同，专业化系统强调了对矿井自然灾害的实时分析与处理，系统包括：矿井环境及工矿监测、煤与瓦斯突出实时分析监测、矿井冲击地压实时分析监测、煤层自然发火实时分析监测（束管监测）、瓦斯异常涌出实时分析监测、巷道火灾实时分析监测和瓦斯抽放实时监测。

（5）重视、加强传感器的开发研究。传感器是煤矿监测系统的重要组成部分，我国煤矿安全监测技术的发展，也相应地带动了煤矿安全监测传感器的技术进步。煤炭科学研究总院重庆分院等单位采用单片机研制出智能型甲烷传感器，增加了红外线非接调校和自动调校功能。为了克服高浓度瓦斯冲击造成催化元件失效的问题，一些研究院所和企业采用催化和热导两种敏感元件研制了高、低浓度瓦斯传感器，相应延长了传感器的使用寿命。

目前，矿井监控系统还存在以下问题：

（1）系统反应时间慢且智能性不高。监控系统连接设备越来越多，系统的规模不断扩大，导致系统反应速度和反应时间不能有效地提高，同时现有矿井安全监控系统实际上是一个实时监测监控系统，监测系统的预测、预报、预警能力很弱且智能性不高。

（2）通信协议不规范。由于现有厂家的监控系统采用的通信协议不唯一，分别包括 TCP/IP、NETBEUI 和 IPX/SPX 3 种协议，每种协议的应用环境也是不同的，致使系统在设备兼容性、扩展性方面遇到困难。

（3）市场秩序亟待规范。大大小小的系统生产厂家的不断出现，导致市场中的恶性竞争，其结果就是不仅损坏了厂家的利益，而且还导致了生产企业的系统研发后劲不足、技术支持能力降低，最终将影响产品用户的正常使用。

8.2　矿山监测监控主要技术

8.2.1　采集技术

传感器主要由敏感元件、转换元件、测量电路和辅助电源组成，如图 8－1 所示。在矿井监控领域又将敏感元件和转换元件统称为传感元件。

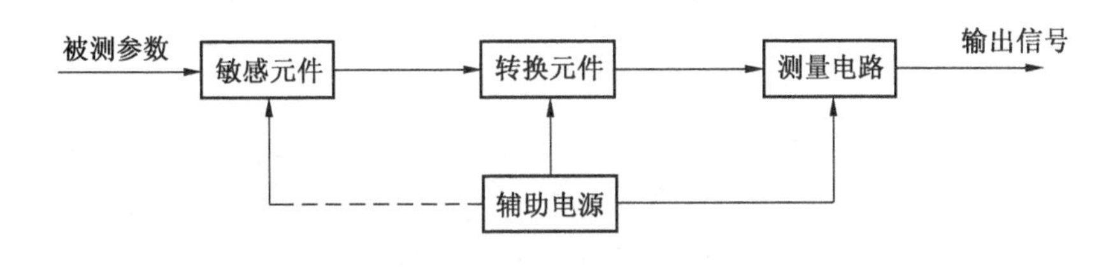

图 8－1　传感器的组成

在矿井监控系统中，所需监测的物理量大多数是非电量，如甲烷、风速、温度等，这些物理量不宜直接进行远距离传输。为了便于传输、存储和处理，就必须对这些物理量进行变换，将它们变换成便于传输、存储和处理的物理量。目前，最能满足这些要求的物理量是电信号。电信号的测量、传输、存储和处理手段最为成熟，便于信号的放大、传输、存储和计算机处理。为此，就需要使用传感器将被监测的非电量信号转换为电信号。传感器作为监控系统的第一个环节，完成信息的获取和转换功能，其性能的好坏直接影响着系统的监控精度。

1. 甲烷传感器

甲烷浓度是矿井安全监控的主要监测对象之一，当环境中甲烷浓度大于或等于报警浓度时，传感器应发出声光报警信号；当环境中甲烷浓度大于或等于断电浓度时，应切断被控区域的全部非本质安全型电气设备的电源并闭锁；当甲烷浓度低于复电浓度时进行解锁。因此，甲烷传感器既是矿井安全监控系统中最重要的设备，又是矿井安全监控必需的设备之一。

甲烷检测的方法有很多种，如热导法、红外光谱系数法、超声波测量法、气敏半导体法、载体催化元件检测法等。在矿井安全监测中，用于低浓度甲烷监测的主要是催化燃烧式，用于高浓度甲烷监测的主要是热导式。催化燃烧式甲烷传感器的工作原理：在传感元件（含敏感元件）表面的甲烷或可燃性气体，在催化剂的催化作用下发生无焰燃烧放出热量，致传感元件升温，进而使传感元件电阻变大，通过测量传感元件电阻变化就可测出甲烷气体的浓度。

催化燃烧式甲烷传感元件有铂丝催化元件和载体催化元件两种。载体催化元件一般由一个带催化剂的传感元件（俗称黑元件）和一个不带催化剂的补偿元件（俗称白元件）组成，如图 8－2 所示。

2. 一氧化碳传感器

井下空气中一氧化碳浓度较高时，会使人中毒。同时，一氧化碳浓度又是预测和监测煤炭自然发火、带式输送机火灾等的主要技术指标。因此，一氧化碳监测是矿井安全监测

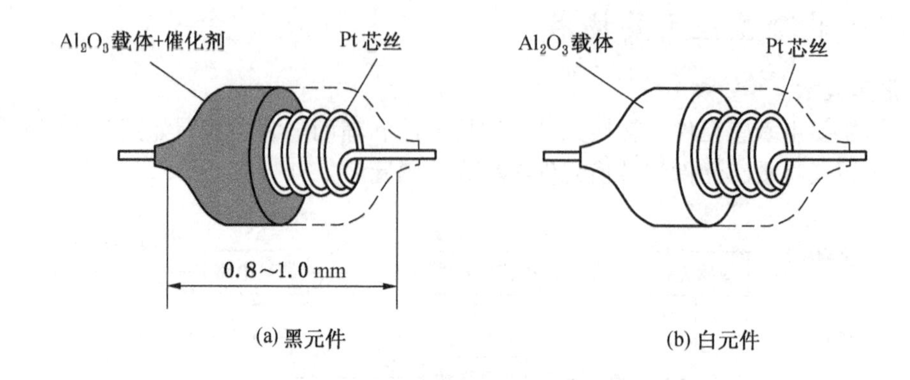

图8-2 载体催化元件结构

的主要内容之一。

一氧化碳传感器按其工作原理可分为电化学式、红外线吸收式等几种：

（1）电化学式。电解质溶液与电极间发生化学能与电能之间的转换被称为电化学反应。电化学反应是氧化还原反应，不同物质的氧化还原反应必须在一定的电极电位下进行，如果阳极电位高于氧化还原的阴极电位，则这个电位中的还原物质被氧化；反之，这个电位中的氧化物质被还原。

电化学反应在阳极上给出电子，在阴极上得到电子。当内部电解质与外电路形成回路时，将有电流流过。如果采用气体扩散电极，反应电流 i 与 CO 浓度 C 具有线性关系：

$$i=\frac{nFADC}{L} \tag{8-1}$$

式中 i——反应电流；

C——CO 浓度；

A——反应界面面积；

L——扩散电极膜厚；

D——膜中气体扩散系数；

n——反应中电子转移数；

F——法拉第常数。

（2）红外线吸收式。不同原子结合成的气体分子对特定波长的红外线具有吸收能力，其吸收波长取决于原子种类、原子核质量结合强弱、光谱位置等。一氧化碳传感器将测得的浓度值经过放大后送 A/D 转换器转换成数字信号由单片机读取。单片机从 A/D 转换器读取电压值，经过内部软件处理可得到气体浓度值，并在数码管上显示，同时输出 200 ~ 1000 Hz 频率信号。频率或电流信号送系统分站经通信接口装置和电缆，将数据送地面工作站，实现一氧化碳浓度的连续实时监测。一氧化碳传感器整体组成结构如图 8-3 所示。

系统设有看门狗电路，当由电源干扰、程序跑飞等原因造成的系统故障时，看门狗电路启动，系统自动恢复正常运行。采用红外遥控技术进行零点调整、报警参数设定等操作。

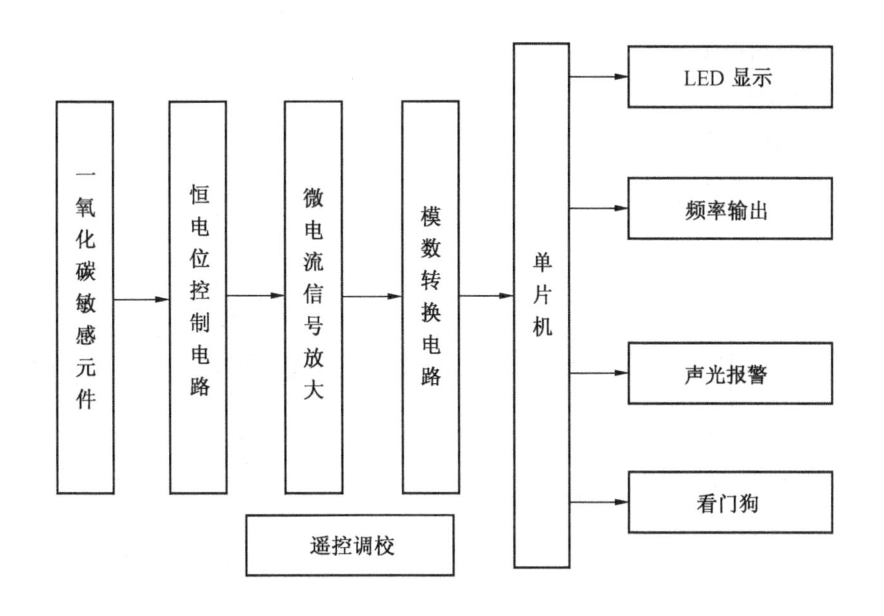

图 8-3 一氧化碳传感器整体组成结构

3. 风速传感器

在煤炭开采过程中，总有瓦斯涌出。为稀释矿井空气中的瓦斯，必须不断向井下输送新鲜空气，以确保安全生产。《煤矿安全规程》规定：矿井必须建立测风制度，每 10 d 进行一次全面测风。对采掘工作面和其他用风地点，应根据实际需要随时测风，每次测风结果应记录并写在测风地点的记录牌上，再根据测风结果采取措施，进行风量调节。因此，矿井的风速检测是煤矿安全生产的一项重要工作。

根据工作原理不同，风速传感器主要有超声波风速传感器、热电耦式风速传感器、激光多普勒风速传感器等。其中用于矿井的风速传感器主要有超声波旋涡式和超声波式两种：

（1）超声波旋涡式风速传感器。超声波旋涡式风速传感器是利用穿过空气的超声波被空气旋涡调制，从已调波中检出旋涡频率来测定风速，如图 8-4 所示。A、B 为一对谐振频率相同的超声波换能器，分别安装在旋涡发生体下游的管壁上。A、B 的轴线、发生体的轴线和管道的轴线都相互垂直。A 为发射换能器，发出连续等幅超声波；B 为接收换能器，接收被旋涡调制了的超声波。

当无旋涡通过超声波束时，接收换能器 B 接收到等幅波信号。其幅度可按下式计算：

$$P = P_0\sin(2\pi f_c t) \tag{8-2}$$

式中 P_0——声波的幅值；

f_c——声波频率。

当旋涡与超声波相遇时，由于旋涡内部的压力梯度和旋涡的旋转运动，使超声波发生反射和折射。由于两列旋涡的旋转方向相反，对声束折射的方向也相反，无论哪一列旋涡与声束作用，都使接收到的信号幅度减小。其幅度可按下式计算：

$$P = P_0[1 + M\sin(2\pi ft)]\sin(2\pi f_c t) \tag{8-3}$$

式中 P_0——声波的幅值；

M——调制度；

f——旋涡频率；

f_c——声波频率。

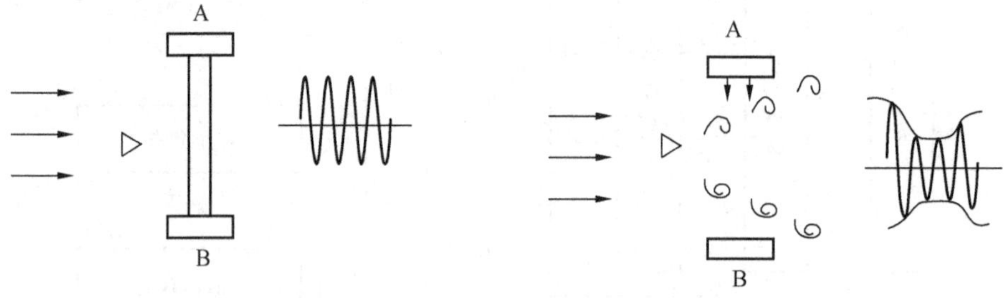

(a) 超声波未被调制

(b) 超声波被调制

图 8-4 超声波旋涡式风速传感器工作原理

旋涡通过声束后，在下一个旋涡未到达之前，信号又恢复常态，接收到原来幅值的波束。因此，只要有一个旋涡通过超声波，声波就被调制一次。超声波调制频率（幅度变化频率）就是要测量的旋涡频率。

（2）超声波式风速传感器。超声波式风速传感器的工作原理如图 8-5 所示，高频晶体振荡器产生的信号经分频，得到与超声波换能器频率相匹配的信号后经功率放大器放大，驱动发射换能器 F。根据压电效应原理，发射换能器将等幅连续的电信号转换成超声波束发射出去。接收换能器 S 把接收到的已调制超声波信号转换成电信号。该信号经放大、包络检波，检出涡街信号，经整形滤波后输出矩形波送单片机。单片机处理后输出风速值，由数码管显示，同时输出 200～1000 Hz 频率信号。

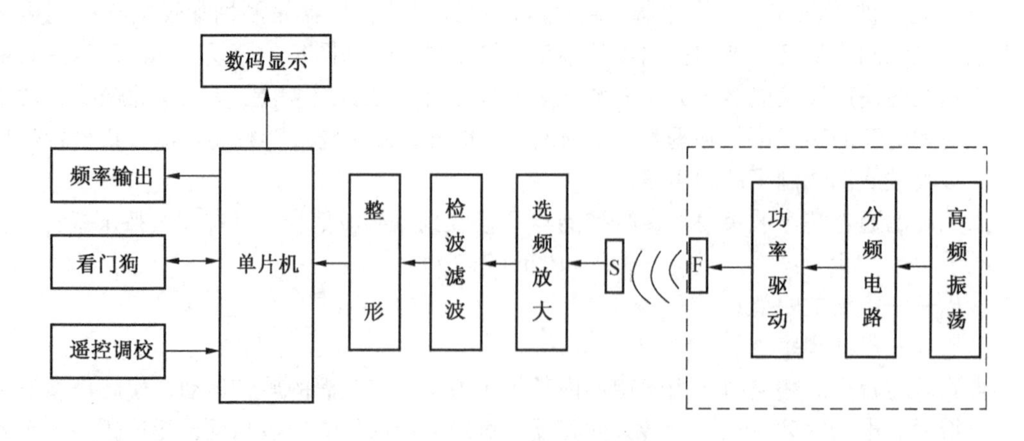

图 8-5 超声波式风速传感器工作原理

4. 负压传感器

矿用负压传感器是对矿井通风安全参数连续测量的重要传感器。在矿井的通风工作中，矿井的风压是矿井通风的一个重要参数，通过对风压的连续监测，可为矿井的通风管理、风量调配等通风安全工作提供及时必要的数据。在煤矿中，不仅要监测煤矿井下巷道的风压变化，还需监测瓦斯抽放泵的工作压力、井下主要风门两端的压力，这些都需要负压传感器。因此，及时准确地掌握井下风量的变化情况，对预防事故的发生和确保煤矿安全生产有着十分重要的意义。

负压传感器是利用半导体的固态压阻效应来实现压力测量的。压阻效应是指硅晶体在压力作用下，晶格发生变化，导致其电阻率发生显著变化。硅膜片上按照一定的晶向位置扩散一个长 L、宽 W 的长条形四端力敏电阻，力敏电阻示意图如图 8-6 所示。

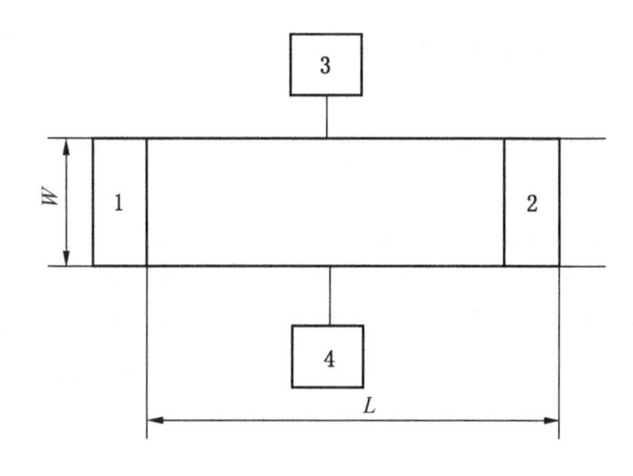

图 8-6 力敏电阻示意图

在力敏电阻 1、2 端加电压，3、4 端就有电压输出。当气体压差作用在硅敏片上时，膜片弯曲变形，产生应力。由于硅晶体材料有压阻效应，在应力的作用下力敏电阻率发生变化，电阻值随之改变，从而使电压改变。其变化关系式如下：

$$V_{out}=\frac{\Delta R_p WV}{R_0 L} \tag{8-4}$$

式中 ΔR_p——由于应力而产生的力敏电阻变化量；

R_0——应力为零时的力敏电阻值。

ΔR_p 正比于作用在硅片上的气体压差，与力敏电阻的晶向位置和所在位置的压阻系数呈正比。由于应力产生的几何尺寸变化量 ΔW、ΔL 远小于 ΔR_p，可以忽略不计。根据输出电压 V_{out} 的变化就可得到所对应的气体压差值。

差敏元件将检测的正压、负压转换为电压信号，经放大电路、A/D 转换器，送单片机处理，LED 显示负压数值，并输出频率信号。通过红外遥控可以调整零点、调换制式等。负压传感器整体框图如图 8-7 所示。

5. 温度传感器

为了确保煤矿的安全生产，需要实时了解和监控煤矿井下的各种环境参数，其中对矿

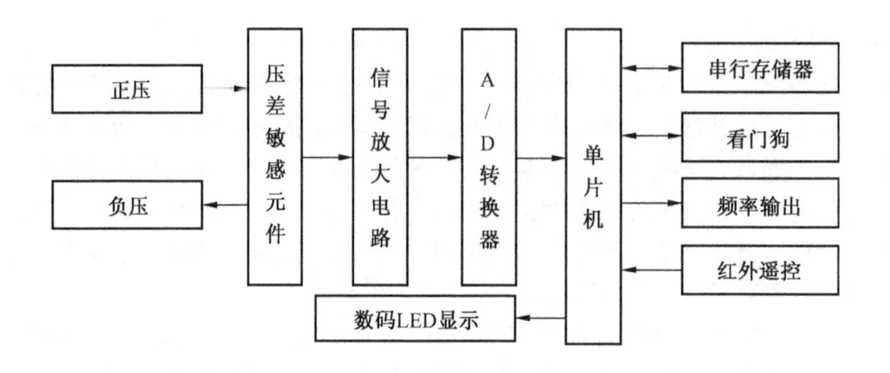

图8-7　负压传感器整体框图

井各个关键点和采煤工作面的温度进行实时监测是确保煤矿安全生产的重要监测内容之一。

常用的矿用温度传感器包括光纤温度传感器、红外温度传感器、半导体温度传感器3种：

（1）光纤温度传感器。光纤温度传感器是基于各种不同的光学现象或光学性质而实现温度测量的，如光强变化、干涉现象、折射率变化、透光率变化等。半导体感温元件的透射光强随波测温度的增加而减少。在光纤的一端输入恒定光强的光源，因半导体的透射能力会随被测温度的变化而变化，故在光纤的另一端接收元件所接收的光强，也将随温度变化而变化。通过测量接收元件的输出电压，便可测定温度。

光纤温度传感器一般分为两类：一类是利用光纤本身具有的某种敏感功能而使光纤起到测量温度的作用，光纤既能感知信息，又能传输信息；另一类是光纤只起到传输光的作用，必须在光纤端面加装其他敏感元件（如光纤光栅等）才能构成新型传感器的传输型传感器。

（2）红外温度传感器。红外温度传感器的工作原理是普朗克黑体辐射理论，即任何物体只要温度高于绝对零度，就会不断产生红外辐射，温度越高，辐射频率越大。只要知道物体的温度 T 和比辐射率 ε，就能计算出它所发出的辐射功率 P，即

$$P=\varepsilon\sigma T^{4} \tag{8-5}$$

式中　σ——斯特潘-玻尔兹曼常数；

ε——比辐射率；

T——物体的热力学温度。

利用上式，采用合适的敏感元件测出物体所发射的辐射功率则可求出它的温度。

（3）半导体温度传感器。与常见的温度传感器相比，半导体温度传感器具有灵敏度高、体积小、功耗低、时间常数小、抗干扰能力强等优点，在矿井安全监控系统中得到了广泛应用。当电流一定时，温度探头的感温部分可根据二极管或晶体管的PN结正向电压与温度有很好的线性关系，这一特性进行温度检测。

8.2.2　网络技术

计算机网络是自20世纪60年代的单机通信系统发展起来的，已逐步形成了具有开放

式的网络体系、高速化、智能化和应用综合化的网络技术。计算机网络已成为信息产业时代最重要、最关键的组成部分，对安全监测监控技术的发展和应用起着巨大的作用。

矿井监控系统体系结构是指系统监控中心站与监控分站、监控分站与监控分站、监控分站与传感器（含执行机构）之间的相互连接关系。矿井监控系统的体系结构同一般的数字通信和计算机通信网络相比，具有安全防爆的特点。为保证系统的安全性和可靠性，降低系统成本便于使用维护，矿井监控系统的体系结构应满足下列要求：

（1）有利于系统安全防爆；

（2）在传感器分散分布的情况下，通过采用适当的复用方式，使系统的传输电缆用量最少；

（3）抗电磁干扰能力强；

（4）抗故障能力强，当系统中某些分站发生故障时，力求不影响系统中其余分站的正常工作；当传输电缆发生故障时，不影响整个系统的正常工作；当主站及主干电缆发生故障时，保证甲烷断电及甲烷风电闭锁等功能正常。

目前，监控系统的体系结构主要包含星形结构、树形结构和环形结构 3 种类型。

1. 星形网络结构

星形网络结构，就是系统中的每一分站或传感器均通过一根传输电缆与监控中心站或分站相连，如图 8－8 所示。这种结构具有发送和接收设备简单、传输阻抗易于匹配、各分站之间干扰小、抗故障能力强、可靠性高等优点。但是，这种结构所需传输电缆用量大，特别是当系统监控量大、使用分站或传感器多时，会导致系统的造价高，且不便于安装和维护。因此，星形网络结构主要用于小容量的矿井监控系统。

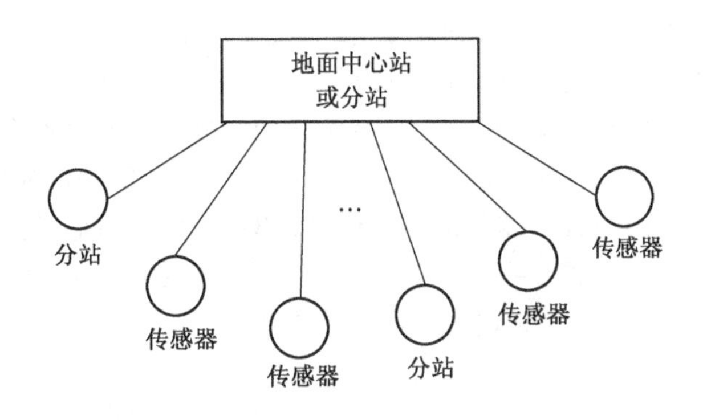

图 8－8　星形网络结构

2. 树形网络结构

树形网络结构，就是系统中每一分站或传感器使用一根传输电缆就近连接到系统传输电缆上，如图 8－9 所示。采用这种结构的监控系统所使用的传输电缆量最少，但由于采用该结构的监控系统传输阻抗难以匹配，并且多路分流，因此在信号发送功率一定的情况下，信噪比较低，抗电磁干扰能力较差，系统电缆短路会影响整个系统正常工作。在半双工传输系统中，分站的故障还会影响系统的正常工作，例如，当分站死机时，若分站处于发送状态将会长时间占用信道，影响系统正常工作，直至故障排除或分站从系统中脱离。采用该种结构的矿井监控系统其信号传输质量与分支多少、分支位置、线路长度、端接阻抗、分站发送电路截止时漏电流等因素有关。由于不确定因素太多，难以保证质量，在严重的情况下还会影响可靠性。

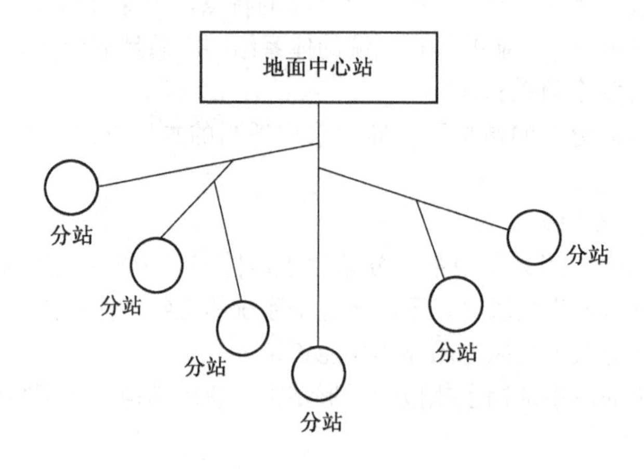

图8-9　树形网络结构

1）传输阻抗不匹配

传输阻抗不匹配将会造成信号电磁波的反射，由于信号电磁波的反射，将会造成在传输线上某些点的电压或电流值大于正常值，在严重的情况下，将影响系统的本质安全性能。同时由于信号电磁波的反射，反射波成为所发送信号的干扰波形，影响信号传输的可靠性。当信号频率较高、传输线较长时，特别当传输线的长度可以与信号基波波长比拟时，由于传输阻抗不匹配和传输线对阻抗的变换作用，将会在传输线的某些点上出现近似于短路和开路现象，从而阻塞信号的正常传输。例如，在图8-10树形系统故障示意图中，如果在 a 点处发生短路或开路故障，不但A、B、C分站的信号无法向中心站传输，而且由于 a 点的阻抗（短路或开路）将会导致 b 点的阻抗变化，还会影响D、E、F分站同中心站的联系，即系统的抗故障能力较星形结构差。

2）分支影响

树形系统中的传输线是就近并接在一起的，即使不考虑传输阻抗不匹配的问题，其本身的并接方式对系统也会造成较大的影响。具体如下：

（1）系统主干电缆或分支电缆的短路，将会使整个系统无法正常工作。

（2）多路分流的影响。所谓多路分流就是指在不考虑信号电磁波反射和传输线对信号衰减的情况下，电缆分支对信号能量传输有分流的影响。在图8-11树形系统多路分流示意图中，P_i 是第 i 个分支分流系数，它代表着该分支获得信号能量大小的程度（$P_i \leqslant 1$）。若分站A发送的信号能量为 W，由于多路分流，中心站K所获得的信号能量为（$P_1 * P_2 * \cdots * P_i$）$\times W$。由于 $P_i \leqslant 1$，因此信号所经过的节点越多，到达中心站 K 的信号能量就越小。在信号发送功率受本质安全防爆限制的情况下，多路分流大大降低了系统的信噪比，从而使系统的可靠性大大降低。

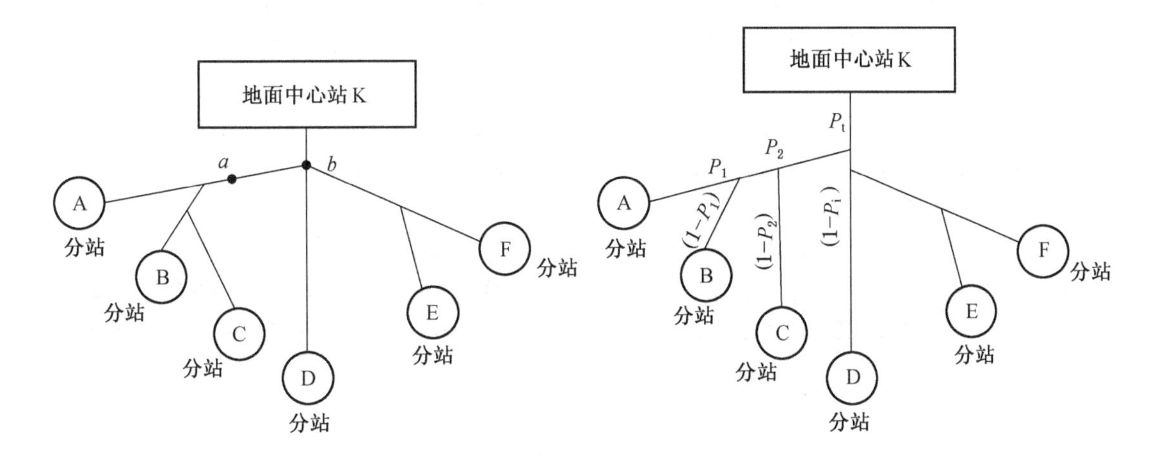

图 8 – 10　树形系统故障示意图　　　　图 8 – 11　树形系统多路分流示意图

(3) 在树形系统中，分站是否发送信号是受中心站咨询信号的控制。如果由于噪声干扰，将会造成咨询信号错误，从而会出现数台分站同时发送的现象。例如，中心站发送“00000001”咨询信号，要求 1 号分站发送信号，假如该信号在传输至 3 号分站时，由于附近某种干扰而误成为“00000011”，则 3 号分站接收响应，1 号分站和 3 号分站将同时发送，这时传输线上的总功率或电流将是叠加的，这必然会影响系统的本质安全性和中心站接收数据的正确性。

(4) 在树形时分基带传输系统中，由于各分站和中心站的输出电路有截止时漏电流输出，将会影响信号的正常传输，特别当系统所接分站较多时，这种漏电流的影响将很大。

在实际树形系统中，为了减轻树形系统传输阻抗难以匹配和多路并联对系统性能的影响，要采取两种措施：一是加大分站容量，以减少树形系统分支数（当每一个分站都处于满容量工作时，分支数 m 与分站容量 L、系统容量 n 的关系为 $m=n/L$）；二是降低信号的传输速率，以减小信号电磁波反射的影响。总之，树形系统的缺点是传输性能不稳定，不利于本质安全防爆性能，抗电磁干扰能力差，分站之间相互影响较大；其优点是使用电缆最少、成本低、使用维护方便。

3. 环形网络结构

环形网络结构就是系统中各分站与中心站用一根电缆串在一起，形成一个环，如图 8 – 12 所示。不难看出，因环形系统需要电缆往复敷设，使用电缆数量大于树形系统，小于星形系统。环形系统中各分站的工作状态是受中心站控制的，数据下行线和数据上行线将中心站和分站串在一起形成一个环，将中心站发送的回控信号传至各分站；同时将分站监测到的信号传送至中心站。环形网络除传输电缆用量在 3 种网格结构居中外，还具有如下特点：

(1) 传输电缆没有分支，传输阻抗易于匹配，不存在过电压、过电流、电磁波反射严重等问题，系统抗电磁干扰能力强，利于防爆；

（2）上一分站的信号仅传给下一分站接收，不存在多路分流问题，并且当分站误动作时，不会出现传输线上信号能量叠加问题，也不会因为发送电路漏电流较大而影响系统工作；

（3）环形系统中任一分站既是上一分站的接收机，又是下一分站的发送机。分站对接收到的数字信号进行门限判决、整形、放大，因此在数字传输方式下，抗干扰能力进一步加强；

（4）环形系统的致命问题是抗故障能力差。当系统电缆在任一处发生故障（短路或开路）或任一分站发生故障时，整个系统将无法正常工作。在故障点之前的分站，能接收到同步信号，但信号不能传至中心站；在故障点之后的分站，接收不到信号，无法正常工作。

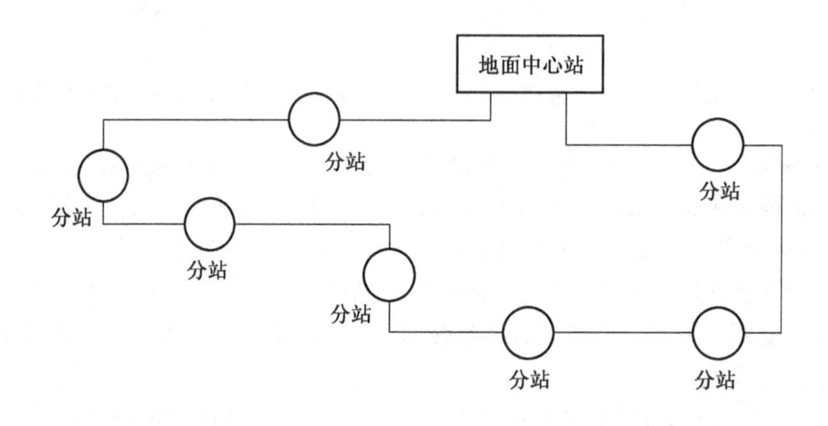

图 8－12　环形网络结构

在实际系统中，为了提高环形系统的抗故障能力，采用了故障时形成新环的方法，如图 8－13 所示。当分站 B 或分站 C、D、E 发生故障或传输故障时，分站 A 通过内部继电器将 a、a′短路，构成不包括 B、C、D、E 的新环。而当分站 G 或 H 发生故障短路时，分站 F 通过内部继电器将 b、b′短路，形成不包括 G、H 的新环。不难看出，在某种情况下形成新环时，一些正常工作的分站也从系统中脱离，这是该方法的缺点。为了保证系统对各处故障都有形成新环的再生能力，应避免正常工作的分站从系统中脱离，可以通过增设一些分站，或者将传输线多次往复敷设，以满足下一分站的全部进出线都必须经过上分站的要求。显然，这会大大增加系统的投资。

总之，环形系统的电缆用量居 3 种网络结构之中，其抗干扰能力较强，但抗故障能力较差。通过对 3 种不同网络结构的分析可以看到，这 3 种网络结构都各自有优缺点。在实际系统中，一般将星形网络结构用于监控容量较小的系统中，而将树形和环形结构用于大中型矿井监控系统中。

4. 开闭环形网络结构

开闭环形网络结构是环形网络结构的改进。当只需要集中监测时，可以将中心站与各

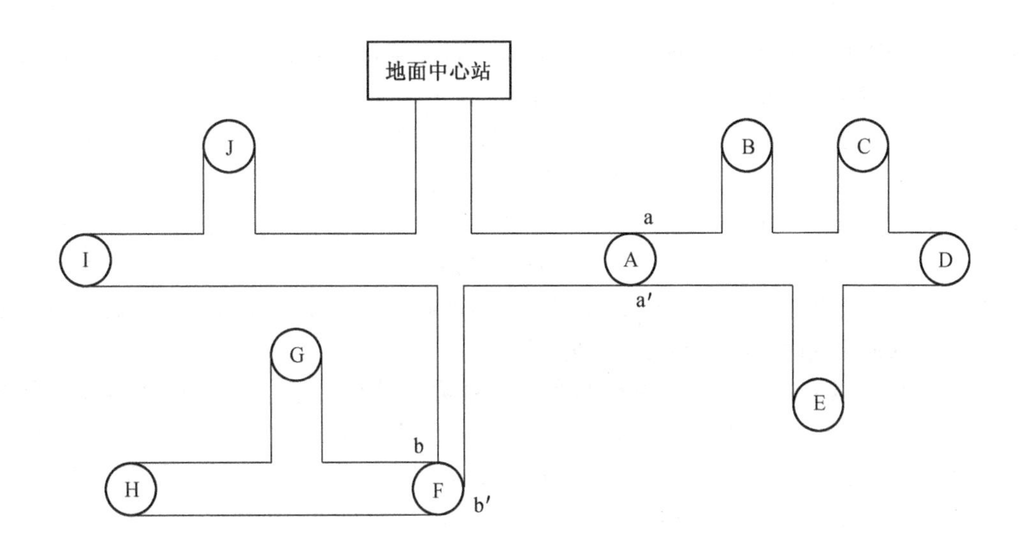

图 8－13　故障时形成新环的方法示意图

分站用电缆串接在一起而不必形成一个环；当既需要集中监测，又需要集中控制时，就需要用一根电缆将中心站与各分站串接在一起形成一个环。开闭环形网络结构同环形网络结构的根本区别在于：前者不但能根据前一分站发来的信号同步工作，而且能在没有外部同步信号的条件下自同步工作；后者则只能在有外部同步信号的条件下工作。因此，采用开闭环形网络结构的矿井监控系统，当系统中分站或传输电缆发生故障时，故障点以后的分站仍能正常工作，不会造成整个系统瘫痪，故抗故障能力强。

8.2.3　控制技术

1. 基于以太网的控制技术

1）以太网

以太网是一种计算机局域网组网技术，IEEE802.3 标准给出了以太网的技术标准，规定了包括物理层的连线、电信号和介质访问层协议的内容。以太网的标准拓扑结构为总线型拓扑，但目前的快速以太网（100BASE－T4、1000BASE－T 标准）为了最大限度地减少冲突、最有效地提高网络速度和使用效率，使用交换机进行网络连接和组织，这样，以太网的拓扑结构形成了星形结构，但在逻辑上，以太网仍然使用总线型拓扑结构。

以太网是一种总线型网络，一条传输线路由所有用户共享，每一个用户都可以在需要的时候使用这条传输线路，所有信息包都有一个带有目标地址的包头，所有的用户都收听别人的传输，用户在听到包头中的地址后决定是否去接收该信息包。由于各节点可以随机地向公共总线发送信息，所以信息可能会在总线上产生冲突而造成信息传送错误，采用 CSMA/CD 方法就是为了减少冲突。

随着应用领域的拓展，星形的网络拓扑结构被证实是较为有效的结构。于是设备厂商们开始研制有多个端口的中继器，即众所周知的集线器。非屏蔽双绞线最先应用在星形局域网中，之后在 10BASE－T 中也得到应用，并最终代替了同轴电缆成为以太网的标准。

这项改进之后，RJ45 电话接口代替了同轴电缆的 AUI 接口，成为计算机和集线器的标准接口，非屏蔽 3 类双绞线/5 类双绞线成为标准载体。集线器的应用避免了某条电缆或某个设备的故障对整个网络的影响，进一步提高了以太网的可靠性。

采用集线器组网的以太网尽管在物理上是星形结构，但在逻辑上仍然是总线型的，半双工的通信方式采用 CSMA/CD 的冲突检测方法。由于每个数据包都被发送到集线器的所有端，所以带宽和安全问题仍然存在。集线器的总吞吐量受到单个连接速度的限制（10 Mb/s 或 100 Mb/s）。当网络负载过重时，冲突也常常会降低总吞吐量。最坏的情况是，当许多用长电缆组网的主机传送很多非常短的帧时，网络的负载仅达到总负载量的 50% 就会因为冲突而降低集线器的吞吐量。

大多数现代以太网用以太网交换机代替集线器。尽管布线方式同集线器以太网相同，但是交换式以太网比共享介质以太网有很多明显的优势，如更大的带宽和更好的隔离异常设备。交换网络的典型应用是星形拓扑结构，尽管设备工作在半双工模式，但仍然是共享介质的多节点网络。10BASE - T 和以后的标准是全双工以太网，不再是共享介质网络。

2）工业以太网

以太网具有传输速度高低耗、易于安装和兼容性好等方面的优势，由于它支持几乎所有流行的网络协议，所以在商业系统中被广泛采用。但是传统以太网采用总线型拓扑结构和多路存取载波侦听碰撞检测通信方式，在实时性要求较高的场合下，重要数据的传输过程会产生传输延滞，因此，产生了一种新型的且具有工程实用价值的工业以太网。

所谓工业以太网，是指技术上与商用以太网（IEEE802.3 标准）兼容，但在产品设计时，在材质的选用、产品的强度、适用性以及实时性等方面能满足工业现场的需要。简言之，工业以太网是将以太网应用于工业控制和管理的局域网技术，它是基于 IEEE802.3（Ethernet）的单元网络。在井下应急通信系统中与井上控制中心进行通信则选用以太网，这主要是基于通信介质的强度、实时性和可靠性、电磁兼容性和本质安全性方面考虑。为了促进以太网在工业领域的应用，国际上成立了工业以太网协会（Industrial Ethernet Association，IEA），工业自动化开放网络联盟（Industrial Automation Network Alliance，IAONA）等组织，目标是在世界范围内推进工业以太网技术的发展、教育和标准化管理以及在工业应用领域的各个层次运用以太网。

目前，工业以太网具备一定的现场总线功能，总线技术通过修改应用层协议，以实现通过上层协议达到相互兼容的目的。近些年来。我国的科研院所和相关单位公布了 EPK 标准，对我国工业网络化、智能化具有重要意义，工业以太网技术将得到广泛的应用。由于近些年物联网技术的不断发展，对以太网技术在工业控制领域里的普及起到了推动作用，通信技术水平的不断发展，网络化的工业以太网络也得到了充分发展。

工业以太网的物理层与数据链路层采用 IEEE802.3 规范，网络层与传输层采用 TCP/IP 协议组，应用层的一部分可以沿用上面提到的互联网应用协议，这些沿用部分正是以太网的优势所在。工业以太网如果改变了这些已有的优势部分，就会削弱甚至丧失工业以太网在控制领域的生命力。因此工业以太网标准化的工作主要集中在 OSI 模型的应用层，需要在应用层添加与自动控制相关的应用协议。

3）工业以太网发展趋势

由于以太网具有应用广泛、价格低廉、通信速率高、软硬件产品丰富、应用支持技术成熟等优点，目前它已经在工业企业综合自动化系统中的资源管理层、执行制造层得到了广泛应用，并呈现向下延伸直接应用于工业控制现场的趋势，未来工业以太网在工业企业综合自动化系统中的现场设备之间的互联和信息集成中发挥着越来越重要的作用。总的来说，工业以太网技术的发展趋势将体现在以下几个方面：

（1）工业以太网与现场总线相结合。工业以太网技术的研究近几年才引起国内外工控专家的关注，而现场总线经过十几年的发展，在技术上日渐成熟，在市场上也开始了全面推广，并且形成了一定的市场。就目前而言，工业以太网全面代替现场总线还存在一些问题，需要进一步深入研究基于工业以太网的全新控制系统体系结构。因此，近一段时间内，工业以太网技术的发展将与现场总线相结合，具体表现如下：

① 物理介质采用标准以太网连线，如双绞线、光纤等；

② 使用标准以太网连接设备（如交换机等），在工业现场使用工业以太网交换机；

③ 采用 IEEE802.3 物理层和数据链路层标准、TCP/IP 协议组；

④ 应用层（甚至是用户层）采用现场总线的应用层、用户层协议；

⑤ 兼容现有成熟的传统控制系统（如 DCS、PLC 等）。

比较典型的应用如施耐德公司推出的“透明工厂”概念，即工厂的商务网络、车间的制造网络和现场级的仪表，设备网络构成畅通的透明网络，并与 Web 功能相结合，与工厂的电子商务、物资供应链和 ERP 等形成整体。

（2）工业以太网技术直接应用于工业现场设备间的通信。以太网通信速率的提高，全双工通信、交换技术的发展，为以太网通信确定性问题的解决提供了技术基础，从而消除了以太网直接应用于工业现场设备间通信的主要障碍，为以太网直接应用于工业现场设备间通信提供了技术可能。为此，国际电工委员会 IEC 正着手起草实时以太网标准，旨在推动以太网技术在工业控制领域的全面应用。

① 以太网应用于现场设备间通信的关键技术获得重大突破。针对工业现场设备间通信具有实时性强、数据信息短、周期性较强等特点和要求，经过认真细致地调研和分析，以下技术可以基本解决以太网应用于现场设备间通信的关键问题。

a）实时通信技术。采用以太网交换技术、全双工通信、流量控制等技术，以及确定性数据通信调度控制策略、简化通信栈软件层次、现场设备层网络微网段化等针对工业过程控制的通信实时性措施，解决了以太网通信的实时性。

b）总线供电技术。采用直流电源耦合、电源冗余管理等技术，设计了能实现网络供电或总线供电的以太网集线器，解决了以太网总线的供电问题。

c）远距离传输技术。采用网络分层、控制区域微网段化、网络超小时滞中继以及光纤等技术解决以太网的远距离传输问题。

d）网络安全技术。采用控制区域网段化，各控制区域通过具有网络隔离和安全过滤的现场控制器与系统主干网相连，实现各控制区域与其他区域之间的逻辑上的网络隔离。

e）可靠性技术。采用分散结构化设计、EMC 设计、冗余、自诊断等可靠性设计技术，提高基于以太网技术的现场设备可靠性，经实验室 EMC 测试，设备可靠性符合工业现场控制要求。

② 起草了 EPA 国家标准。以工业现场设备间通信为目标，以工业控制工程师（包括开发和应用）为使用对象，基于以太网、无线局域网、蓝牙技术 + TCP/IP 协议，起草了《用于工业测量与控制系统的 EPA 系统结构和通信标准（草案）》，并通过了由 TCl24 组织的技术评审。

③ 开发基于以太网的现场总线控制设备及相关软件原型样机，并在化工生产装置上成功应用。

针对现场控制应用的特点，通过采用软硬件抗干扰、EMC 设计措施，开发出了基于以太网技术的现场控制设备，主要包括：基于以太网的现场设备通信模块、变送器、执行机构、数据采集器、软 PLC 等。

由于以太网有“一网到底”的美誉，即它可以一直延伸到企业现场设备控制层，所以被人们普遍认为是未来控制网络的最佳解决方案，工业以太网已成为现场总线中的主流技术。

4）工业以太网技术在矿井监控系统中的应用

在煤矿井下通信系统中，工业以太网有多种特性，根据不同环境的应用要求，工业以太网应具有以下特性：

（1）具有良好的实时性和可靠性；

（2）传输数据形式多为短帧格式，容错能力强；

（3）协议代码精简，执行效率较高；

（4）网络拓扑结构相对简单，多为树形结构；

（5）通信设备网络有智能化与纠错检错能力；

（6）组网容易，方便屏蔽底层控制网络；

（7）可支持远距离传输；

（8）具有总线供电、本质安全、防爆等。

由于煤矿井下通信系统对通信质量和通信速度有较高的要求，就可以利用工业以太网的通信速率高、通信距离远等特点来保证网络数据的传输。当然，煤矿井下的特殊环境不能使用以太网直接通信，而是通过 CAN 总线经 CAN 转以太网模块后，再利用以太网传输到地面上位机，进而保障信息传输的可靠性。因此，通过工业以太网技术和 CAN 总线技术相结合，可以实现井下信息的采集与控制。

5）矿用工业以太网拓扑结构

目前，煤矿井下通信的工业以太网拓扑结构主要有总线型、环形和双环形结构。

（1）总线型。在总线型组网拓扑结构下（也可理解为星形结构），一个网络核心节点下连各个分节点，其布线简单、管理方便，可直接通过背板交换数据，交换速度快。主要在网络业务比较简单、可靠性要求不高的网络环境下组网，不适合于煤矿自动化网络多业务平台的需求。其基本结构如图 8－14 所示。

（2）环形组网拓扑结构。环形组网拓扑结构，属于分布式网络，各个网络节点串联成闭环结构，允许某一传输链路或网络节点出现一处断点。发生链路故障时，环网能在一定时间内自动切换到总线，属于简单而又实用的冗余组网方式，性价比高、可靠性较高。

适合于煤矿多业务自动化网络平台，可以进一步提高网络的可靠性及安全性，其基本结构如图 8 – 15 所示。

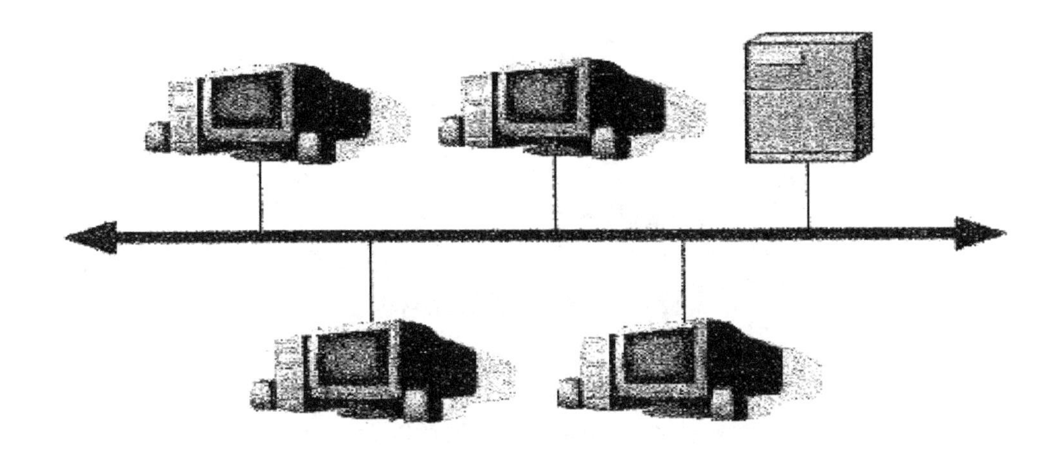

图 8 – 14 总线型组网拓扑结构

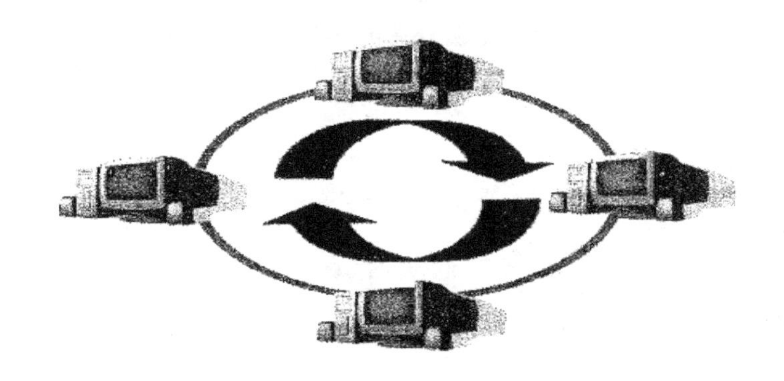

图 8 – 15 环形组网拓扑结构

（3）双环形。在双环形组网拓扑结构下，每个网络节点具有两套网络设备，各个节点串联成两套环网构成冗余网络，如图 8 – 16 所示。该类型网络是常用的高强工业冗余网络系统，主要用于电信核心级网络。在煤炭行业，同一井筒或巷道的双环形光缆敷设时和单环网的可靠性一样，不适合煤矿的实际情况，且双环网布线复杂，如网络设备、网络光（电）缆、网卡均为双份，成本高。

6）工业以太网在监控系统中的应用

目前，我国最新的矿井安全监控系统的特点是系统通信干线普遍采用工业以太环网搭建，但其核心设备井下监控分站一般只有 RS485 或 CAN 总线接口，所以监控分站必须要通过一个以太环网与其他接口的转换设备才能接入工业以太环网中。虽然监控系统通信干线的传输速率为 100 Mb/s 或 1000 Mb/s，但是 RS485 或 CAN 总线接口的可靠通信速率一般不超过 500 b/s，由“木桶理论”可知，整个系统的通信速率是由其最小的通信速率决定的，所以监控计算机与监控分站等设备的通信速率一般最高也只能达到 5000 b/s。

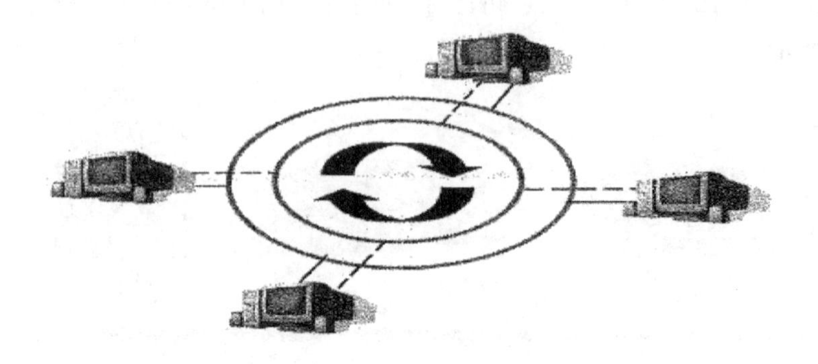

图 8-16　双环形组网拓扑结构

新一代矿井安全监控系统以工业以太网为核心，实现矿井综合自动化监控。下面以某矿井为例，采用最先进的网络技术，为煤矿安全生产综合自动化提供一个完整的解决方案。

采用 100/1000 Mb/s 工业以太网技术构成煤矿井下三网合一的网络平台，实现在矿调度中心通过计算机集中远程实时在线监测煤矿的安全信息、工况信息、图像信息，控制矿井井下、地面主要生产系统和辅助生产系统的机电设备，实现矿井安全生产管控一体化，如图 8-17 所示。

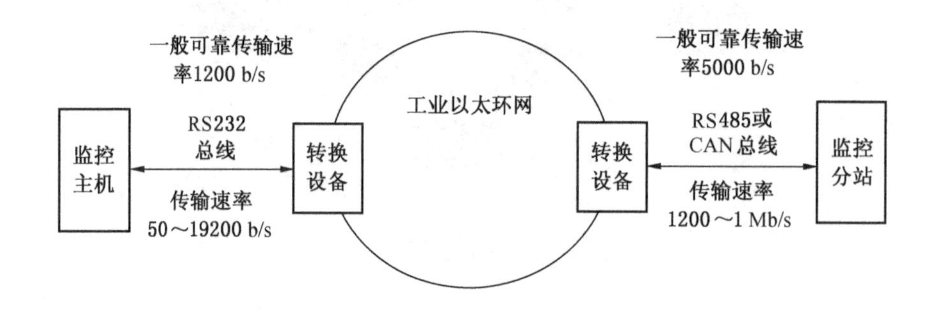

图 8-17　矿井安全生产管控一体化

由于工业以太网具有开放性好、数据传输率高、易与网络集成等优点和现场总线易于实现分散式控制，煤矿综合监控系统采用工业以太网和现场总线模式，由光纤冗余主干网和设备及现场总线组成网络结构。其中，工业以太网技术为系统的功能综合化提供了重要的技术支持手段。由于矿井井下巷道纵横交错分支较多且环境复杂，网络设备的维护难，因此主干巷道敷设阻燃单模光纤传输线，分支巷道通过 CAN 总线方式敷设电缆并汇接入防爆型网络容错服务器以实现信息的传输。网络容错服务器和光纤环网汇集到信息处理器，通过主控机进行管理和控制。各监控子系统通过标准的网络 TCP/IP 协议接入网络容错服务器，实现监控设备的集成传输，对于部分异构子系统采用先进的开放数据库互联（Open Data Base Connectivity，ODBC）、对象链接和嵌入过程控制技术（OLE for Process

Control，OPC）、超文本传输协议（Hyper Text Transfer Protocol，HTTP）等技术实现信息的汇接与集成。

工业以太网作为煤矿井下的综合信息传输平台，对系统的可靠性、稳定性要求较高，故系统核心层采用冗余环网的结构时网络故障切换时间小于300 ms。如图8－18所示，网络节点采用网络容错服务器来代替网络交换机，以保证通信传输的实时性，同时也提高了故障状态下的自恢复能力。网络容错服务器作为工业以太网上的一个节点，发挥独特的作用。当用户需要服务时，由相应的计算机工作站发出请求，服务器响应请求服务并执行相应的操作，同时将服务结果返回工作站。也就是数据处理由主控机独自完成转变为由客户计算机和服务器两部分共同完成，相应数据处理由客户计算机启动，服务器和客户计算机协同执行同一程序直至完成。

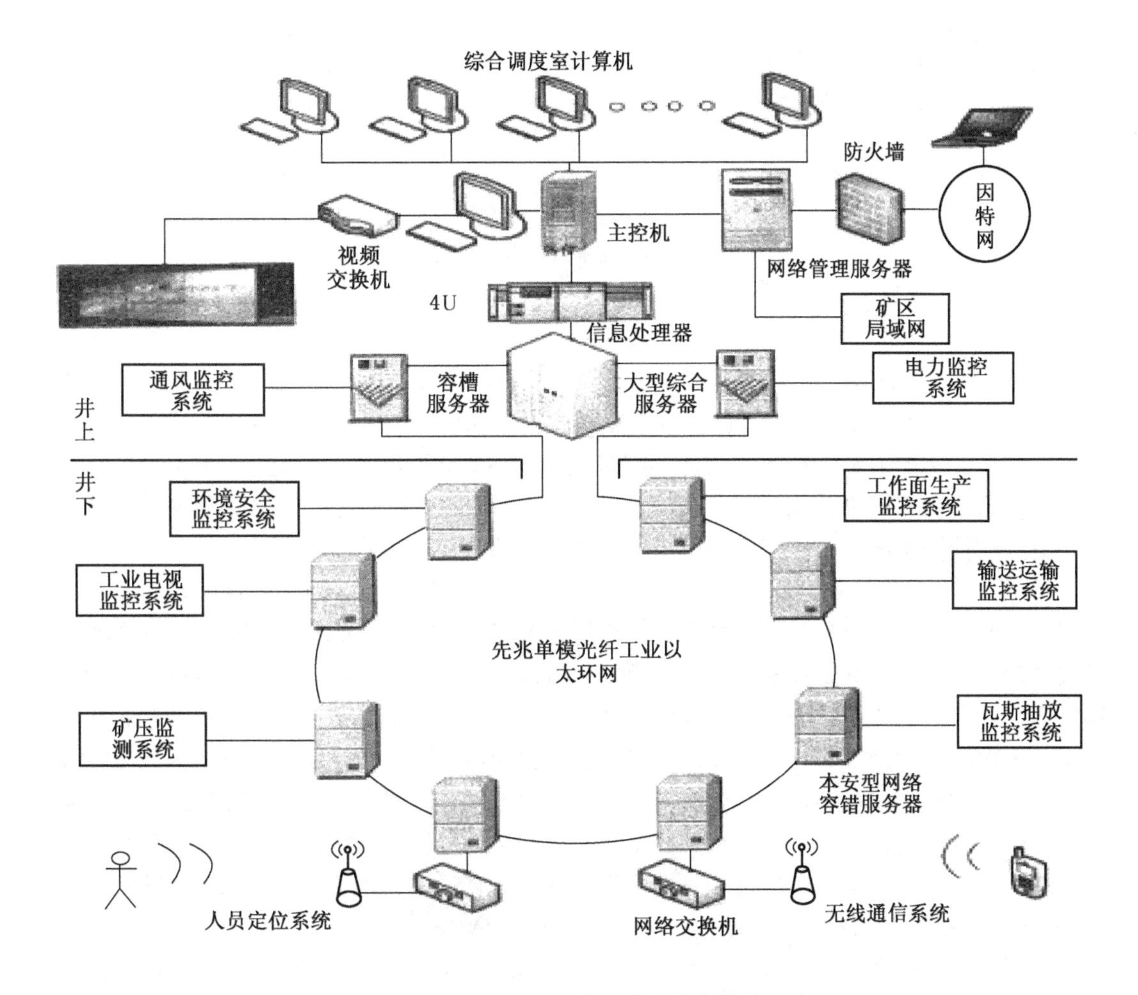

图8－18　基于工业以太网综合信息传输平台

各种现场设备把采集到的数据和控制信息通过综合监控系统以太网实时传送到地面信息处理器和相应的服务器上，由信息处理器对各种数据进行分析、分类，把处理结果上传给系统主控机，主控机进而对数据进行处理、存储、控制、显示、查询、打印等操作，并通过网络管理服务器进行网上发布，实现网上数据实时共享。系统主干网络采用冗余工业以太环网，如图 8－19 所示，系统正常工作时整个网络传输通道沿同一方向传输数据，当网络某一节点出现故障时系统在 300 ms 内自动切换通道，传输通道变成双向传输。

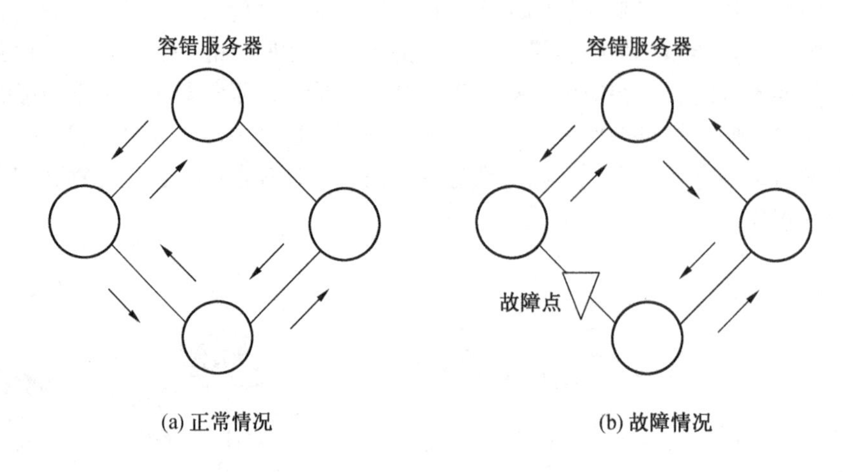

图 8－19　冗余工业以太环网

2. 基于 WiFi 的控制技术

1）WiFi 技术概述

WiFi 是无线保真的缩写，英文全称为 Wireless Fidelity，在无线局域网范畴是指无线兼容性认证，实质上是一种商业认证，同时也是一种无线联网技术，与蓝牙技术一样，同属于在办公室和家庭中使用的短距离无线技术。同蓝牙技术相比，它具备更高的传输速率、更远的传播距离，已经广泛应用于笔记本、手机、汽车等广大领域中。

IEEE 802. 11 是针对 WiFi 技术制定的一系列标准，第一个版本发表于 1997 年，其中定义了介质访问接入控制层和物理层。物理层定义了工作在 2. 4 GHz 的 ISM 频段上的两种无线调频方式和一种红外传输方式，总数据传输速率设计为 2 Mb/s。其后有些无线路由器厂商因应市场需要而在 IEEE802. 11 g 的标准上另行开发新标准，并将理论传输速度提升至 108 Mb/s 或 125 Mb/s。IEEE 802. 11n 是 2004 年 1 月时，IEEE 宣布组成一个新的单位来发展新的 802. 11 标准，于 2009 年 9 月正式批准，最大传输速度理论值为 600 Mb/s，并且能够传输更远的距离。IEEE802. 11ac 是一个正在发展中的 802. 11 无线计算机网络通信标准，它通过 5 GHz 频带进行无线局域网（WLAN）通信，在理论上它能够提供高达 1 Gbps 的传输速率，可进行多站式无线局域网（WLAN）通信。

除了上述的标准，另外有一个被称为 IEEE 802. 11b + 的技术，通过 PBCC（Packet Binary Convolutional Code）技术在 IEEE 802. 11b（2. 4 GHz 频段）的基础上提供 22 Mb/s 的数据传输速率。但这事实上并不是一个 IEEE 的公开标准，而是一项产权私有的技术，其产权属于德州仪器。IEEE 的一个工作组 TGad 与无线千兆比特联盟联合提出 802. 1 lad 的标准，即在 60 GHz 的频段上使用大约 2 GHz 的频谱带宽，实现近距离范围内高达 7 Gb/s

的传输速率。

2）WiFi 技术在矿井监控中的应用

（1）WiFi 具有的技术优势。

① 无线电波的覆盖范围广，基于蓝牙技术的电波覆盖范围非常小，半径大约只有 50 英尺，约合 15 m，而 WiFi 的半径则可达 300 英尺左右，约合 100 m，办公室及整栋大楼中均可使用。最近由 Vivato 公司推出的一款新型交换机，该款产品能够把目前 WiFi 无线网络 91 m 通信距离扩大到 6.4 km。

② 虽然由 WiFi 技术传输的无线通信质量不是很好，数据安全性能比蓝牙差一些，传输质量也有待改进，但传输速度非常快，可以达到 11 mb/s，符合个人和社会信息化的需求。

③ 厂商进入该领域的门槛比较低。厂商只要在机场、车站、图书馆等人员较密集的地方设置"热点"，并通过高速线路将因特网接入上述场所。这样，由于"热点"所发射出的电波可以达到距接入点半径数十米至 100 m 的地方，用户只要将支持无线设备拿到该区域内，即可高速接入因特网。也就是说，厂商不用耗费资金来进行网络布线接入，从而节省了大量的成本。

（2）煤矿井下无线通信系统要求。

目前井下安全生产监控系统设备接入井下监控网络的方式采用有线的方式，主要是考虑井下的生产环境有许多干扰源，采取有线的方式可以较好地屏蔽周围的干扰，使得生产数据能够较好地传送给地面监控中心。但由于矿井的开采是在不断地向前进行，因此采煤等直接生产设备的位置也在不断地变化，采用这种方式将使信息采集的灵活性及实时性大打折扣。而且，我国生产的监控设备自动化系统协议均为各个厂家自己定义的，这样会造成每个系统都需要重新进行布线。因此，采用有线的接入方式效率低、工作量大，制约了煤矿安全生产的发展。

鉴于有线或半有线方式的缺点，无线通信方式已经出现在井下。井下无线通信系统不同于一般地面无线通信系统，它应达到以下特殊的要求：

① 煤矿井下空气中含有甲烷等可燃性气体和煤尘，容易发生爆炸事故。因此要求电气设备、移动通信设备等采用安全性能好的本质安全型防爆功能，要求井下电气设备应为防爆等级为 I 类的本质安全型或隔爆型或二者兼有的设备。

② 煤矿井下空间狭小，设备种类又多，要求移动通信系统的体积不能很大。

③ 根据矿井通信规则，矿井移动通信设备发射功率一般较小。本质安全型防爆电气设备的最大输出功率为 25 W。

④ 井下空间窄小、机电设备相对集中，环境电磁干扰严重，因此要求通信设备应具有较强的抗干扰能力。

⑤ 井下通信设备应有防尘、防水、防潮、防腐、耐机械冲击等防护性能。

⑥ 井下电网电源的电压波动范围较大，因此要求移动通信设备的电源电压波动适应能力强，且备用电源应维持不小于 2 h 的正常工作。

⑦ 矿井移动通信系统应有较强的抗故障能力，当系统中某些设备发生故障时，其余非故障设备应仍能继续工作。

⑧ 煤矿井下是一个移动的工作环境，随着井下移动通信系统的可靠性以及通信质量的提高、功能的完善、成本的降低，它将承担全部生产调度与救灾通信的任务，因此要求系统具有较大的信道容量。

（3）WiFi 技术在井下监控的应用。

与其他无线传输方式相比，WiFi 的传输速率高，目前最快理论值达 600 Mb/s，并可根据环境、距离、信噪比等自动调节速率。功耗低，嵌入式 WiFi 模块工作功耗可达毫瓦级，便于设计成符合煤矿安全标准的设备。WiFi 标准有自己的安全机制，具有良好的安全性。WiFi 移动通信系统还具有设备体积小、抗干扰能力强、终端携带方便、产品丰富等特点，十分适用于煤矿应用。

然而，由于煤矿井下的环境复杂、各种条件较差、巷道多、对信号的干扰因素多，因而给井下的无线通信带来了不小的难题，使井下的无线通信很长时间以来一直都徘徊在窄频范围内。而基于 WiFi 的宽带无线通信系统，能够很好地突破井下无线通信技术的瓶颈，能更好地实现煤矿井下的无线通信。

WiFi 技术应用于井下通信系统的原理，如矿用无线语音通信调度系统以光纤有线网络为骨干，以无线网络为延伸，在井下设立若干矿用分站，通过无线局域网络覆盖井下巷道，利用矿用本安手机（IP 终端接入设备）来实现群呼、组呼等功能，从而实现井上对井下的语音调度以及井下对井上的数据和语音双向通信。地面通信与监测中心的软件能分析、处理和显示人员位置、生命状态，可实现人员位置和生命状态显示报警和存储，从而全面实现煤矿安全生产、调度通信、应急救援、安全监控与督察。系统整体架构如图 8－20 所示。

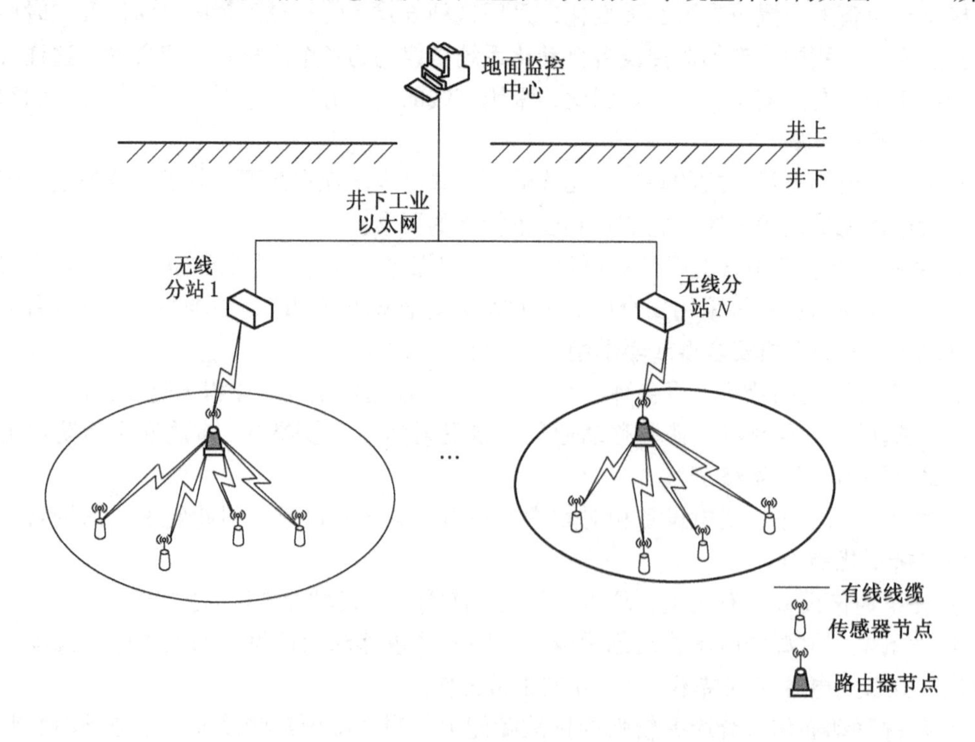

图 8－20　矿用无线语音通信调度系统整体架构

本质安全型无线以太网移动通信终端通过无线网络与矿用多媒体通信接入网关互联，IP 调度台通过以太网与网关连接，多媒体通信接入网关之间通过光纤互连组成千兆多环形或环形与链形或星形的任意组合网络，识别卡通过无线网络与矿用多媒体通信接入网关互联。数据服务器模块包括网络管理服务器、人员定位服务器和视频管理平台服务器，网络管理服务器、人员定位服务器和视频管理平台服务器均通过以太网与矿用多媒体通信接入网关连接。

IP 调度台内置有 SIP 服务器，用以实现 VOIP 通话，IP 调度台通过话音中继接口与公网市话系统或企业内部电话系统互联，从而实现井下人员间、井下到矿区、井下到公网的全面通话。井上设备和井下设备均安装有不间断后备电源系统，在停电或断电环境中系统可以正常工作，系统满足井下爆炸性气体环境用电设备安全技术要求。

由于煤矿井下是特殊的工作环境，移动通信设备要求采用安全性能好的本质安全型防爆措施，手机必须有防爆许可证。为了保证矿井移动通信系统覆盖全矿井，必须选用合适的技术方案、频率和设计合理的结构。由于煤矿井下空间狭小，矿井最大尺寸在 4 m 左右，因此，移动通信设备的体积不能很大，终端的天线长度不能太长。由于在矿井中，50 Hz 及其谐波的干扰和电机车火花所造成的干扰大，所以移动通信的工作频率选择上应考虑避开这些干扰源，应尽量选择高频或甚高频作为系统工作频率。手机的键盘、麦克和扬声器设计时要特别考虑其防火、防水、防潮、防霉、耐机械冲击等性能。

本质安全型无线以太网移动通信终端应满足井下爆炸性气体环境用电设备安全技术要求，终端由本质安全型数字电路、本质安全型模拟电路、本质安全型 RF 前端、本质安全型电池与电源管理电路、天线与外壳组成。话音信号通过模拟电路部分转换成数字信号，再传输到数字电路部分，并按相应的通信模式进行 I/O 编码输入射频前端电路最终馈入天线，由天线将信号向空间辐射输出。由天线接收到的信号经由射频前端解调处理后得到相应的 I/O 信号，再通过数字电路部分处理后得到模拟话音电信号，最终通过模拟电路部分转换出话音信号，传递给收听者，整个电路安装在一个外壳中。

终端采用多模式处理器实现 GSM 与无线以太网的双模通信，使用 2.4 GHz 无线以太网 WiFi 协议实现井下移动话音通信，具有定位功能。

8.2.4 组态技术

组态（Configuration）就是利用应用软件中提供的工具、方法、完成工程中某一具体任务的过程。

组态软件指一些数据采集与过程控制的专用软件，它们是在自动控制系统监控层一级的软件平台和开发环境，能以灵活多样的组态方式（而不是编程方式）提供良好的用户开发界面和简捷的使用方法，其预设置的各种软件模块可以非常容易地实现和完成监控层的各项功能，并能同时支持各种硬件厂家的计算机和 I/O 设备，与高可靠的工控计算机和网络系统结合，可向控制层和管理层提供软、硬件的全部接口，进行系统集成。

工业组态软件都运行在 Windows98/NT/2000/XP 等操作系统环境下。工业组态软件的开发工具以 C ++ 为主，也有少数开发商使用 Delphi 或 C ++ Builder。

1. 组态软件的特点

(1) 实时多任务（最显著的特点）。在同一台计算机上同时执行多个任务，如数据采集与输出、数据处理与算法实现、图形显示及人机对话。存储、搜索管理、实时通信等。

（2）接口开放。采用标准化技术，可方便用户根据自己的需求进行二次开发，如用VB自行编制设备构件装入设备工具箱。允许用户自行编写动态链接库，挂接自己的应用程序模块。

（3）强大的数据库。一般带有实时数据库，可存储各种数据，完成与外围设备的数据交换。

（4）高可靠性。组态软件是工控系统的数据处理中心，高可靠性是必要的。

（5）安全性高。提供较完善的安全机制，允许有操作权限的操作员对某些功能进行操作。

2. 组态软件的功能

（1）与采集、控制设备间进行数据交换。

（2）使I/O设备的数据与计算机图形画面上的各元素关联起来。

（3）处理数据报警及系统报警。

（4）存储历史数据并支持历史数据的查询。

（5）各类报表的生成和打印输出。

（6）为使用者提供灵活、多变的组态工具，可以适应不同应用领域的需求。

（7）最终生成的应用系统运行稳定可靠。

（8）具有与第三方程序的接口，方便数据共享。

3. 组态软件的发展历史

（1）组态软件依赖于计算机控制系统、依赖于计算机技术的发展。

（2）20世纪60年代，计算机开始涉足工业过程控制领域。

（3）20世纪70年代，微机的出现促进了计算机控制技术的发展，使DCS、计算机控制技术应用日益广泛。

（4）组态软件基于MS－DOS和iRMX86的，各DCS厂商的软件专用且封闭，不通用。

（5）20世纪80年代末，个人PC机和Windows操作系统的普及，基于PC机的组态软件开发，且由软件商专门从事组态软件的开发。美国的Wonderwere公司推出第一个商品化的组态软件Intouch，提供了不同厂家、不同设备的对应的I/O驱动模块，使组态软件趋于通用。

（6）目前，国内外已有近几十种组态软件，具体见表8－1和表8－2。

表8－1 国际上较知名的监控组态软件

公司名称	产品名称	国别
Intellution	FIX，iFIX	美国
Wonderware	InTouch	美国
西门子	WinCC	德国
Rock－well	RSView32	美国

表 8-1（续）

公司名称	产品名称	国别
National Instruments	Labview	美国
Citech	Citech	澳大利亚
Iconics	Genesis	美国
PC Soft	WizCon	以色列
A-B	controlview	美国

表 8-2 国内较知名的监控组态软件

公司名称	产品名称	国别
亚控	组态王	中国
三维科技	力控	中国
昆仑通态	MCGS	中国
华富	ControX	中国
研华	Genie	中国（台湾）
康拓	Control star Easy Control	中国

4. 组态软件的基本结构

1）应用程序管理器

应用程序管理器属于一种专用工具，它提供应用程序的创建、项目数据的管理及归档，打开各种编辑器（如图形编辑器），运行调试，搜索（变量、客户计算机、服务器计算机、驱动程序连接等）。

2）图形界面系统

（1）基本功能。供用户设计生成现场各过程图形界面。

① 图形界面设计；

② 动画链接设计及显示；

③ 报警通知及确认；

④ 报表组态及打印；

⑤ 历史数据查询及显示。

（2）扩充功能。提供脚本语言供用户扩充其功能，用脚本语言编写的程序可以周期性地执行也可以由事件触发执行，如按下某按钮则执行某一段脚本程序，完成某一功能。

3）实时数据库

实时数据库存储被控对象的历史数据，具备数据档案管理功能。

4）I/O 驱动

I/O 驱动用于和 I/O 设备通信交换数据，是必不可少的组成部分。

5）第三方程序接口组件

第三方程序接口组件是组态软件与第三方程序交互以及实现远程数据访问的重要手段

之一，也是组态软件开放系统的标志。

6）控制功能组件

控制功能组件是为了方便熟悉梯形图或其他标准编程语言的设计人员，用于和I/O设备通信交换数据的一个必不可少的组成部分。

5. 组态软件的数据处理流程

（1）组态软件的主要功能。

① 以图形方式直观地显示现场I/O设备的数据；

② 将控制数据发送I/O设备，对执行机构实施控制或调整参数；

③ 数据的存储可供查询历史数据使用。

（2）组态软件的数据流程处理如图8-21所示。

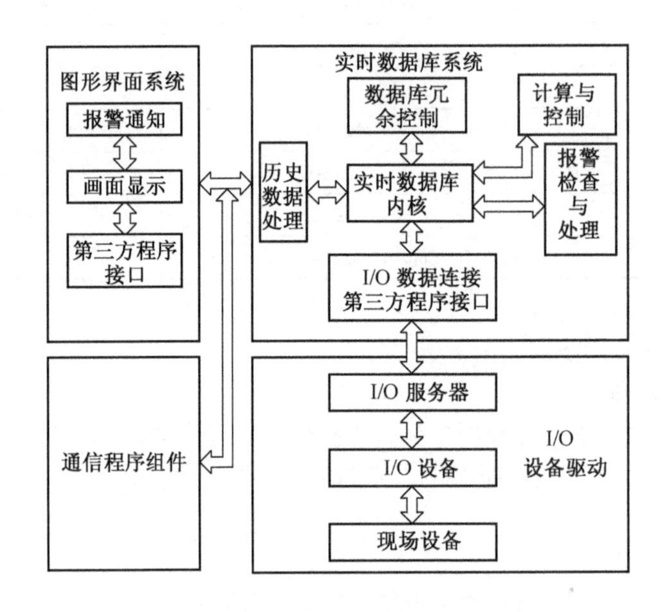

图8-21 数据流程处理示意图

6. 组态软件在煤矿安全生产监控中的应用

（1）MCGS（Monitor and Control Generated System）是一套用于快速构造和生成上位机监控系统的组态软件，它能通过对现场数据的采集处理，以动画、图形显示、实时曲线、历史曲线、报警处理、流程控制和报表输出等多种方式，向用户提供解决实际工程问题的方案。MCGS的系统构成如图8-22所示。

（2）软件系统由MCGS和功能模块设计组成，MCGS承担系统总结构设计和组态模块功能，数据库处理模块的开发使用Vc编制链接DLL。

（3）基于MCGS的煤矿安全监测监控系统结构（图8-23）由物理部分、数据采集与传输部分、信息处理部分组成。MCGS位于信息处理部分，可实现信息处理和显示及联网的功能，监控主机连接以太网。

（4）数据光端机连接井下通用分站、串行扩展器、增强性分站、风电瓦斯闭锁装置。

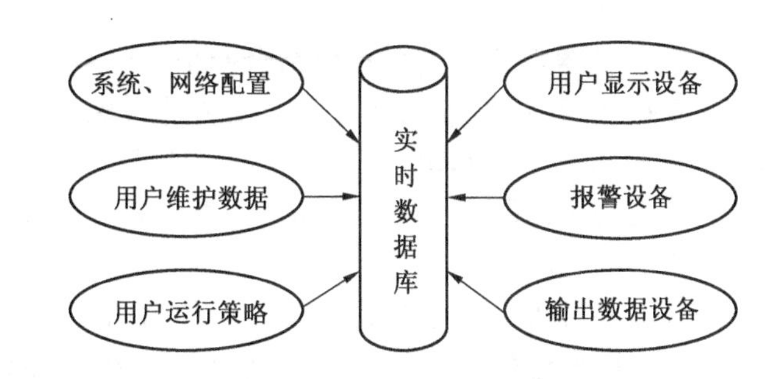

图 8-22 MCGS 系统构成图

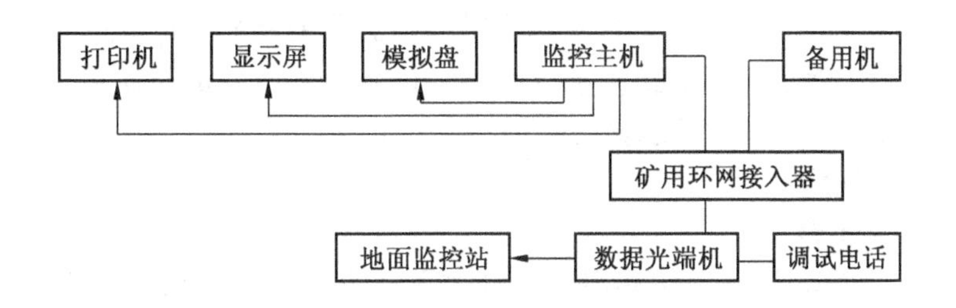

图 8-23 基于 MCGS 的煤矿安全监测监控系统结构图

(5) 该系统能够监测环境参数、生产参数、电量参数及运行参数，协调带式输送机运输、轨道运输、电力监控、选煤监控、水泵监控、火灾监控及人员监测系统，实现生产管理的自动化。

(6) 组态软件 MCGS 数据库管理的方法主要有：通过各种内部函数、运算符、脚本程序，对实时采集的数据进行处理，并可以同时链接外部数据库，实现 ODBC 接口和 OLE 实时调用与 SQL Server 数据库相连。历史数据库采用分布式，数据存储采用基于误差存储的压缩方法。

(7) 系统测点中的分站实现开停状态切换，传感器实现数据实时采集、开关量和控制量。交叉断电是对断电逻辑进行设置，满足井下各种超限断电需求。系统可以同时要求各分站执行交叉断电，每个分站又可对 8 个端口同时执行断电任务。

8.3 基于统一平台的煤矿监控系统设计

8.3.1 设计原则

为了达到矿山信息化建设的目标，在网络支撑平台设计中，应遵循以下原则：

(1) 先进性。使用先进、成熟、实用和具有良好发展前景的技术，使得各个子系统具有较长的生命周期，不盲目追求高档次，既能满足当前的需求，又能适应未来的发展（包括设备和技术两方面内容）。

(2) 可靠性。高效稳定的系统，能提供全年 365 d，一天 24 h 的不停顿运作。对于安装的服务器、终端设备、网络设备、控制设备与布线系统，必须能适应严格的工作环境，特别考虑要适应煤矿井下恶劣的客观环境，以确保系统稳定。

（3）互联性和可扩展性。把煤矿各子系统有机结合起来，可满足信息层结构中各层之间信息沟通，增加各子系统之间的互联性和可扩展性。充分考虑将来需求的成长空间，所提供的系统平台与技术将充分配合未来功能及扩充、升级项目的需求，以避免将来重复的投资。标准化、结构化、模块化的设计思想贯彻始终，奠定系统的开放性、可扩展性、可维护性、可靠性和经济性的基础。

（4）高安全性。网络安全体系是一个多层次、多方面的结构，在总体结构上分为网络层安全、应用层安全、系统层安全和管理层安全4个层次。煤矿信息化网络支撑环境把安全性作为重点，通过防火墙、IPS、VPN、端点防护系统等系统部署和联合工作，从多个层面构建有机联动的立体安全网络。

（5）高性能。矿山网络支撑平台是整个矿山信息化的基础，设计中必须保障网络及设备的高吞吐能力，保证各种监控信息（数据、语音、图像）的高质量传输，力争实现透明网络，使网络不成为矿山信息化的瓶颈。

8.3.2 平台构成与设计

1. 信息化网络平台

（1）在统一平台的核心思想指导下，建立起千兆高速、开放、安全、可靠的矿井公共网络传输平台和网络交换系统，建立网络基础服务系统，实现三网合一，支持Internet接入，并具备完善的网络安全体系和管理体系，以保证网络系统的安全可靠运行。煤矿信息化平台的总体架构如图8-24所示，其建设内容包括管理网络、工业环网、服务器群组、安全系统、综合布线5个部分，涵盖这5个部分的硬件、软件及传输线缆等。

（2）接入层设备应能提供方便的接入端口，无论从任何一点接入，都应方便支持编程上传/下载、系统诊断和数据采集功能，且不需要复杂的编程或特殊的软硬件支持，同时不影响实时信息传输性能。

（3）要求以模块化、层次化为网络设计理念，采用以太网技术及成熟的千兆网络设备组成千兆主干网络，支持星形、树形、总线型和环形等多种拓扑结构，提供便利的接入条件和快速的线路保护功能。在物理上和逻辑上都要考虑网络系统的冗余，确保网络系统的安全。当网络中某一子系统的通信或元器件出现故障时，不能影响其他子系统的通信和整个网络的传输性能。

（4）实现三网合一，支持Internet接入；配置调度中心网管工作站及移动管理终端，实现图形化展示网络拓扑、全流程的故障管理、主动的网络监视、批量的设备配置备份。

（5）配置可视化操作员站及工程师版网管软件，实现网络设备统一监控管理，支持SNMP协议，可实现远程实时在线故障诊断，当故障发生时，用户可在第一时间实现故障的诊断和定位。同时，可以将网络设备的状态信息通过OPC方式传递到HMI/SCADA软件中，从而将网络监控与其他智能设备的监控集成一体。

（6）应统筹制定网络安全策略，采用设备安全、网络安全、数据安全、联网安全等一系列软硬件安全措施，部署网络安全系统，保证综合监控及自动化网络与所有子系统的

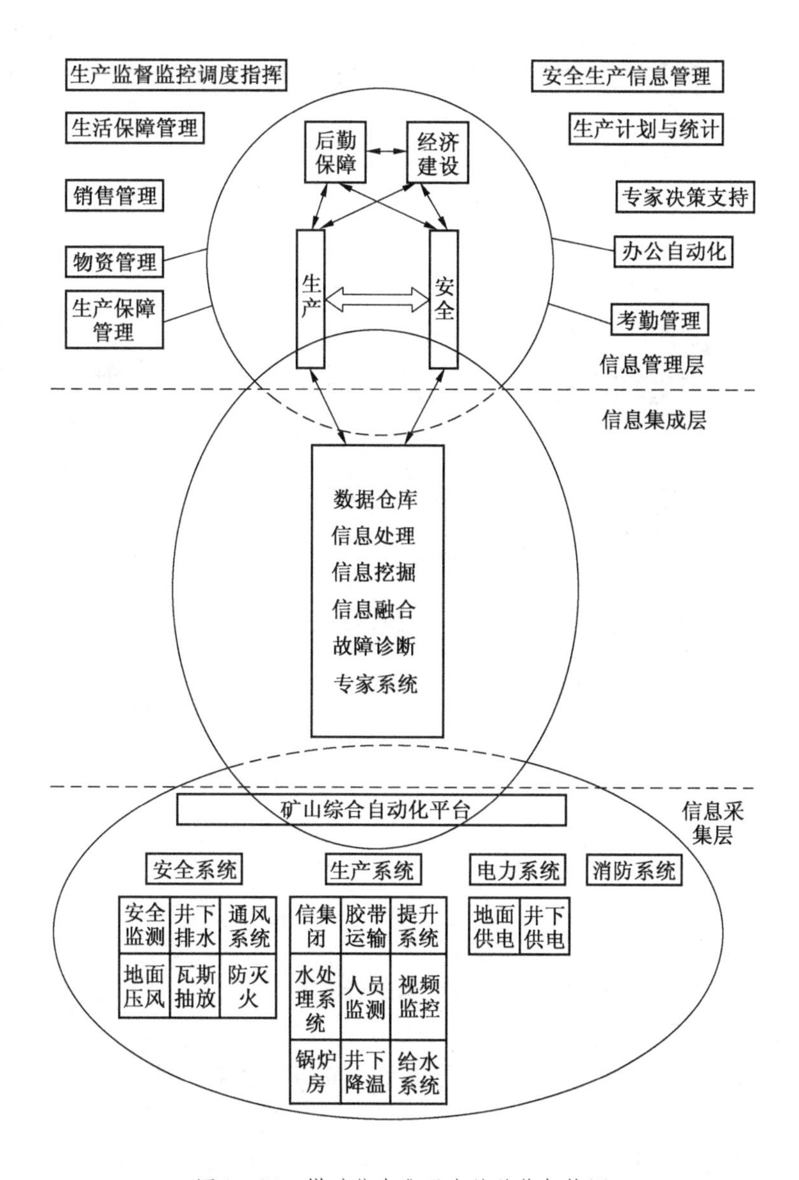

图 8－24　煤矿信息化平台的总体架构图

安全，保证综合监控及自动化网络与企业信息网络的安全隔离。

2. 管理网络

（1）管理网络的建设目标：能够通过企业信息网络平台传输数据、语音、视频信息；实现企业 OA 办公自动化、ERP 系统、统一上网业务；支持 Internet 接入、自动化网络接入。具有可扩展、可运营、可管理，并可持续发展的能力。

（2）管理网络一般布置在地面，通常采用星形结构，主干带宽 1000 M，接入层为 100 M 接入，服务器与核心交换机以 1000 M 接入。核心交换机采用双机冗余网来提高性能和控制风险，采用网闸实现与工业环网的连接。用于管理系统的服务器采用冗余连接至核心交换机，并通过光纤交换机接入磁盘阵列。安全系统设备通过1000 M连接至核心交换机，对全网安全进行监测、控制和管理。矿井整体网络拓扑结构如图8-25所示。

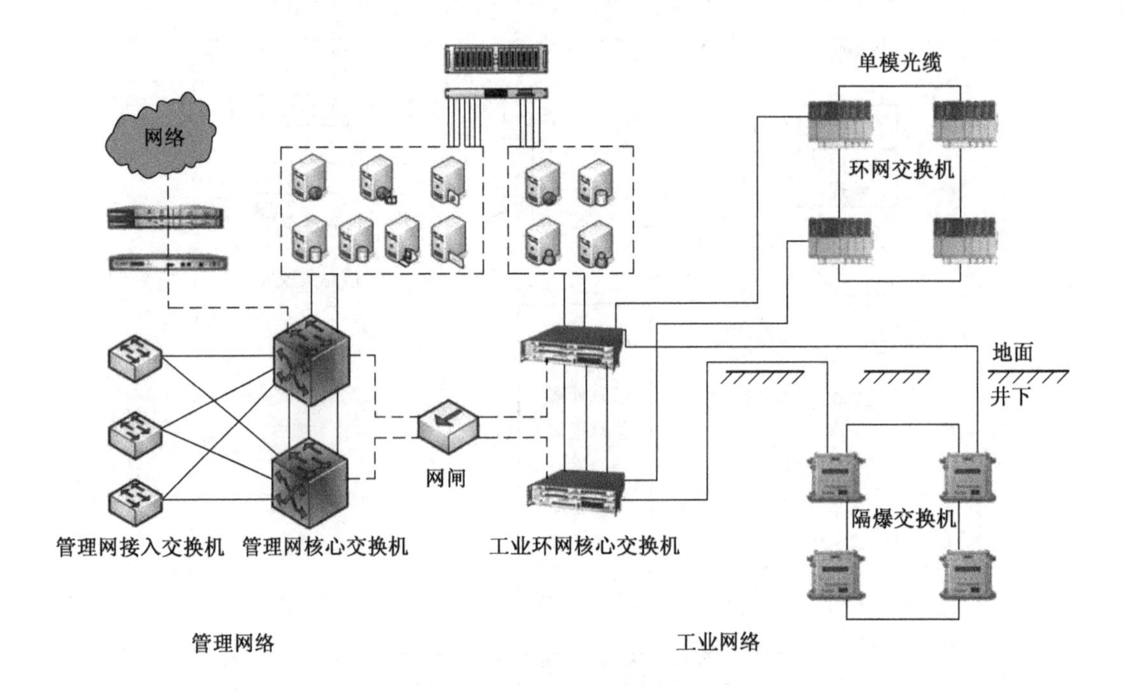

图8-25 矿井整体网络拓扑结构图

（3）网络平台的功能如下：

① 支持多种客户端，如Web浏览器、移动设备和传统客户端，可运行在多种操作系统上，可访问多种不同的数据系统。

② 支持可伸缩的分布式事务处理，能够提供高级别的安全性、可靠性、可用性和数据完整性。

③ 提供可扩展的运行环境，这一环境可用在基于组件的分布式解决方案的开发和部署。

④ 可与企业数据库、事务处理系统和其他应用进行交互。

⑤ 能够进行快速的业务集成、业务流程管理，符合现有成熟的应用集成规范。

⑥ 网络要求以模块化、层次化为设计理念，采用三层、星形网络扑结构，网络核心使用千兆以太网交换机、双电源冗余，支持千兆骨干，百兆到桌面。

⑦ 接入交换机采用光纤千兆双链路上行连接至核心交换机。

3. 煤矿信息化平台新技术

1）煤矿物联网技术

物联网技术主要应用于矿山的井下人员环境感知系统、设备状态感知系统、矿山灾害感知系统、骨干传输及无线传输网络、感知矿山信息集成交换平台、感知矿山信息联动系统、基于 GIS 的井下移动目标连续定位及管理系统、基于虚拟现实的感知矿山三维展示平台以及感知矿山物联网运行维护管理系统等。

2）煤矿云计算平台

云计算是传统计算机技术和网络技术发展融合的产物。它旨在通过网络把多个成本相对较低的计算实体整合成一个具有强大计算能力的完美系统，并借助软件及服务、平台及服务等先进的商业模式提供给用户所需的计算能力、存储空间、软件功能和信息服务等。

煤矿云计算平台的超算中心通过发展客户群让多个用户来分担超级计算机的成本，使煤矿企业在不拥有计算设备的情况下，通过利用煤矿云计算平台提供的计算能力（包括处理器、内存、存储、网络接口），以较小的成本完成海量监测监控数据的计算任务，从而准确可靠地感知矿山灾害风险，有效预防和及时处理各种突发事故及自然灾害，使矿井生产安全可靠。

云计算可实现前端统一管理，超强的计算能力、超大的存储空间是其优势。煤矿企业云计算平台的特点如下：

（1）数据的高度可管、可控性。云计算提供了最可靠、最安全的数据管理中心，所有数据统一存储在前端云服务器中，所有的用户授权信息、业务数据都将存储在高度设防的服务器群里面。用户只需安排专业的服务器维护人员进行更新和保护，即可在前端实现所有业务系统的管理。

（2）终端设备投入成本最小化。在当前数据中心管理设备之中，不同地域、不同品牌的终端设备之间不具有良好的互通性，烦冗的系统集成及升级工作增加了运营维护的成本。云计算的超强计算能力可将终端设备的部分功能前移，从而可以将终端的设备要求降至最低。在云计算充分发展的情况下，所有的功能模块集成、软件升级，全部在“云端”由专门的服务器组完成，用户用最简单的操作、最低的成本便可完成协同办公任务。

（3）适合业务的发展需求。终端用户不必携带专用的设备，在任何一个连接云计算服务的客户端设备，如 PC、智能手机等，都可以通过浏览器进行登录，来延续中途暂停的未完成的办公业务。

云计算的这些特性，使煤矿企业解决业务资源整合问题成为可能，在技术不断进步的背景下，煤矿云计算平台具有无限的发展空间。

3）煤矿大数据技术

煤矿安全生产物联网中的综合应用层实现远程监测与控制、安全事故应急指挥、数据上报与信息共享等功能。综合应用层的种类繁多、数据量庞大，因此以云计算为框架进行规划，搭建统一的数据存储中心、数据共享中心、视频转发平台和统一展现门户等能够为海量数据处理与应用，特别是为实现数据挖掘与灾害预警提供统一、可靠、快捷的业务功能。

大数据处理本质上是多种技术的集合，主要包括数据分析技术、存储技术、数据库技术和分布计算技术。大数据处理之所以被广泛应用是因为云计算技术提供了廉价获取巨量计算和存储的能力，因此企业不需要建立专门的数据处理中心，但能够完成实时海量数据的流通与综合挖掘处理，为矿山信息系统的智能化应用提供强大的技术支撑。煤矿大数据技术主要包含以下几部分：

（1）数据采集。利用多个数据库来接收发自客户端（Web、APP 或者传感器形式等）的数据。负载将煤矿企业分布的异构数据源中的数据（如关系数据、平面数据文件等）抽取到临时中间层后进行简单清洗、转换、集成，最后加载到数据库中，成为联机分析处理、数据挖掘的基础。在大数据的采集过程中，其主要特点和挑战是并发数高，如瓦斯、通风等环境监测信息采集点众多，所以需要在采集端部署大量数据库才能支撑，并且如何在这些数据库之间进行负载均衡和分片还需要进一步的思考和设计。

（2）导入与预处理。虽然采集端本身会有很多数据库，但是如果要对这些海量数据进行有效的分析，还是应该将这些来自前端的数据导入到一个集中的大型分布式数据库，或者分布式存储集群，并且可以在导入的基础上做一些数据清洗和预处理工作。也有一些用户会在导入时使用流式计算，来满足部分业务的实时计算需求。导入与预处理过程的特点和挑战主要是导入的数据量大，每秒钟的导入量经常会达到百兆，甚至千兆级别。

（3）统计与分析。统计与分析主要利用分布式数据库，或者分布式计算集群来对存储于其内的海量数据进行普通的分析和分类汇总等，以满足大多数常见的分析需求，比如对煤矿企业的监测分析与运营数据采用智能算法进行分析和提炼，得到最有价值的数据。统计与分析这部分的主要特点和挑战是分析涉及的数据量大，其对系统资源，特别是 I/O 会有极大的占用。

（4）数据挖掘。与前面统计和分析过程不同的是，数据挖掘一般没有什么预先设定好的主题，主要是在现有数据面上进行基于各种算法的计算，从而起到预测的效果，实现一些高级别数据分析的需求。通过智能信息处理与分析算法，将煤矿企业的最有价值的数据进行深度挖掘，得到安全监测或运营财务等数据的一般性规律和差异化特征，为企业的运行提供科学的依据。主要包括数据分类、估计、预测、相关性分组或关联规则、聚类、描述和可视化、复杂数据类型挖掘（Text、Web、图形图像、视频、音频）等。该过程的特点和挑战主要是用于挖掘的算法很复杂，并且计算涉及的数据量和计算量都很大。

（5）可视化分析。大数据分析的使用者有大数据分析专家，同时还有煤矿企业的普通管理人员，但是他们二者对于大数据分析最基本的要求就是可视化分析，因为可视化分析能够直观地呈现大数据特点，同时能够非常容易被读者所接受，就如同看图说话一样简单明了。

整个大数据处理的普遍流程至少应该满足以上 5 个方面的步骤，才能算得上是一个比较完整的大数据处理。

4）煤矿移动安全管理技术

随着煤矿企业的发展，分支机构越来越多，员工分布也越来越广，亟须一种便捷、灵活和具有跨地域性的管理方案，使员工无论身在何处，都能实现员工与员工之间、企业与业务伙伴之间的相互交流和沟通。移动化安全管理能够有效提高办公效率、降低管理成本、提升服务质量，当发生突发和意外情况时，能在事件发生的最短时间内上报、传达给企业内部的相关人员，相关人员和领导层能不受地点的限制，快速、及时地对突发和意外情况做出指示和决定。

煤矿移动安全管理是建立一套以手机等便携终端为载体实现的移动信息化系统，系统将智能手机、无线网络、OA系统三者有机地结合，实现任何办公地点和办公时间的无缝接入，从而提高了办公效率。它可以连接煤矿企业原有的各种IT系统，包括OA、邮件、ERP以及其他各类个性业务系统。可使手机用以操作、浏览、管理公司的全部工作事务，从而提供了一些无线环境下的新特性功能。其设计目标是帮助用户摆脱时间和空间的限制，随时随地随意地处理工作，提高效率、增强协作。

煤矿移动安全管理具有以下几个特点：

（1）及时性。煤矿移动安全管理系统与企业内部在PC上使用的OA系统和安全管理系统完全同步，不但能实时地接收企业内外邮件和企业内部OA系统发来的待办事项，且系统可实时自动提醒用户，无须用户主动查看。在保证用户及时看到工作信息的同时，本系统还提供实时办理和回复功能，真正确保了处理工作的及时性。

（2）方便性。煤矿移动安全管理系统发送的移动办公邮件，可以让用户在任何有手机信号的地方如同在办公室使用PC一样，处理自己的工作和查询公司的生产管理系统，不依赖于Internet的接入，也不像Wap要长时间地等待大量数据下载。无论是在出租车上，还是在候机厅，随时都可以拿出手机处理工作。

（3）规范性。煤矿移动安全管理为高层管理人员提供和PC上完全一样规范的文件审批操作，使管理人员不再使用电话或短信审批重要事件，也不用再将OA密码告诉别人，让其代为处理紧急事件，从而保证了企业管理的规范性。完整的工作处理过程记录，使OA上审批过的文件记录与PC上审批的文件记录别无两样。

（4）全面性。煤矿移动安全管理系统的移动办公软件，不但提供企业内外生产管理系统常用的查询，甚至连企业组织架构、部门信息也一应俱全。最重要的是，本系统具备跨库搜索企业内部资料的强大功能，只要是企业内部OA拥有的文档资料，不管存放在哪个资料库，只需键入关键字就能找到想要的文档资料。

4. 网络信息化平台设计

1）核心层设计

网络主干技术是指主干网设备之间的连接技术，计算机网络的主干必须选用相应的宽带主干技术。目前，可供选择的宽带技术包括以下几种：

（1）万兆以太网技术（GE）最高传输速率为10 Gb/s，与10000 Mb/s以太网技术、快速以太网技术向下兼容。

（2）千兆以太网技术（GE）最高传输速率为1 Gb/s，与以太网技术、快速以太网技术向下兼容。

（3）异步转移模式（ATM技术）采用信元传输和交换技术，减少处理时延，保障服务质量，使其端口可以支持从E1(2 Mb/s）到STM－1(155 Mb/s)、STM－4(622 Mb/s)、STM－16(2.5 Gb/s)、STM－64（10 Gb/s）的传输速率。

（4）SDH技术或IP over SDH技术采用高速光纤传输，以点对点方式提供从STM－1到STM－64甚至更高的传输速率。其中IP over SDH技术也简称为POS技术，也就是将IP

包直接封装到SDH帧中，提高了传输的效率。

（5）动态IP光纤传输技术（DPT）定义了一种全新的传输方法——IP优化的光学传输技术。这种技术提供了带宽使用的高效率、服务类别的多样性以及网络的高级自愈功能，从而在现有的一些解决方案基础上，为网络营运商提供了性价比极好和功能极其丰富的更先进的解决方案。

10GE/GE技术、ATM技术、POS技术都各有优、缺点。其中10GE/GE千兆以太网技术基于传统的成熟稳定的以太网技术，可以与用户的以以太网为主的网络实现无缝连接，中间不需要任何格式的转换，大大提高了数据的转发和处理能力，减少了交换设备的负担。10GE/GE可以很轻松地划分虚拟局域网，把分散在各地的用户连接起来，提供一个可靠快速的网络。10GE/GE的造价比ATM低廉，性能价格比好，投资的利用率较高。ATM技术的最大问题是协议过于复杂和信头开销太多，设备价格高而传输速率有上限(622M、2.5G接口昂贵)。ATM上有很多协议，如MPOA、CLASICAL IP OVER ATM、永久虚电路等。ATM本来有很强的服务质量功能，可以实现很好的多媒体传输网，但在与以太网设备互联时，不能保证端到端服务质量，需要在以太网的数据格式和ATM数据格式间进行转换，效率比较低。POS技术通过在光纤上传输SDH格式的PPP数据包，可以获得很高的链路利用率（至少在80%以上），当数据包大小为1500字节时其传输效率可达98%，对IP协议而言，这种传输效率可以大大提高IP网的性能。总之，POS技术具有很多优点，其缺点是带宽分配不够灵活，而且造价成本很高。

核心层包括网络中心节点和出口节点。核心层的功能主要是实现骨干网络之间的优化传输，核心层设计任务的重点通常是冗余能力、可靠性和高速的传输。网络的控制功能、网络的各种应用应尽量少在核心层上实施。核心层一直被认为是流量的最终承受者和汇聚者，因此对核心层的设计以及网络设备的要求十分严格。

2）汇聚层设计

汇聚层包括各个煤矿节点和企业集团办公大楼节点。每个煤矿中，以矿核心路由交换机为中心，向下辐射到本矿的信息接入点交换机，向上双链路接入集团双核心路由交换机。矿核心路由交换机是该矿网络的核心，是将全矿网络信息汇总后聚合到集团双核心路由交换机的设备（汇聚层交换机），全矿所有的办公自动化系统信息、安全生产数据等都是经该设备汇聚到集团。在煤矿企业办公大楼内，职能科室部门众多，以办公大楼核心路由交换机为中心，向下辐射到本大楼所有职能处室的信息接入点交换机，向上双链路接入集团双核心路由交换机。

3）接入层设计

网络接入层的设计应该具有以下几个特性：

（1）对于接入层网络，最重要的是网络部署的灵活性。接入层网络是对最终用户的覆盖部分，要具有随着用户的需求变化而变化的能力，这种能力又体现在网络的灵活扩展、堆叠能力、跨设备链路聚合等众多方面。

（2）接入层网络要具有业务的接入、控制能力。对不同种类的接入业务要具有识别的能力，能够提供实时性高的业务，能够给予更高服务质量保证；对于生产监控调度等敏感性数据要具有网络隔离保护能力。

（3）接入层网络要具有对用户管理控制能力。接入到网络中的用户、主机都可能出现有意或无意的攻击行为，如用户电脑冲击波病毒等对网络造成的攻击风暴，接入层网络作为用户的直接接入者要具有精细的端口控制、隔离能力，才可以在用户接入前、接入中、接入后进行必要的认证、监控和审计。

（4）接入层网络要有简单、方便的设备管理能力。接入层网络覆盖地区广，用户设备分散，建成后的维护工作量大，所以简单、易用以及图形化的远程管理能力是减少维护工作量、降低维护成本的最有效手段。

（5）接入层网络所使用的设备应具有较高的性能价格比，即以较小的端口代价获得安全、稳定的接入端口。

4）无线网络设计

随着企业网建设的实施和深入，对外交流日趋频繁，移动办公设备也越来越多，这些都对现有的企业网提出了更多、更高的要求。使用无线网络系统，用户只需简单地将无线网卡接入笔记本电脑或个人 PC 机，依靠安装在楼宇的无线接入网桥便可迅速完成网络连接，不需要进行工程施工布线，因此大大降低了网络系统实施开通的时间周期，为用户迅速开展相关业务提供了强有力的保证，也因此降低了相关成本，保护了用户的投资。

在网络的整体建设中，以企业骨干网为依托，在企业网内方便地使用网络，特别是在会议室或者偏僻的角落或者有线网络信息点不足的地方，使用无线网络有着明显的优势。利用无线网络技术作为辅助或补充的方式，进一步扩大了网络使用范围，使网络接入更方便、更高效。

8.4 煤矿常用监测监控系统

8.4.1 KJ90 型煤矿综合监控系统

1. 用途及主要功能

1）用途

KJ90 型煤矿综合监控系统，是以工业控制计算机为中心的集环境安全、生产监控、信息管理、工业图像和多种子系统，为一体的分布式全网络化新型煤矿综合监控系统，以其技术的先进性和实用性深受煤矿用户的欢迎，是我国目前推广应用较广，具有一定影响的煤矿监控系统之一。KJ90 型煤矿综合监控系统能在地面中心站连续自动监测矿井各种环境参数，并实现网上实时信息共享和发布，每天输出监测报表，对异常状况实现声光报警和超强断电控制。

2）主要特点及功能

（1）系统地面中心站监控软件采用模块化面向对象设计技术，网络功能强、集成方式灵活，可适应不同规模需要。

（2）支持 Windows9X/NT/WEB 环境，操作简单直观，纠错能力强。

（3）具有独特的三级断电功能，可进行传感器就地断电、分站程控断电、中心站手控断电和分站之间的交叉断电。

（4）具有数据密采功能，允许多点同时密采，最小实时数据存储间隔可达 1 s。

（5）可挂接火灾监测子系统、瓦斯抽放监测子系统、电网监测子系统、工业电视系统等，便于统一管理。

（6）具有实时多屏多画面显示，最多可带16台显示器，屏幕显示方式可由用户设置组合成不同结构，并可配接大屏幕液晶投影系统。

（7）地面中心站监控信息和工业监控图像可通过射频和视频驱动系统进入闭路电视系统。

（8）网络终端可在异地实现监控系统的实时信息和文件共享、网上远程查询各种监测数据及报表、调阅显示各种实时监视画面等。

（9）多种类型的分站可独立工作、自动报警和断电。可自动和手动初始化，具有风电瓦斯闭锁功能。

（10）井下监控分站具有就地初始化功能（采用红外遥控方式），当分站掉电后初始化数据不丢失；当井下分站与地面中心站失去联系时，分站可自动存储2 h的数据。

（11）监视屏幕显示生动，具有多窗口实时动态显示能力，先是画面可由用户编排，交互能力强。

（12）具有强大的查询及报表输出功能，可以数据、曲线、柱图方式提供班报、日报、旬报、报表格式可由用户自由编排。

（13）可同时显示6个测点的曲线，并可通过游标获取相应的数值和时间，显示曲线可进行横向或纵向放大。查询时间段可任意设定（1 h至30 d）。同时提供对曲线的分析、注释文字编辑框。

（14）断电控制具有回控指令比较，确保可靠断电，当监测到馈电状态与系统发出的断电指令不符时，能够实现报警和记录。

（15）完善的密码保护体系，只有授权人员才能对系统关键数据进行操作维护。

3）数据传输装置

KJ90型数据传输装置是系统的一个重要部分，用来实现地面中心站监控主机与井下分站之间的电气本安隔离及信号转换，它既支持时分制基带，也可为DPSK方式通信，通信速率达2400 b/s。

4）监测监控分站及电源

监控分站及电源是KJ90型煤矿综合监控系统的核心设备之一，具有智能化程度高、功能强、结构简洁灵活（既可分体式，也可一体化）和系列化等特点，主要完成实时信号采集、预分析处理、现实控制、数据通信及传感器集中供电等功能，为矿用隔爆兼本质安全型产品，适用于有爆炸性危险的场所。

2. 主要结构和工作原理

（1）KJ90型煤矿综合监控系统是以工业控制计算机为核心的全网络化分布式监控系统，主要由地面中心站、数据传输接口、网络设备、图形工作站、多媒体网络终端、井下系列化监控分站及电源、各种矿用传感器、控制器及监测子系统等组成。

（2）KJ90型煤矿综合监控系统地面部分采用星形拓扑结构，以Etherner局域网方式运行，网络协议支持TCP/IP、NETBIOS和对等广播。监控软件运行平台全面支持Windows95/98/NTWEB操作系统。井下网络采用树形拓扑结构，安装灵活、可靠性高。KJ90型煤矿综合监控系统工作框图如图8-26所示。

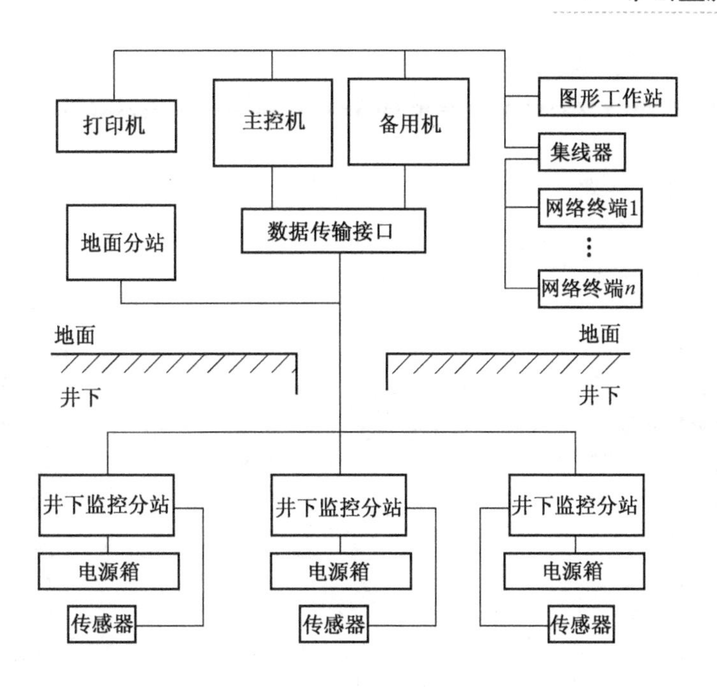

图 8-26 KJ90 型煤矿综合监控系统工作框图

3. 主要技术指标及系统设备

1）主要技术指标

系统容量	128 路
传输制式	时分基带、DPSK 调制
传输速率	2400 b/s
电缆芯数	4 芯
传输距离	20 km
模拟量输入	2/4/8
开关量输出	2/4/8
模拟量传感器信号制式	1 ~ 5 mA
	4 ~ 20 mA
	200 ~ 1000 Hz
分站功能设置	手动

2）系统主要设备

（1）地面中心站：主机为 586/166 M 以上工业机，终端机为 PⅡ以上，监控软件运行平台为 Windows9X/NT/WEB。

（2）数据传输接口：通信速率为 2400 b/s，传输方式为时分制基带或 DPSK，电源电压为 220 VAC，隔离电压为 1500 V，与计算机接口为标准 RS-232C。

（3）监控分站与电源：KFD-2 型大分站（8 个模拟量、8 个开关量、8 个控制量）KFD-3 型中分站（4 个模拟量、4 个开关量、4 个控制量）KFD-3B 型小分站（2 个模拟量、2 个开关量、2 个控制量）；输入信号制（200 ~ 1000 Hz、1 ~ 5 mA、4 ~ 20 mA）；

模拟量和开关量可任意互换。

（4）远程断电器：KDD－I型，容量36 V/5 A；KDD－1型，容量660 V/0.3 A，断电距离大于10 km。

3）配置的主要传感器

低浓度瓦斯传感器	KG9701型
高浓度瓦斯传感器	KG9001B型
风速传感器	CW－1型
负压传感器	KG9501型
温度传感器	KG9301型
一氧化碳传感器	KG9201型
水位传感器	KJ92型
烟雾传感器	KG8005型
氧气传感器	KG8903型
设备开停传感器	KTC－90型
风门开关传感器	KG92－1型
顶板动态传感器	KG9302型
顶板压力传感器	KG9303型
馈电开关传感器	KG9401型
声光报警器	AGS型

8.4.2 KJ2000型煤矿综合监控系统

1. 概述

KJ2000型煤矿综合监控系统是针对小型煤矿企业推出的煤矿综合监控系统，本系统充分借鉴国内各类煤矿监控系统的优点，针对小型煤矿进行了简化和优化，不仅使本系统能较好地兼容国内的主流大型监控系统，更具有投资小，系统配置灵活、合理，软件功能丰富，操作使用方便等优点，是小型煤矿保证安全生产、提高管理水平、增加企业效益的最佳选择。系统具有良好的扩展性，随着企业规模的扩大，系统可以方便地升级扩展，保护先期投资。

本系统通过接入各种传感器，能连续地监测和记录整个矿井的环境、生产工况等参数，并能实现如瓦斯超限报警、断电等自动报警控制功能。同时，地面监控主机屏幕上可以显示出不同的曲线、图形和表格等，具有数据存储超限报警、输出控制、打印各种报表、曲线和图形等多种功能。

2. 系统组成及工作原理

KJ2000型煤矿综合监控系统由地面监测主机、传输接口、井下分站、本安电源及各种传感器组成。系统结构框图如图8－27所示。

监控主机连续不断地轮流与各个分站进行通信，各分站接到监控主机的询问后，立即将接收到的各测点数据传给地面监控主机。各分站不断地对所接收的传感器的输出信号进行检测和处理，时刻等待监控主机的询问以便把检测的数据送到地面监控主机。当需要对井下设备进行控制时（如瓦斯超限时需要断电），监控主机将控制命令传给分站，由分站输出给运行设备。监控主机将接收到的实时信息进行处理和存储，并通过显示器（也可

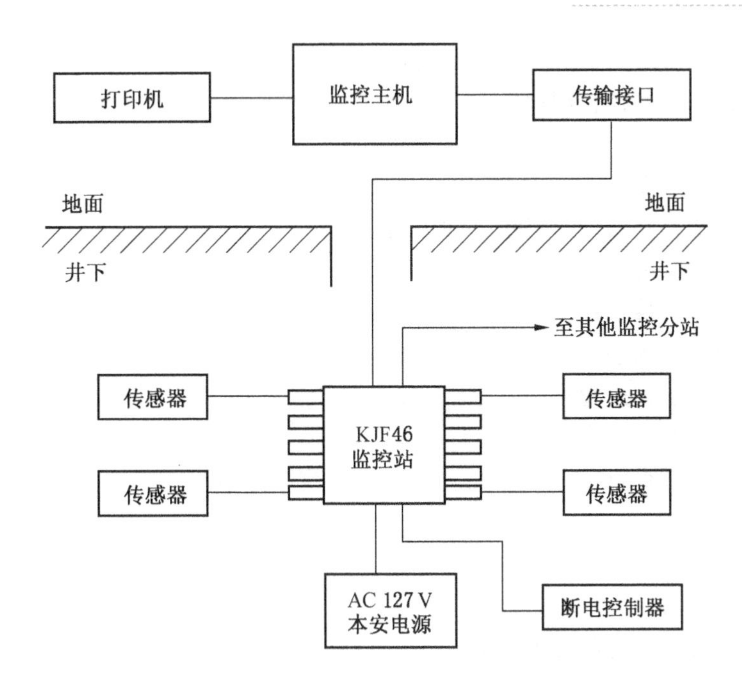

图 8-27 KJ2000 型煤矿综合监控系统结构框图

以配置模拟盘）等显示出来。显示器可以显示各种工艺过程模拟盘、测量参数表、各种参数的实时或历史曲线图等，也可由打印机打印出各种报表。

3. 主要技术指标

（1）容量。

① 系统容量：一台监控主机可带 16 台分站；

② 分站容量：输入量 16 路（模拟量、开关量），输出量 6 路。

（2）系统巡检周期：不大于 15 s。

（3）数据传输。

① 传输方式：基带半双工；

② 传输速率：1200 b/s；

③ 传输芯线：2 芯；

④ 分站到地面监控主机的最大传输距离：不小于 10 km；

⑤ 传感器到分站的最大传输距离：不小于 2 km。

（4）信号制式。

① 传感器输出信号：

开关量：无电位触点或电平信号（高电平不低于 3 V，低电平小于 0.4 V）。

模拟量：200～1000 Hz 频率信号。

② 分站输出信号：开关量，电流为 5 mA 时，电压幅度不低于 4.5 V。

（5）电源。

① 地面主机：AC220 V；

② 传输接口：DC24 V 和 DC12 V（输入 AC220 V）；

③ 井下分站及传感器：KDW。

4. 系统功能

（1）计算机屏幕显示。

① 各种测量数据的瞬时值显示，如瓦斯、风量等；

② 各种机电设备的运行状况（开/停）；

③ 分站巡检图及传输系统状态；

④ 各个测点超限报警；

⑤ 模拟图形及工艺过程模拟图形；

⑥ 实时时钟等。

（2）主要打印功能。

① 报表自动打印；

② 故障统计打印；

③ 主要设备运行时间打印；

④ 主要参数日最大值和日平均值打印。

（3）数据采集和控制。

① 监控主机能实时采集由分站传送来的数据，并进行实时处理；

② 监控主机能依据需要对某个设备的运行进行控制。

（4）主系统及分站具有自诊断及工作状况和故障显示，随时为系统维护人员提供工作状况信息。

（5）系统中各种传感器的性能指标由各产品标准具体规定。

5. 系统软件

KJ2000 型煤矿综合监控系统的系统软件是基于 Windows98 环境下开发的软件。软件的用户界面友好、操作简单、方便易用、功能齐备，大部分功能只需鼠标点击，方便直观。系统软件功能有以下几点：

（1）Windows98 下的多屏显示系统用户可在一屏或多屏 CRT 上显示各个不同的画面。

（2）各种数据的显示处理功能。动态模拟显示处理、分站端口实时信息显示处理，按类索引的实时数据处理、各种历史数据的显示处理、整个系统的报警显示处理、各种人工制作报表的处理。

（3）丰富的图形显示功能。可显示矩形图、曲线图等。

（4）丰富的数据及图形打印功能。定时报表的处理、各种数据表的打印处理、图形打印处理，带给用户所见即所得的效果。

8.5 其他安全监控子系统

8.5.1 综采工作面生产监测系统

1. 系统组成

东滩矿综采工作面综合监测系统主要由井下中心站、井下分站、压力传感变送器、负荷量传感变送器、位移传感变送器、采煤机位置动态监测装置、矿用电流检测报警装置、流量传感变送器、矿用直流多路不间断电源、井上/下光端机、光纤、地面测控及数据处理计算机以及输出打印机等组成。

2. 系统功能

（1）工作面矿压、支架工况及支护质量监测。通过对工作面的半数支架（70 架）的前后立柱的工作面阻力和部分支架（4 架）立柱伸缩量的监测，可连续地掌握顶板压力的变化情况和预测顶板初次来压及周期来压的活动规律，从而采取有效防范措施，减少和排除顶板压力对生产和安全的不良影响，同时可以及时发现被监测支架中的损坏或不能正常工作的部分，检查被监测支架操作的初撑力是否符合要求，以检查和保证工作面的支护质量。

（2）生产设备负荷监测及超限警告。通过工作面转载机、破碎机及乳化液泵站的负荷量的连续监测，随时监视其工作情况，在发生超负荷时能及时发出警告信息。

（3）采煤机动态位置的实时监测。通过对采煤机在工作面的动态位置的连续监测，可随时掌握工作面的生产状况，以便合理调度生产。

（4）乳化液配比流量监测。乳化液的供给质量对支护质量和设备的使用寿命影响很大，系统通过对乳化液的配比液量的监测，可以及时准确地掌握配比液量。通过对乳化液泵站出口压力的监测，可以控制支架的初撑力，以保证合格的支护质量，同时对乳化液泵的负荷量进行监测和统计。

（5）工作面生产工艺过程监测。对生产工艺过程监测是建立在各项监测的基础上的，通过对以上各项监测结果的分析和数据整理，可以确定整个工作面的生产工艺过程，并以形象直观的显示方式在专用显示屏上显示出来，以便对生产过程进行及时的调度和管理。

3. 系统主要技术指标

（1）系统容量。

① 井下中心站：4 个；

② 井下分站：4 × 16 = 64（个）；

③ 各类传感器：4 × 16 × 16 = 1024（个）。

（2）数据传输。

① 方式：光纤（井下中心站至地面监测主机）和双绞电缆（井下中心站至分站）；

② 速率：9600 b/s；

③ 传输精度：不劣于 0.5%；

④ 系统工作精度：1.5%。

（3）井下中心站。

① 控制方式：PC104 标准 386 计算机控制自动连续巡回监测、通信；

② 显示：640 × 200LCD；

③ 测控分站数量：1 ~ 16 个；

④ 电源：矿用直流多路不间断电源；

⑤ 电源电压：主电源输入电源电压为 18 V、工作电压为 5 V，分站电源电压为 12 V、传感器电源电压为 12 V。

（4）井下分站。

① 控制：AT89C52 单片机；

② 测控传感器数量：1～16 个；

③ 采集周期：10 s（可调）；

④ 配套电源：井下防爆电源，电源电压为 12 V。

（5）压力传感变送器。

① 一次原理：振弦式；

② 量程：50 MPa；

③ 分辨率：0.1 MPa；

④ 精度：1.0%。

（6）负荷量传感变送器。

① 矿用电流量传感变送器，供电电压：AC127 V，波动范围 -25%～10%；

② 本安输出：开关量；

③ 输入：矿用电流互感器。

（7）流量传感变送器。

① 测量介质：液体；

② 介质压力：2.5 MPa；

③ 流量范围：液体 0.4～7.0 m/s。

4. 系统监测原理

井下中心站为该系统的中心，其在井下将各井下分站所采集的数据集中起来打包后经光纤传输至地面测控及数据处理计算机，同时对数据进行工程量计算并根据测点的坐标位置以直观的图形方式将监测结果在井下中心站的 LCD 屏幕上显示出来；井下分站完成对各传感器的自动巡回监测，并把监测结果通过 RS485 接口传送给井下中心站；压力传感变送器将各种压力量（泵站输出压力、煤岩体内部应力、液压支架工作阻力等）测定后，将结果变送至井下中心站；位移传感变送器将各种位移量（顶底板移近量、活柱伸缩量等）测定后，将结果变送至井下中心站；负荷量传感变送器通过矿用电流量传感变送器把设备的电流负荷测定后，将结果变送至井下中心站；利用光纤通信实现地面计算机与传输线路及井下电路的隔离和通信，保证系统的安全防爆特性；地面测控及数据处理计算机负责向井下中心站配置参数，不断巡检井下中心站，并完成井下监测数据的接收、存盘、图形分析、输出等处理工作。

5. 系统的主要特点

（1）本系统是煤矿井下环境使用的电子设备，除电源采用隔爆型防爆结构以外，其他皆按本安型结构设计，实现了整体的防爆性，并通过国家防爆检验部门的认证检验。

（2）综合监测系统首次将 PC104 标准的 ALL INON E 计算机模板应用到井下爆炸性环境，解决了抗电磁干扰的技术难题，且性能可靠。

（3）本系统井下中心站到地面的数据传输只需要一对光纤即可，既满足了井下矿压数据传输到地面通过微机处理的要求，又节省了大量的电缆购置费及铺设费用。

（4）综合监测系统采用先进的编译码技术，每个分站的传感器共用一条 4 芯电缆与分站相连，安装维护极为方便，创造性地解决了传感器连接的技术难题。

(5) 井下中心站与各分站之间使用RS485标准接口，并采取一系列防干扰措施，成功地解决了在综采工作面极其恶劣的电磁干扰，保证了数据可靠传输的关键技术难题。

(6) 为了使监测系统的防护性能（防潮、防尘、防冲击）可靠，在本系统中采取了井下中心站与各分站之间及各分站与传感变送器之间采用特制加强型电缆连接，分站、传感变送器使用精密铸钢外壳及所有接合面都加装双层橡胶密封件等措施，确保整个系统长期可靠工作。

(7) 本系统在国内第一次解决了综采工作面采煤机动态位置的实时监测。通过在地面了解采煤机的位置，使生产管理人员可随时知道生产正常与否，以利于指导生产。

(8) 系统通过对乳化液等配比液量的监测，可以及时准确地掌握配比液量。通过对乳化液泵站出口压力的监测，可以控制支架的初撑力保证合格支护质量，同时对乳化液泵的负荷进行监测和统计。

8.5.2 井下排水监控系统

1. 系统概述

井下水泵房承担着矿井的排水任务，对煤矿的安全生产起着举足轻重的作用。水泵控制系统对各水泵房排水泵实行全方位自动监控，及时掌握其矿井涌水情况，以便及时完成排水任务，并掌握水泵的实时工作状态，记录水泵运行参数，保证水泵工作在完好的状态。该系统对煤矿安全生产具有较大的现实意义。

2. 系统构成

水泵自动控制系统由地面自动化监控中心站、井下控制主站两部分组成，如图8-28所示。主站控制器的核心部分选用西门子S7-300系列PLC，上位机选用力控组态软件ForceControl，实时采集数据，控制水泵启停，以实时图形、图像、数据、文字等方式，直观、形象、实时地反映系统工作状态。其中现场信号有以下两种：

(1) 输入信号：各水泵开停及故障信号、电动球阀状态信号、水泵真空度、水泵电动机状态信号、水泵出口压力、水仓水位、电动机轴承温度、电动机外壳温度、水泵外壳温度、电动机和水泵连接轴温度。并且可实现红外检测各主管道流量。

(2) 输出信号：水泵电动机启/停控制、射流装置球阀开/关控制、电动闸阀开/关控制。

3. 系统功能

井下主排水监控系统实现水泵运行自动化，可保证水泵安全稳定运行，该系统主要具备以下5项功能：

(1) 数据采集分析及保护功能。系统可采集与监测水泵、电机、各个排水管、阀门、水仓等所有现场设备的实时数据，并且可以实时显示各个设备的工作状态，通过预先设定好的控制策略对现场设备进行连锁保护控制。

(2) 通信功能。PLC控制器配备以太网通信模块，可把PLC接入井下工业网，中央水泵房PLC接入井下中央变电所环网交换机，经井上/井下环网将水泵机组实时的运行信息传到地面监控系统。支持标准OPC接口实现无缝交互功能。井下中央水泵房系统示意图如图8-29所示。

(3) 显示功能。系统可实时显示现场排水工艺流程，通过图形动态显示水泵、阀门、

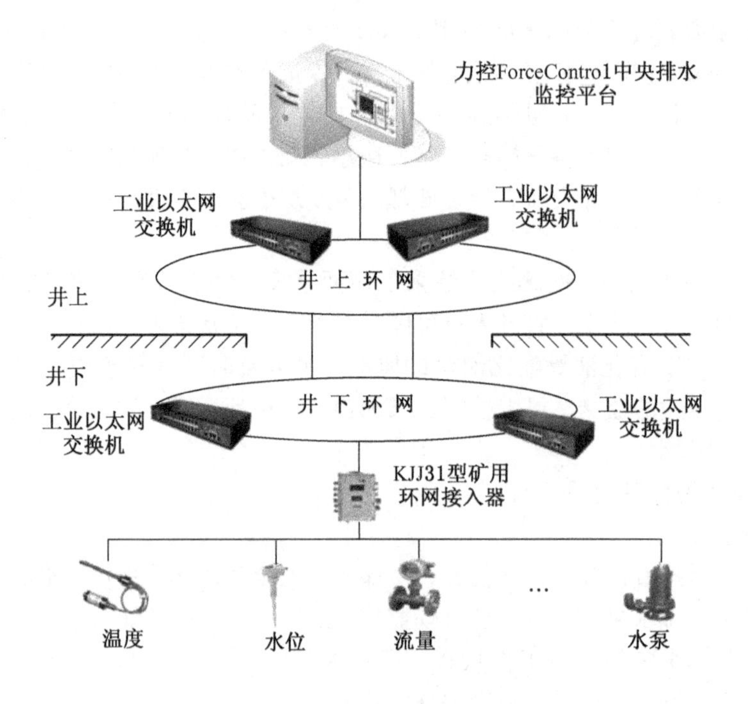

图 8－28　泵房系统拓扑结构图

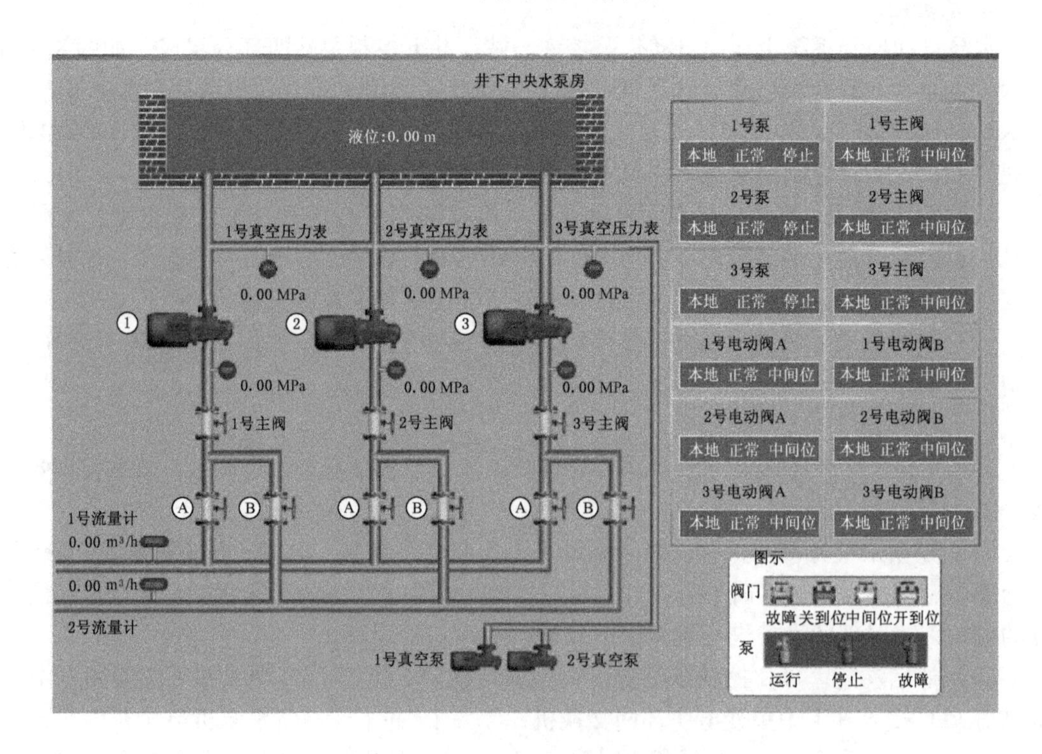

图 8－29　井下中央水泵房系统示意图

运行状态，直观地显示水泵的工作状态和电动阀的开闭位置，实时显示水泵抽真空情况和出水口压力、流量等实时值。

（4）报警功能。系统通过高度模拟现场排水工艺流程，采用改变图形颜色和闪烁方式进行事故报警，直观地显示水泵及相关设备的工作状态，如水位、压力、电动机轴温、水泵外壳温度等的超限报警，自动记录报警信息以便工程师分析故障信息。

（5）数据记录和存储功能。地面监控系统实时采集重要参量并进行定期存储，操作员可查询存储到历史数据库的数据，以报表和曲线的形式展示，并支持打印功能，为技术员分析系统运行状况提供科学的依据。

8.5.3 井下供电监控系统

1. 概述

井下供电是煤矿生产的根本动力，全力保障井下电网供电安全将从源头保障煤矿的安全生产，是煤矿企业安全生产的重中之重。现在最迫切的需求是，如何实现在地面对运行中的井下电网信息进行采集、传输、显示，同时进行控制，做到足不出户对井下情况了如指掌、应对及时准确。近年来，煤矿对井下采区变电所及中央变电所装备电力监控系统日益重视，尤其希望采区变电所采用遥测、遥信、遥控，实现无人值守。嵌入式数字处理器采集变电所高压开关的电量参数和开关量为实现遥控，已从20世纪90年代流行的单片机主流芯片发展到21世纪初的DSP芯片。主机软件已从Windows环境下的单机版发展到目前开放式组态网络版，支持多种网络协议，如TCP/IP协议等。KJ316煤矿供电监控系统是一种结合电脑监视控制、信息远距离高速传输及煤矿井下供电设备信息实时采集与控制等技术于一身的综合性的监视、控制系统。

KJ316煤矿供电监控系统，适用于监测监控煤矿井下各个等级变电所内的高压防爆开关、馈电开关。系统可实现与矿井调度系统、煤矿瓦斯安全监测监控系统、防爆摄像头监视系统的联网，提供了各个电压等级的变电站自动化的完整解决方案。

KJ316煤矿供电监控系统基于Windows NT/2000/XP操作系统，硬件以工控机或高档PC机为主，软件设计中采用了分层设计、组件化、标准化、开放式等先进的软件开发思想，为用户提供了可靠、安全、易于操作的监控系统平台。适用于煤矿井上、井下变电所高低压供电系统中实时过程测量、控制及监视、实现连续监测电力系统运行参数、及时发现故障、有助于防止事故扩大和缩短停电时间、合理调配电力，提高电网运行质量、减轻电费支出，实现变电所无人值守。

KJ316煤矿供电监控系统的开发研制，其根本基础是多年来变电站自动化技术的成功经验，特别是近年来基于网络化结构下的分层分布式系统的实践，使变电站自动化系统的结构和性能发生了重大的变化。在强化分层分布概念上，本系统不但强化间隔层设备及功能配置的合理分布，同时也强调变电站层功能及配置的可组态、可移动性；通过采用高起点、大资源的硬件平台及多种运行维护分析工具，强化了变电站设备的运行信息透明化程度，消除不明原因的事故，提高产品设计水平。KJ316煤矿供电监控系统强调保护、测控等单元设备采用嵌入式以太网通信技术，并且设备内部各模块之间采用无瓶颈的平衡式通信方式，从而实现了以往设备所无法实现的一整套快速响应系统。

2. 系统构成

电力监测监控系统要求系统内设备的信息可充分共享，并通过远动通信接口实现与外部系统的信息共享。构建一个快速、稳定、可靠和富有弹性的通信网络是系统的基本要求，也是整个系统运行管理自动化的根本前提。

经过充分论证，KJ316 煤矿供电监控系统选用以太网为基础构建通信网络，采用现场总线和宽带网混合的方案。采用二级分层分布式网络结构，变电所内部采用现场总线。网络结构均采用基于集线器的星形拓扑结构，传输介质宽带层为光纤，现场总线层为电缆。变电所内部的设备之间为两芯双绞线，可减少大量的二次接线。各变电所设备相对独立，仅通过光纤通信网互联，取消了原本大量引入主控室的信号、测量、控制、保护等使用的电缆，节省投资并提高系统可靠性。系统构成有以下几个方面，其示意图如图 8－30 所示。

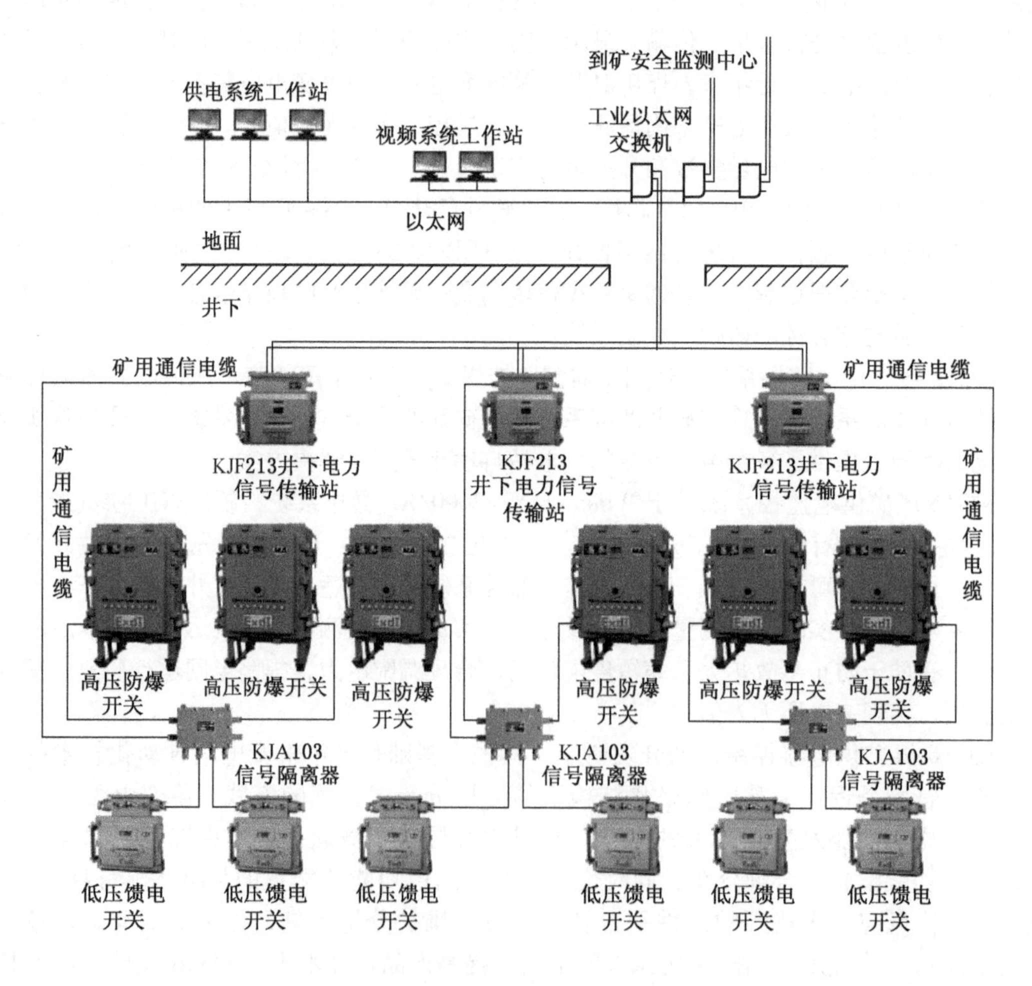

图 8－30　系统构成示意图

（1）地面部分。地面部分由监控工作站、备用工作站、打印机、网络交换机、WT－

8110SA－S1 网络传输光端机等组成。系统软件平台为 Windows 系统，可对井下变电所进行远程实时监控，实现事件记录的存储与检索打印、实现各种曲线报表的存储检索与打印、实现保护定值远程设置、实现电度量管理、实现故障的存储与分析，最终实现变电所的无人值守。

（2）KJF213 井下电力信号传输站。KJF213 井下电力信号传输站主要完成 PBG23－6(10) 型矿用隔爆型高压真空配电装置、KBZ－630/1140（660）型矿用隔爆型低压真空馈电开关（主要器件：GZB－ARM－9110 综合保护器）与地面监控中心的通信。分站把综合保护器的各种电参量传送给地面监控中心工控机，另外，把工控机发出的控制指令（保护定值修改、分/合闸操作、装置复位）传送给综合保护器，由综合保护器来执行工控机的命令，从而可靠地完成对被控设备的控制。选用光纤以太环网，可增强通信抗电磁干扰能力，传输速率为 10 M/100 M 自适应，传输距离大于 10 km。

（3）KJA103 矿用隔爆兼本安型信号隔离器。KJA103 矿用隔爆兼本安型信号隔离器，主要应用于煤矿井下含有爆炸性气体的环境中，为 KJ316 煤矿供电监控系统中 PBG23－6(10) 型矿用隔爆型高压真空配电装置、KBZ－630、500、400/1140（660）型矿用隔爆型低压真空馈电开关与 KJF213 井下电力信号传输站连接形成 CAN 现场总线网络，使矿用隔爆型高压真空配电装置、矿用隔爆型低压真空馈电开关内 CAN 总线电路输出信号达到非安转换本安要求而设计，并能提供通信分支线与总线连接的功能。

（4）GZB－ARM－9110 型嵌入式智能型高压综合保护装置。GZB－ARM－9110 型嵌入式智能型高压综合保护装置采用 32 位 ARM 嵌入式处理器，以及专用的电参量检测芯片和先进的铁电存储技术，通过交流采样法直接监测电力系统高、低压开关柜的电网二次侧交流信号，经过数字信号处理，计算出电压、电流、有功、无功、功率因数、工频频率等电气参量，传送给 KJF213 井下电力信号传输站。保护、测量、监视、控制、通信功能齐全，保护定值在线可调、精度高、全中文液晶显示、界面友好，其技术水平处于国内同行业领先，现被广泛使用。

3. 系统的优越性

KJ316 煤矿供电监控系统采用分层分布式结构，除了具有一般分布式系统所具备的高可靠性、灵活性和可扩展性以及系统构成和维护的简易性外，优越性还体现在以下几个方面：

（1）完整的变电站自动化解决方案。KJ316 从方案设计开始，始终贯彻的设计思想是以高性能的子系统构筑优异的变电站自动化系统，避免以往采用拼凑式构成的变电站自动化系统从单元设备、通信网络到监控系统等诸方面给整个系统带来的限制，以减少从工程设计、生产、运行到维护及系统扩展等各个环节的协调工作量，从而使系统构成的方式更加清晰，使系统信息的获得更加快捷，使系统维护的工作更加简单，使系统扩展更加方便。

（2）全以太网无瓶颈的快速响应系统。KJ316 从间隔层的单元设备采用以太网的通信方式，加之单元设备内部采用了高效率的平衡式通信方式，使得 KJ316 在信息的采集、传输、响应等各个环节都较以往的分布式系统有了质的飞跃。

（3）安全性。利用屏幕显示器可以连续监测电力系统的运行情况，可及时发现事故，有助于防止事故扩大和缩短停电时间。

（4）经济性。合理地调配电力，为用户减轻电费支出。

（5）提高电网运行质量。运用计算机监测管理平抑电力负荷的峰谷，使电网在较为经济合理的条件下运行。

（6）运行记录自动化。

（7）减员增效、无人值守。

（8）组网功能。利用计算机组成局域网，可以很方便地在各职能部门设置工作站，使各级领导在办公室就可以及时了解到整个电网的运行情况。

4. 性能指标

1）使用环境

（1）系统中用于机房、调度室的设备，应能在下列条件下正常工作：

① 环境温度：15～35 ℃；

② 相对湿度：45%～75%（25 ℃）；

③ 温度变化率：小于 10 ℃/h，且不得结露；

④ 大气压力：86～106 kPa；

⑤ GB/T 2887—2011 规定的尘埃、照明、噪声、电磁场干扰和接地条件。

（2）除有关标准另有规定外，系统中用于煤矿井下的设备应在下列条件下正常工作：

① 环境温度：0～40 ℃；

② 平均相对湿度：≤95%（25 ℃）；

③ 大气压力：80～106 kPa；

④ 有爆炸性气体混合物，但无显著振动和冲击、无破坏绝缘的腐蚀性气体。

2）供电电源

（1）地面设备交流电源：

① 额定电压：220 V，允许偏差 25%～20%；

② 谐波：≤5%；

③ 频率：50 Hz，允许偏差 ±5%；

（2）井下设备交流电源：

① 额定电压：100 V/127 V，允许偏差 −25%～20%；

② 谐波：≤10%；

③ 频率 50 Hz，允许偏差 ±5%；

3）硬件安装平台

（1）工控机：额定工作电压 AC220 V、50 Hz，电源波动范围 ±10%；

（2）CPU：intel 奔腾Ⅳ处理器，主频 2.0 GHz 以上；

（3）内存：512 M 以上；

（4）硬盘：80 G 以上，双硬盘；

（5）显卡：标准 VGA，32 位真彩色；

（6）以太网口：10 M/100 M 自适应；

（7）网卡：10/100 Mb/s；

(8) 显示器分辨率：1024×768 像素。

4) 软件平台

(1) 操作系统：Windows 9X/NT、Windows XP；

(2) 数据库：SQL Server2000；

(3) 应用软件：Delphi。

5) 系统传输通道

(1) 交换机与 WT-8110SA-S1 网络传输光端机：TCP/IP 传输、10 M/100 Mb/s、最大传输距离为 50 m（使用五类双绞线）；

(2) WT-8110SA-S1 网络传输光端机与 KJF213 井下电力信号传输站：TCP/IP 光传输、10 M/100 Mb/s、最大传输距离为 10 km（使用 MGTSV 煤矿用阻燃通信光缆，传输波长为 1310 nm）；

(3) KJF213 井下电力信号传输站到 KJA103 信号隔离器：CAN、20 kb/s、最大传输距离为 1 km（使用 MHYVRP 矿用通信电缆，导体截面不小于 1.5 mm^2）；

(4) KJA103 信号隔离器到 GZB-ARM-9110 型嵌入式智能型高压综合保护装置：CAN、20 kb/s、最大传输距离为 20 m（使用 MHYVRP 矿用通信电缆，导体截面不小于 1.5 mm^2）。

5. 系统基本功能

1) 数据采集功能

(1) 对高压真空配电装置所采集到的三相电压、二相电流、零序电压、零序电流、功率因数、电网频率、绝缘监视电阻模拟量，系统具有传输、显示及超限报警功能；

(2) 对低压馈电开关所采集到的三相电压、三相电流、绝缘电阻模拟量，系统具有传输、显示及超限报警功能；

(3) 对高压真空配电装置、低压馈电开关所采集到的断路器状态开关量，系统具有传输、显示功能；

(4) 对高压真空配电装置所统计的累计电量，系统具有传输、显示功能。

2) 控制功能

(1) 系统具有就地自动、就地手动、远程手动设置高压真空配电装置、低压馈电开关的断路器状态（分闸/合闸）功能，在中心站进行远程控制时具有操作权限和操作记录功能；

(2) 系统具有通过地面中心站远程手动遥控解除高压真空配电装置、低压馈电开关故障状态功能，在中心站进行远程控制时具有操作权限和操作记录功能；

(3) 系统具有就地手动、远程手动设置高压真空配电装置、馈电开关的保护参数值功能，在中心站进行远程控制时具有操作权限和操作记录功能；

(4) 高压真空配电装置、低压馈电开关具有就地自动的过载保护、短路保护、过压保护、低压保护、绝缘监视保护、漏电保护功能。当高压真空配电装置的过载、短路、过压、低压、绝缘监视、漏电故障保护未解除之前高压真空配电装置保持分闸闭锁状态。故障消除后，必须就地手动或远程手动复位分闸闭锁状态；

(5) 低压馈电开关具有过载保护、短路保护、漏电保护功能。当低压馈电开关的过载、短路、漏电故障保护未解除之前，低压馈电开关保持分闸闭锁状态。故障消除后，必须就地手动或远程手动复位分闸闭锁状态；

（6）当发生拒分或拒合时，系统具有报警功能。

3）系统对以下存储的内容具有存储和查询功能

（1）保护器故障的报警装置名称、事件类型、记录时刻及事件参数；

（2）开关量控制操作的装置名称、操作类型、操作人及操作输出时刻；

（3）断路器动作的装置名称、动作时刻、动作类型及断路器状态；

（4）装置故障报警时的装置名称、故障时刻及断路器状态；

（5）高压真空配电装置的累计电量。

4）显示功能

（1）系统对以下内容具有列表显示功能：

① 高压真空配电装置模拟量采集显示内容包括：装置名称、装置在线状态、单相电压、二相电流、累计电量和断路器状态；

② 馈电开关模拟量采集显示内容包括：装置名称、装置在线状态、单相电压、三相电流和断路器状态；

③ 磁力起动器模拟量采集显示内容包括：装置名称、装置在线状态、单相电压、三相电流和断路器状态。

（2）系统具有系统布置图显示功能，显示内容为分站设备的名称和运行状态，点击分站设备可以调出该分站配接装置接线图；

（3）系统具有模拟动画显示功能，显示内容为配接设备的在线状态、合闸、分闸 3 种不同状态，并且具有分页显示方式，点击可以显示相应模拟量数值和断路器状态；

（4）系统具有虚拟仪表显示功能，显示内容为以仪表和曲线形式显示当前该设备的所采集到的模拟量值、设备保护参数值和保护功能开启情况，点击控制命令可以调出控制菜单。

5）打印功能

系统具有实时报表打印功能，包括事件报表、控制操作日志、断路器动作日志等。

6）人机对话功能

系统具有人机对话功能，以便于系统生成、参数修改、功能调用、控制命令输入。

7）自诊断功能

系统具有自诊断功能，当系统中高压真空配电装置、馈电开关等设备发生故障时，语音报警并记录故障名称和故障时刻，以供查询及打印。

8）双机切换功能

系统中主机为双机备份，具有手动切换功能，值班人员每日 24 h 内应时时刻刻观察工作主机的操作界面，即时发现工作主机的故障，立即手动更换接线至已通电待用的备用主机，使备用主机投入正常工作，其间花费时间应不大于 5 min。

9）数据备份功能

系统具有数据自动备份功能，在不同的硬盘上进行自动数据备份，备份时间间隔为 1 min。

10）双电源自动切换功能

系统井下设备具备双回路电源接入，当一路电源停电后，二路电源能自动投切上，保证系统能继续工作，对处于带电工作状态的开关进行电压、电流（模拟量）及断路器状态（开关量）等主要监控量继续监控。

11）其他功能

（1）系统具有网络通信功能；

（2）系统具有软件自监视功能；

（3）系统具有软件容错功能；

（4）系统具有实时多任务功能。

6. 系统的主要性能指标

（1）控制执行时间：控制执行时间不大于 30 s，就地控制执行时间应不大于 2 s；

（2）画面响应时间：调出整幅画面 85% 的响应时间不大于 2 s，其余画面不大于 5 s；

（3）模拟量传输处理误差：对高压真空配电装置、馈电开关所采集的模拟量，系统传输误差不大于 1.0%；

（4）误码率不大于 10 ~8；

（5）最大监视容量：系统允许接入的分站数量为 6 台；每台分站接入的终端保护器数量为 30 台；

（6）双机切换时间：值班人员每日 24 h 内应时时刻刻观察工作主机的操作界面，即时发现工作主机的故障，立即手动更换接线至已通电待用的备用主机，使备用主机投入正常工作，从工作主机故障到备用主机投入正常工作时间不大于 5 min；

（7）双回路电源切换时间：在一路电源停电后，二路电源投切的时间不大于 0.1 s；

（8）存储时间：高压真空配电装置、低压馈电开关故障报警时装置名称、报警时间、报警类型和报警参数；用户对系统操作时的操作人、操作类型及操作时间以及电压和电流；高压真空配电装置累计电量、保护器断路器状态改变发生时刻及状态、控制操作日志、断路器动作日志等记录保存 1 a 以上，当系统主机发生故障时，丢失上述信息的时间长度不大于 5 min；

（9）最大传输距离：工控机至交换机之间的最大传输距离为 50 m（五类双绞线）；交换机至 WT - 8110 SA - S1 光纤收发器之间的最大传输距离为 50 m（五类双绞线）；WT - 8110 SA - S1 光纤收发器至分站之间的最大传输距离为 10 km（MGTSV 矿用单模光缆）；分站至隔离器之间的最大传输距离为 1 km（MHYVR 电缆或 MHYVP 电缆）；隔离器至高压真空配电装置之间的最大传输距离为 20 m（MHYVR 电缆或 MHYVP 电缆）；

（10）传输性能。

① 工控机至交换机：

传输方式：TCP/IP 电缆传输方式；

传输速率：10 M/100 Mb/s。

② 交换机与 WT - 8110 SA - S1 网络光端机。

传输方式：TCP/IP 电缆传输；

传输速率：10 M/100 Mb/s。

③ WT－8110SA－S1 网络光端机与 KJF213 分站：

传输方式：TCP/IP 光传输；

传输速率：10 M/100 Mb/s。

④ 分站与隔离器：

传输方式：多主式、半双工、CAN 总线通信方式；

传输速率：20 kb/s。

⑤ 隔离器与开关：

传输方式：多主式、半双工、CAN 总线通信方式；

传输速率：20 kb/s。

9 智慧矿山设计案例

9.1 设计背景

由于我国地质环境复杂、矿业生产体系庞大、采掘环境多变，因此矿山开采面临巨大挑战。而随着智慧化成为继工业化、电气化、信息化之后世界科技革命又一次新的突破，建设绿色、智能和可持续发展的智慧矿山成为矿业发展新趋势。

中煤新集智能科技公司是建设智慧矿山的实践者之一。近年来，中煤新集智能科技公司把“煤智”产业作为三大核心产业列入“十三五”发展规划，以煤矿智能化技术服务、产品销售为主要内容的第三产业开始迅速发展。将建设国内一流、世界领先的现代化矿井作为矿井发展定位，瞄准建设信息化、数字化、智能化矿山目标，全力打造智慧矿山。

30 年来，该公司始终坚持科学技术是第一生产力的发展方向，多次组团赴世界先进的采矿国家（如德国、澳大利亚、波兰）考察，学习和借鉴国外先进的采矿及自动化技术。着力突破煤矿智能化服务的集成与技术，加速技术、数据和模式的创新与应用。实现产业发展新跨越，走出智慧矿山建设发展的新路子。具体如下：

1. 攻克关键技术，实现一键开采

传统采煤作业，人员多、环节冗杂、自动化程度低，且多以体力劳动为主，安全隐患多、生产效率低下。为了解决安全问题，把工人从危险系数极大的工作面撤出来的想法开始萌生。

2013 年，以中煤新集口孜东煤矿 121301 工作面为“试验田”，实现了地面集控中心对井下采场主要设备和系统的一键式启停。随着技术不断完善，一键开采技术逐步应用到中煤新集主要生产矿井中，切实提高了“保安、减人、提质”的效果。现在，工作面只设巡视工，采场作业人员由原来的 200 人，减至 1 人进行随机监护。每天节省人工 50 人，年节约人工费用达 160 万元。将工人从危险的工作面采场解放到相对安全的巷道监控中心，既改变工人的操作习惯，又改善工人的劳动环境，还探索了一条工作面少人化、无人化开采的路子。目前，一键开采技术已经运用到煤矿其他子系统，成熟的技术已经开始向周边煤企输出，为企业带来了新的效益增长。

2. 实施流程管控，智能仓储打造矿山运输新模式

中煤新集公司建成了智能仓储与物流管理系统，实现了物资领用、审核、出库等流转环节的电子化办公。参照现代快递运输分拣的模式，利用无线网络技术，采用 RFID 卡和二维码实现车辆运载物资从地面装车到井下卸货的全过程监测，增加了物资运输过程中的信息透明度，增强了对运输物资各环节的督管，提高了井下已卸货空置车皮的回收循环利用效率和机车的运输效率，达到了减人提效的目的。

2015 年，在中煤新集口孜东煤矿成功部署了基于物联网技术的矿山智能仓储与物资

配送系统，实现了对全矿区设备、材料等物资的仓储、调配、物流等环节进行安全智能管控。从地面到井下迎头全程实现智能化管理，取消传统的跟料人员，实现对运输物资各环节透明化监管，有效地解决物资运输过程不受控、丢失、冒领的问题。在生产过程中实现了省车、省人、缩短流程，使物资运输作业人员减少了30%、车皮运输数量减少了25%、运输效率提高了30%。

3. 创新驱动发展，智慧矿山任重道远

科技创新驱动企业发展。在智慧矿山建设上，只有不断创新，紧跟时代潮流，才能立足于市场，服务于现代化智慧矿山。2018年开始，中煤新集公司基于前期研究，将智能化穿戴设备提供安全保障的新型矿灯提上了研发进程。

目前，一种矿用本安型智能化矿灯正在测试，其硬件将通信、定位、观察、传感、调度等信息化功能与矿山作业人员入井必须佩戴矿灯集成在一起，既解决了供电问题，又不增加新的设备，同时利用网络实现云端的大数据采集、传输与存储。软件将电子地图、信息采集、信息管理、信息查询、人员定位管理、SOS求救的数据共享、数据分析和可视化安监融合在同一管控平台，做到真正让每一个作业人员都纳入数字化矿山信息平台之中。项目完成后可以大幅度减少入井作业人员携带设备的数量，提高矿山精细化管理水平，降低信息化系统建设成本，提升井下作业人员安全保障水平。

9.2 数字化矿山设计规划

9.2.1 数字化矿山建设基础层面

（1）统一的GIS、三维管理和组态软件平台。对“采、掘、机、运、通”整个安全生产流程空间数据和属性数据的管理，采用统一的GIS、三维可视化或虚拟矿井平台；对综合自动化系统，采用统一的组态软件平台。

（2）统一的管理平台。生产矿井运营管理、安全生产在线检测管理、安全生产技术综合管理、决策支持采用统一的管理平台，实现数据矿山软硬件系统的集成操作、分析和管理。

（3）统一的数据传输。除了瓦斯监测系统外（目前国家规定必须是专网），井上/下企业管理、综合自动化、在线检测、安全生产技术综合管理，采用统一的网络进行传输。

（4）统一的数据仓库。生产矿井运营管理、综合自动化、安全生产在线检测管理、安全生产技术综合管理、决策支持采用统一的数据仓库，实现数据的共享。

9.2.2 数字化矿山建设应用层面

（1）安全生产运营管理平台。通过GIS平台以及对三维高精度透明化地质模型、设备模型的建模，实现对生产过程的数据进行实时集中监测，为生产运营提供生产技术综合管理、安全生产决策支持管理等。

（2）安全生产执行控制平台。按专业面向使用部门对相关关联系统实现远程集中控制。

9.2.3 数字化矿山六层架构设计

数字矿山总体构架自下而上由六层组成，它们分别是：数据采集与执行层、数据传输层、数据存储层、系统控制层、管理决策层、表现层。

1. 数据采集与执行层

本层主要设备既是数据的采集者，也是决策执行信息的执行者，它包括以下3个层次的内容：

（1）安全生产井上/下动态实时在线信息的采集。主要包括生产环境在线检测系统（如水、火、瓦斯、顶板、人员定位等）、综合自动化系统（如综采工作面控制系统、带式输送机集控系统等）、其他生产指挥信息采集系统（井下工业电视系统等）。

（2）生产技术和运营管理数据的采集。主要包括非实时的生产数据，如钻孔、地震、机电设备、通风阻力测定成果等；运营管理的数据，如财务管理、运销管理、人力资源管理等。

（3）执行控制层或管理决策层信息。通过管理决策层的分析、处理，其结果通过控制层、传输层达到执行层，完成对设备的控制、矿体的空间形态和属性的动态修正。

2. 数据传输层

本层由工业以太网和企业管理网构成，是一个由有线和无线组成的全覆盖网络。

3. 数据存储层

本层构建包括从数据采集、传输、存储、分析、反馈、发布全过程的元数据标准和元数据库；构建数字矿山编码体系和标准；完成安全生产分析和决策支持的知识库和模型库（如水、火、瓦斯、顶板决策支持模型库）的组织和管理；完成在线检测、综合自动化、生产技术、经营信息的存储和管理。为此，需要建立矿用监控数据中心、矿用空间数据中心、矿用管理数据中心。

4. 系统控制层

包括对设备、矿体等的控制或动态修正，具体如下：

（1）原煤生产分控中心。实现对原煤系统，包括采掘工作面系统、井底配仓、综采运输巷、采区大巷运输、一水平东翼带式输送机、主斜井带式输送机等系列原煤生产流程相关的子系统集中远程控制；可独立设置控制室。

（2）电力系统分控中心。实现对地面变电所、井下中央变电所、采区变电所等矿井动力相关的系统集中远程控制；可独立设置控制室。

（3）机电分控中心。实现对井下主排水、矿井水处理、生活污水处理等与水处理有关的系统控制，实现对压风机监控系统、热交换站控制系统、副井提升监控系统等与机电有关的各类控制系统，可独立设置控制室。

（4）通风分控中心。实现对主要通风机通风控制系统、人员定位系统、安全监控系统、火灾束管监测系统、顶板压力安全监测系统、矿灯房信息管理系统等与通风管理相关的系统集中控制和监测，除安全监控系统规程要求必须有独立监控室外，其他集控可在调度中心实现远程集中控制和监测。

（5）辅助监测中心。实现对架空人车监控系统、计量称重系统、井下车辆监控系统、机房环境监测系统、机房门禁系统、工业电视系统等各类辅助监测系统的集中监测和控制。

（6）地测动态修正。执行对采掘工程平面图或三维图形的动态更新操作；根据最新的掘进、回采、物探、补探等信息，执行对三维高精度透明化地质模型进行动态修正的操作。

5. 管理决策层

本层包括4部分内容，即运营管理信息系统、生产技术综合管理系统、三维综合管理系统、决策支持系统。具体如下：

（1）运营管理信息系统。基于企业管理网络平台和数据仓库，实现对产、供、销、人、财、物等办公自动化的网络化管理。

（2）生产技术综合管理系统。实现对“采、掘、机、运、通”整个生产业务流程中地质、测量、水文、储量、“一通三防”、采矿辅助设计、机电设计、设备选型等的完全信息化、网络化管理。

（3）三维综合管理系统。基于三维GIS或三维可视化系统或虚拟矿井平台，实现数字矿山主要管控过程的可视化展示、分析和操作。

（4）决策支持系统。基于在线检测系统、综合自动化系统、知识库和模型库等，完成对危险源（如水、火、瓦斯、顶板等）、作业环境、地质构造、设备故障等的动态分析和预测。

6. 表现层

通过网络、固定或移动设备对煤矿多媒体信息进行发布和展示。

9.3 矿井管理信息系统网络平台建设

矿井管理信息系统是在生产、安全各个技术领域完成数据管理、制图、设计、业务管理、监测监控系统集成、决策支持以及三维可视化应用等业务的大型应用软件系统。

网络平台建设主要包括以下内容：

（1）整个矿井网络交换平台的构建。建设矿井管理信息系统网络平台，构成千兆骨干网，百兆到用户桌面的网络系统。

（2）与互联网Internet的联网。实现企业信息化管理与国际Internet互联，实现企业上网及办公业务。

（3）网络安全部署。部署网络安全防火墙设备，制定网络安全制度与策略，加强网络安全管理，通过对企业信息网络结构安全性的设计，使网络上各业务系统的数据在逻辑上是完全独立的，在允许权限范围内提供网络连接服务，与综合自动化内部网络系统通过网络安全设备隔离，保障各自网络系统的安全。

（4）网络管理。配置网络管理系统，对矿井网络设备集中管理、集中控制，使网管人员实现对网络设备的运行状况、故障的监控，形成诊断管理平台，保证网络畅通。

陕西省榆林市袁大滩矿井的数字化建设主要包括4个部分：矿井综合自动化平台与系统、监测监控系统、安全生产和经营管理平台与信息系统、生产调度指挥中心与机房建设工程。袁大滩矿井的矿井管理信息系统网络平台，是为未来煤矿产品的销售信息、物资采购信息和库存信息、财务管理信息、生产调度信息、安全管理信息、企业接入Internet上网业务为核心的企业计算机管理信息化系统提供硬件传输平台，它主要承载的是企业内部办公业务管理信息。袁大滩矿井网络项目总的设计思想是核心、汇聚、接入3个层面的星形网络设计。核心交换机提供多种冗余方式，支持万兆以太网。接入交换机具有高交换能力，端口密度高，支持带宽控制，与企业信息化网络骨干连接后能够保证系统的可靠运行，并且能为日后的网络骨干升级预留空间，保证后期设备的维护和升级。根据实际情况，以调度中心为核心层，办公楼、单身公寓、活动中心、探亲楼、食堂、浴室灯房联合建筑等为汇聚层。

9.4 安全生产管理信息系统设计

矿井管理信息系统是在网络环境下集地测、通防、机电、调度、采矿设计、设备管理与供电设计等专业于一体的系统，系统支持专业设计、资料管理、综合业务信息查询和发布、矿井信息统一监测的信息化平台。系统是一个典型的多部门、多专业、多层次管理，且围绕地质、测量、通风、安全数据变化管理的空间信息共享与 Web 协作平台。其中，煤矿地测数据是系统运行与组成的重要部分，该数据的变化将引起煤矿各种专业地图的变化，必然导致公司专业地图发生变化。为此，煤矿安全生产技术综合管理信息系统平台不是孤立存在的，而是多专业、多部门、多管理层的信息共享与 Web 协作处理事务的开放平台，是一个典型三层 C/S 体系结构。

9.4.1 软件平台建设方案

（1）建设煤矿空间数据存储平台。煤矿空间数据的存储方式有以下 3 种：

① 空间数据与属性数据都存放文件中，由文件系统管理；

② 空间数据存放在文件中，属性数据用数据库管理，两者之间建立联系；

③ 空间数据和属性数据统一由空间数据库管理。

不同的用户可能有不同的需求，为了给用户提供灵活的空间，煤矿空间数据存储平台应对 3 种存储方式都给予支持。

（2）构建煤矿专业应用平台。煤炭专业 GIS 平台是整个煤矿空间管理信息系统的核心，负责对空间数据进行处理、编辑、显示、查询、分析等。各煤矿专业应用系统和 WebGIS 发布系统都是在其基础上建立，因此，GIS 平台要具备先进的体系结构，可重用、可扩展性强，同时提供强大的二次开发能力。煤矿空间信息管理涉及地质、测量、水文、储量、采矿、通风、安全、设计、机电、调度等生产环节的信息，尽管煤矿空间信息总体上以地测空间信息为基础，但不同的专业、部门或者不同的应用层次都有自己特定的需求，因此要在统一 GIS 平台的支撑下，针对不同的需求开发相应的专业应用系统，比如可以扩展应用到采矿设计、供电设计等。

（3）建设 Web 服务决策平台。煤矿空间数据信息多源化，在应用上跨部门、跨地域，要实现袁大滩矿井数据信息共享和现代化管理决策的目标，势必要求建设 Web 服务决策平台，使得分布在不同地点、不同计算机平台上的用户及时获得煤矿空间数据信息，以实现快速辅助决策应用。

9.4.2 地测信息管理系统

以煤矿基础地理信息为基础，采用二维及三维表现手段，满足多层次、多部门异构多源空间数据的集成等需求。适用于煤矿地质、测量、水文、储量管理等技术部门，满足对生产数据的采集、存储及制图等需求，基于地质数据库、测量数据库、水文数据库、储量数据库实现地质、测量、水文和储量（三量）数据的一体化管理，自动生成相应的地质图形、测量图形、储量图形、水文图形等专业图件，为地质、测量、水文、储量等分析提供了必要的技术手段，是煤矿安全高效生产必不可少的软件应用系统。主要包含的模块为：地质管理、测量管理、储量管理、水文管理、地质图形管理（包括地质、水文平面和剖面图）、测量图形管理、采煤工作面图形子系统、图例库子系统。

9.4.3 通风安全管理系统

通风安全管理系统主要包括通风专题图形管理、通风阻力测定计算、通风网络解算。实现通风图形的数字化管理，利用专业制图命令绘制通风相关图形，并能够实现基于通风图形的通风相关计算功能；通过通风图形计算机绘制和通风解算提高通风专业工作的效率和质量，以保障煤矿通风系统的正常运行。

系统基于四维地理数据的智能化软件，所有分析、调节和控制优化均采用先进、可靠和实用的数学模型及算法，实现了真正的智能化管理。系统可自动生成通风系统图、立体图、通风网络图等功能，与地测日常动态图形实现无缝衔接。能在采掘工程平面图基础上绘制通风系统图、防尘系统图、避灾路线图、瓦斯防止系统图等；可进行通风阻力测定计算、主要通风机性能测定及特性曲线的生成、瓦斯登记鉴定计算，并根据通风网络结算数据自动绘制压能图。利用该系统可以进行实时按需调风控风计算，彻底解决了按需供风的难题。

9.4.4 供电设计与计算系统

矿井供电部分要实现无缝集成输配电 CAD 和输配电 GIS 等功能，集绘图、计算、管理、优化、统计于一体，可以同时完成设备参数库的建立、供电系统图的绘制、数据调用、标注、修改、储存、输出，可实现环网和多回路复杂电网的故障电流计算、继电保护装置整定计算和设备选型计算，实现电网数据的可视化管理的供电系统。系统运行环境简单，人机界面友好，使用方便，安全可靠。系统除了具备通用软件功能外，还具备与矿井供电设计相配套的专业功能，如供电计算与优化。系统总体上强调集成管理，实现数据共享应用，并基于采掘工程平面实现供电设计与管理、实现提升运输设计等。它具备良好的基本绘图功能，具备完整的符合煤矿供电标准的供电设备图元库，方便地绘制供电电网图，在图上能够方便地选择设备和电缆的型号，实现供电系统相关计算等。

9.4.5 采矿设计系统

采矿辅助设计系统要求提供参数化驱动的设计工具，对常规设计能够自动生成设计图、施工图和工程量表及设备材料表，对输送带、支架、支护方式能够进行选型计算并在输入参数库的情况下能够智能选型并给出结论。

参数化制图能够快速生成图形，是减少手工制图工作量的方法之一，且参数化制图与设计工作流程吻合，所以，本系统采用参数化制图方式。采用面向对象的思想，以业务为纽带，把图元组合为整体，是提高制图效率及后期修改的关键因素。在参数化自动生成的图形成果中保存设计参数，后期通过属性管理修改设计参数，根据预定义的业务逻辑，整体更新，从而实现快速、精确修改。

采矿辅助设计系统以空间数据库、文档数据作为数据来源，外部通过参数化输入界面实现与用户的交互，通过核心业务模型处理、调用基础平台提供的分析、绘图功能，自动生成图形。

工程设计是采矿设计部门日常工作的重头戏，各种工程在施工前必须拿到设计部门审核合格的设计图纸才能施工。这一部分设计要求精度比较高，出图一般都是施工图级别，根据功能设计的分类，这一部分主要包括巷道断面设计、交岔点设计、炮眼布置图设计及端头支护等。巷道断面图主要是针对各种巷道断面（半圆拱、圆弧拱、三心拱、缺圆拱、梯形、矩形、异型、U 型钢支护的半圆拱），能够根据参数自动成图，并根据用户选择的运输设备等自动成图，成果达到施工图级别。交岔点设计主要采用参数化设计方式，根据《采矿设计手册》要求，通过复杂的计算，完成设计中最常用的单开道岔的设计，并能自动绘制出平面图、最大断面图及变断面特征表，成果同样达到施工图级别。炮眼布置图部分则是根据参数自动完成炮眼布置图的绘制（三视图，断面形状包括半圆拱、矩形、异型等），并能手动调整炮眼编号、补眼、移眼等，极大地减少工作制图的工作量，提高工作效率。

9.4.6 基于 Web 生产技术管理信息系统

基于 Web 的生产技术管理信息系统是采用计算机网络技术、数据库技术、计算机图形学、组件技术及 GIS 技术等，建设矿山统一的空间数据采集、存储、输出、查询与分析平台，构建服务于生产技术人员的地测、通风、生产技术、机电等专业应用系统平台，在现有网络环境的基础上搭建面向公司管理决策层的 Web 服务决策平台，实现基于工作流的多部门多层次井上/下数据共享、专业图件动态绘制、图纸、文档和报表网络上报、审批与输出。从而进一步提高矿山安全生产管理能力、进一步提升矿山技术水平，为安全生产决策提供技术保障，最终实现基于信息化和管理现代化的本质安全型矿井。

生产技术管理主要包括工作面信息、巷道信息、生产信息、衔接计划方案、月度衔接计划、年度衔接计划以及生产技术报表等管理，主要实现以下功能：

（1）采煤、掘进开拓方案远程管理，实现资料的上传、下载、浏览、审批等功能。

（2）采煤综合报表、生产计划、商品煤产量计划表的上传、下载、浏览、审批等功能。

（3）实现巷道信息、生产信息的查询、分析。

（4）实现年采掘衔接计划的远程管理。

（5）实现生产技术各种专题图形、报表的远程管理，提供上传、下载、浏览、审批等功能。

基于 Web 生产技术管理信息系统的主要特点如下：

（1）实现地质、测量、通风、生产设计与机电管理等核心信息的科学集成与充分共享，进而大大提高煤矿生产效率和煤矿安全的信息化管理力度。

（2）建立以包括地质、测量等图件为核心，以分布式的网络应用为基础环境，支持专业设计、资料管理、信息查询及多级远程网络实时监测监管的安全生产统一信息化平台。

（3）实现煤矿地质、测量、水文、通风、机电、生产设计等相关专业图形的一体化管理，基于工作流实现公司生产技术图件、资料的网络化上报、审核、流转，实现多层（生产技术层、矿井管理层、公司管理决策层）用户管理、查询与分析的功能。

（4）系统整体架构上采用 B/S + C/S 结构，数据库统一集中采用 SQL Server 2005 管理，远程管理系统基于 NET 3.5 开发，易于扩充和升级；C/S 模式的专业基础应用系统采用 VC ++ 等开发。

（5）系统专题图形发布、查询与分析采用 ComGIS + WebGIS 技术实现，具有图形放大、缩小、移动、量测距离、图层管理等基本功能，同时具有基于图形实体的导航与超级链接功能。

（6）WebGIS 系统具有良好的扩展性，比如可为瓦斯、水文监测监控联网等专题应用提供专题应用服务。

9.5 综合自动化监控系统平台

建设高速、稳定、可靠的工业以太网络平台是实现神南煤矿综合自动化的基础，也是现代化煤矿发展的信息传输平台。在煤矿安全生产数字化、智能化的今天，网络平台对煤矿进行更好的生产监控、经营管理起着重要的作用。

9.5.1 综合自动化监控系统网络平台

调度中心部署 2 台工业级汇聚交换机，负责提供接入环网的上联，以及大量服务器和操作员站的接入；同时，核心网络通过安全措施与信息管理网互联。井下工业以太环网设 7 个节点，分别是：主斜井驱动机房、井下主变电所、112 盘区变电所、2 号煤层大巷一部带式输送机机头变电所、2 号煤层大巷二部带式输送机机头变电所、11201 综采工作面巷道带式输送机机头变电所、12201 综采工作面巷道带式输送机机头变电所，形成井下千兆工业以太环网，满足井下综合自动化各子系统就近接入及后期扩展需求。其他站点以点到点方式就近接入环网交换机。地面工业以太环网设 12 个节点，分别是：工业场地 110/10 kV 变电站、选煤厂电气楼、工业场地锅炉房、生活污水处理站、风井场地 110/10 kV 变电站、中央进风立井绞车房、空压机站、井下水处理站、中央回风立井通风机房、强排泵站、黄泥灌浆站、风井场地锅炉房，形成地面千兆工业以太环网，满足地面综合自动化各子系统就近接入及后期扩展需求。其他站点以点到点方式就近接入环网交换机。

为高效保障煤矿自动化数据采集、过程控制、信息共享、管理指挥决策，平台主要实现的功能为：形成地面、井下工业环网，按规划对各子系统提供数据接入通道；对地面、井下环网进行连通，使工业数据与管理网信息达到合法、安全共享；对工业环网设备进行统一管理，包括网段划分、IP 设置、流量统计、故障分析等；为综合自动化监控平台各类应用及煤矿安全生产调度指挥活动提供准确、实时的数据信息。

9.5.2 综合自动化监控系统软件平台

现代煤矿安全生产过程主要基于底层构建的各类自动化子系统进行作业执行和监控监测；综合自动化监控系统，主要是指利用自动化组态软件（SCADA/DCS 等）作为平台进行二次开发，并对煤矿安全生产所涉及的各类自动化子系统进行集成，形成统一管理、集中监测监控，并直接干预、影响煤矿安全生产过程；进而提高全局生产设备使用率和可靠性，逐步实现少人/无人化生产作业，提升矿井的安全生产运营水平。平台主要实现以下功能：

（1）实时监控功能。平台实时采集各子系统生产工况参数，操作员可以采用图形、报表的形式显示环境、设备、生产运行等数据，随时了解现场设备运行及生产情况。

（2）数据分类管理。对生产、安全监测信息、设备运行状态等信息的分类显示。

（3）实时报警故障记录。提供各子系统的报警信息，包括超限报警、开关报警记录，系统在接设备的故障记录等。

（4）报表功能。可根据各子系统实时历史数据及用户需求绘制并打印运行报表，时间周期可由用户设定；还可生成曲线报表，方便判断分析。

（5）查询、统计功能。提供生产调度日报、安全动态班报、安全监测动态、设备安全运行动态等数据的查询、统计功能。

（6）系统备份、数据导入导出。平台软件提供整个系统及应用数据的快速备份和恢复。

（7）组态画面。平台支持一次性数据录入，多用户编程；同时画面编辑器有丰富的图库、过程符号。

（8）报警和事件管理。报警信息可以多种方式显示，如报警列表、报警行等，每种显示均可进行报警信息的过滤。平台支持事件管理和记录，为系统内多个层面的报警和事件管理提供支持。

（9）实时、历史趋势。可查询各监控子系统实时和历史数据（任何时间段内）。还可提供趋势表，显示相关数据的均值、最大值、最小值等，生成趋势曲线。

9.6 矿井通信系统

矿井通信系统分为行政电话系统、无线调度系统、有线调度系统、多媒体融合通信系统。行政电话系统、多媒体融合通信系统主要用于行政办公，无线调度系统、有线调度系统主要用于生产调度。

9.6.1 行政电话系统

根据组网需求，本次采用 SH－3000 数字程控交换机作为交换主机。SH－3000 交换机可通过 E1、环路等中继接入运营商 PSTN 网络，实现与外部网络的通信。系统可配置本地网管及远程网管，负责对整个交换系统的参数配置及系统维护，包括分机参数配置、功能设置、告警处理等，系统支持在线升级。

9.6.2 无线调度系统

我国矿井无线通信系统先后经历了基于小灵通技术的无线通信系统、基于 WiFi 技术的无线通信系统、基于 3G 技术的无线通信系统 3 个阶段，目前使用较多的是基于 WiFi 技术的无线通信系统和基于 3G 技术的无线通信系统。

TD 矿用无线调度通信系统主要由智能调度交换机、综合网络控制器、基站控制器、本质安全型基站、室内型基站、室外型基站和根据用户不同需求而提供的不同种类的终端、操作维护台等组成，可以满足不同煤矿各种场景下的通信调度应用。TD－SCDMA 网络，除能解决语音通信功能外，还可提供数据和图像传输功能；为煤矿专门设计的井下拉远型基站，充分考虑井下生产工作环境，覆盖好、语音质量好、抗干扰性强；具有业务丰富、高安全性、高可靠性、技术先进等特点，是完善、先进、统一的综合信息系统解决方案，完全符合煤矿特殊作业环境对通信的需求，是大中型煤矿企业首选的矿井无线通信解决方案。

无线网络覆盖设计主要包括地面覆盖设计和井下覆盖设计。地面覆盖采用3台室外型基站，覆盖主要的生产区、办公区，包括地面工业场地、办公室、调度室、提升机房、瓦斯抽放泵站等。井下巷道覆盖包括主要大巷及关键点。采用本质安全型无线基站，基站使用2个12 dbi定向天线。在巷道平直的条件下，本质安全型无线基站的覆盖半径超过500 m。地面综合网络控制器与井下本安型基站之间采用光纤传输。基站可采用级联组网，最大支持6台基站级联。井下覆盖共使用72套基站，另配4套基站备用。覆盖主斜井、副斜井、带式输送机大巷、辅助运输大巷、回风大巷，11201综采面、12201综采面、主要的掘进巷道，2个变电所、2个紧急避难硐室。

9.6.3 有线调度系统

采用基于软交换的下一代指挥调度系统，该系统能够帮助指挥调度人员通过多媒体方式实现指挥调度，并且能够与各种业务系统进行高度集成，提高指挥调度的智能化和自动化水平。系统支持无线手机、有线调度电话互联互通，支持有线、无线一体化调度。

该系统是针对煤矿需求制定的矿用调度通信系统，它由集语音交换与调度一体化的NC5200B、触摸屏式多媒体调度台、调度/录音/计费等服务单元、矿用本安话机构成矿井多媒体调度平台。NC5200B通过E1或者FXO环路中继连接PSTN出局，同时NC5200B兼具有IP接口，可将IP话机、视频话机通过IP网络接入系统实现多媒体通话；NC5200B可通过E1或FXO与地面行政交换机对接实现井下调度电话与地面行政电话互联互通。该系统具有以下特点：

（1）高可靠性。核心调度机NC5200B支持采用双机方式实现热备份，可以放置在不同的地点实现异地交叉备份；每台NC5200B调度机都具备双电源、双主控板、双网板、双网口，实现主备倒换功能，中继单板和EMU单板都具有多单板负载分担。采用各种冗余备份技术使得系统的高可靠性得以保证。

（2）灵活部署。只要有网络的地方，就能部署调度系统，完全突破地域的限制，调度机可以真正做到集中式管理，分布式组网。调度终端的部署完全脱离地域的概念，只要能够联入一个IP网络，用户线既可以集中式部署，也可以分布式部署，灵活、方便。

（3）分级调度。支持多层分级调度，各层级之间可以协同作业，相互独立又形成统一整体。

（4）虚拟调度。整个调度系统可以虚拟地划分为多个独立的调度系统，分别承担不同的调度业务。

（5）有线、无线一体化调度。系统可准确获知全网所有有线和无线用户呼叫、空闲、在线、离线等状态信息，并在调度台实时显示。支持有线、无线用户同时接入，无线终端实现与有线终端一样的所有调度功能。支持与调度有线系统、广播系统互联互通，实现全网的有线、无线调度功能，为现场调度指挥提供可靠保障。

（6）音视频联动调度。可以将数字摄像机或模拟摄像机与固话终端、手机终端进行绑定，结合人员定位系统，实现平台在与终端通话时绑定的摄像机自动对该终端所在现场进行监控、抓图、录像等联动，并将监控画面在指挥中心大屏智能显示，实现音视频一体化指挥调度功能。

（7）图形化。调度控制台完全图形化，提高了大规模部署的指挥效率和人性化管理，更加直观、简单易操作。

9.6.4 多媒体融合通信系统

多媒体融合统一通信系统，是面向企业用户推出的端到端的下一代融合通信产品，可为企业提供语音、视频和数据以及即时通信等多媒体业务，满足企业多样化的应用需求。

袁大滩矿井选用的是 NC5200B 智能调度机支持多媒体融合通信，其引入除固话、手机之外的第三种通信方式，还增加了视频终端、PC 软终端等新的通信终端，进一步丰富沟通方式，提升内部沟通效率。多媒体融合通信系统选用 NC5200B 核心控制产品作为融合统一通信系统的核心交换设备，部署在中心机房。NC5200B 在管理有线、无线调度业务的同时，还可通过 IP 网络接入 IP 视频话机、PC 软终端等。IP 视频话机实现音频电话和视频电话功能，软终端依托于 PC 等终端设备，实现即时通信功能。融合统一通信系统在满足现有语音电话通信需求的基础上，可支持未来多媒体通信需求。

多媒体统一通信系统具有丰富的功能和业务，主要包括：可实现 2G/3G 手机终端、固定电话、IP 电话、视频电话、PC 软终端等各种类型终端统一接入，并为所有终端提供多种丰富的多媒体业务，如音/视频通话、即时消息、群组管理、呈现业务功能。PC 软终端是一款运行于计算机 Windows 操作系统中的客户端应用软件，使用者可以利用 PC 通过更人性化的操作界面实现 PC 软终端、桌面电话、手机等多种终端之间通信功能。

参 考 文 献

[1] 刘琪，冯毅，邱佳慧．无线定位原理与技术［M］．北京：人民邮电出版社，2017.

[2] 梁久祯．无线定位系统［M］．北京：电子工业出版社，2013.

[3] 孙继平．煤矿井下安全避险“六大系统”建设指南［M］．北京：煤炭工业出版社，2012.

[4] 杨铮，吴陈沭，刘云浩．位置计算无线网络定位与可定位性［M］．北京：清华大学出版社，2014.

[5] 袁家政，刘宏哲．定位技术理论与方法［M］．北京：电子工业出版社，2015.

[6] 史蒂芬·山德，阿明·达曼，克里斯汀·门兴．无线通信系统中的定位技术与应用［M］．北京：机械工业出版社，2016.

[7] 李文仲，殷朝玉．ZigBee2006 无线网络与无线定位实战［M］．北京：北京航空航天大学出版社，2008.

[8] 范平志，等．蜂窝网无线定位［M］．北京：电子工业出版社，2002.

[9] 余科根，夏伊恩，郭英杰．地面无线定位技术［M］．北京：电子工业出版社，2012.

[10] 邓中亮．室内外无线定位与导航［M］．北京：北京邮电大学出版社，2013.

[11] 达尔达里．卫星及陆基无线电定位技术［M］．北京：国防工业出版社，2015.

[12] 卡韦赫·巴列维安，Prashant Krishnamurthy. 无线接入与定位原理与技术［M］．北京：电子工业出版社，2017.

[13] 王刚，丁恩杰，等．矿山物联网安全感知与预警技术［M］．北京：煤炭工业出版社，2017.

[14] 国家安全生产监督管理总局信息研究院．煤矿信息化平台建设［M］．北京：煤炭工业出版社，2014.

[15] 徐水师．数字矿山新技术［M］．徐州：中国矿业大学出版社，2017.

[16] 李学恩，游博，陈卿，等．矿山物联网生产设备协同管控系统设计［J］．工矿自动化，2018，44（6）：1－5.

[17] Xiucai Guo，Pingping Xia. Mine personnel location system based on Internet of things［J］. IOP Conference Series：Materials Science and Engineering，2018，439（3）.

[18] 申雪，刘驰，孔宁，等．智慧矿山物联网技术发展现状研究［J］．中国矿业，2018，27（7）：120－125＋143.

[19] 张冠宇，张世义，彭红波．感知矿山物联网与矿山综合自动化的分析［J］．世界有色金属，2018（13）：17－18.

[20] 陈堃．物联网技术在三维数字矿山安全生产系统中的应用研究［D］．南京师范大学，2013.

[21] 刘国栋．云计算在矿山中的应用定位及应用场景分析［J］．内蒙古煤炭经济，2017（17）：36－37.

[22] 李刚．智慧矿山物联网示范工程研究与应用［J］．能源技术与管理，2016，41（5）：171－173.

[23] 刘心军，杨艳梅．煤矿物联网平台服务及结构研究［J］．煤炭技术，2016，35（8）：241－242.

[24] 胡献伍．煤矿安全监测监控［M］．北京：煤炭工业出版社，2011.

[25] 李长青．矿井监控系统［M］．北京：北京航空航天大学出版社，2018.

[26] 王培强，孙亚楠．煤矿安全监测监控技术［M］．北京：煤炭工业出版社，2017.

[27] 魏引尚，李树刚．安全监测监控技术［M］．北京：中国矿业大学出版社，2014.

[28] 中国煤炭教育协会职业教育教材编审委员会．煤矿安全监测监控技术［M］．北京：煤炭工业出版社，2011.

[29] 国家安全生产监督管理总局信息研究院．煤矿信息化平台建设［M］．北京：煤炭工业出版

社，2014.
[30] 孙继平，等．煤矿通信与信息化 [M]．徐州：中国矿业大学出版社，2008.
[31] 赵丹，贾进章，马恒．安全信息工程 [M]．北京：煤炭工业出版社，2018.
[32] 张百运．矿用数字网络广播系统研究 [D]．西安：西安科技大学，2016.
[33] 博尔曼．工业以太网的原理与应用 [M]．北京：国防工业出版社，2011.
[34] 韩太林，韩晓冰，臧景峰．光通信技术 [M]．北京：机械工业出版社，2011.
[35] 彭林．第三代移动通信技术 [M]．北京：电子工业出版社，2003.
[36] 曾召华．LTE 基础原理与关键技术 [M]．西安：西安电子科技大学出版社，2010.

图书在版编目（CIP）数据

矿山信息技术/王安义，李新民，王建新编著. --北京：应急管理出版社，2020

ISBN 978-7-5020-8422-6

Ⅰ.①矿… Ⅱ.①王… ②李… ③王… Ⅲ.①矿山—信息技术—高等学校—教材 Ⅳ.①TD2

中国版本图书馆 CIP 数据核字（2020）第 212689 号

矿山信息技术

编　　著　王安义　李新民　王建新
责任编辑　成联君　尹燕华
责任校对　邢蕾严
封面设计　于春颖

出版发行　应急管理出版社（北京市朝阳区芍药居 35 号　100029）
电　　话　010-84657898（总编室）　010-84657880（读者服务部）
网　　址　www.cciph.com.cn
印　　刷　北京虎彩文化传播有限公司
经　　销　全国新华书店

开　　本　787mm×1092mm 1/16　**印张**　14　**字数**　330 千字
版　　次　2020 年 12 月第 1 版　2020 年 12 月第 1 次印刷
社内编号　20200763　　**定价**　48.00 元